普通高校信息安全系列教材

访问控制原理与实践

王凤英　主　编

北京邮电大学出版社
·北京·

内 容 简 介

本书系统地阐述了访问控制的各个方面，内容包括：访问控制模型；访问控制实现机制；访问控制原则；访问控制应用等。本书主要讲述了5种访问控制模型，即自主访问控制、强制访问控制、基于角色的访问控制、基于任务的访问控制和使用控制，这5种访问控制模型既囊括了传统访问控制模型，又包含近几年提出的新型访问控制模型。本书还包括与访问控制有密切关联的安全知识，即身份认证、系统审计以及授权管理等知识，使之形成一个完整的理论体系。每章后面都有习题，可以作为课程作业或复习要点。本书将理论知识和实际应用有机地结合在一起，对数据库访问控制、操作系统访问控制、防火墙访问控制和代理服务器访问控制进行了深入的探讨，并以实际应用中经常遇到的问题作为案例、示例，使之学以致用。第9章可以作为实验内容。

本书的内容经过精心编排，可作为信息安全、计算机、通信、计算机网络、电子商务等专业本科生、研究生的教材或学习参考书，对相关专业领域研究人员和专业技术人员也具有一定的参考价值。

图书在版编目(CIP)数据

访问控制原理与实践/王凤英主编. --北京：北京邮电大学出版社，2010.12

ISBN 978-7-5635-2462-4

Ⅰ.①访… Ⅱ.①王… Ⅲ.①电子计算机—安全技术 Ⅳ.①TP309

中国版本图书馆CIP数据核字(2010)第204107号

书　　名：访问控制原理与实践
作　　者：王凤英
责任编辑：时友芬　刘　颖
出版发行：北京邮电大学出版社
社　　址：北京市海淀区西土城路10号(邮编：100876)
发 行 部：电话：010-62282185　传真：010-62283578
E-mail：publish@bupt.edu.cn
经　　销：各地新华书店
印　　刷：北京源海印刷有限责任公司
开　　本：787 mm×960 mm　1/16
印　　张：14
字　　数：306千字
印　　数：1—3 000册
版　　次：2010年12月第1版　2010年12月第1次印刷

ISBN 978-7-5635-2462-4　　定　价：26.00元

· 如有印装质量问题，请与北京邮电大学出版社发行部联系 ·

前言

广义地讲，所有的计算机安全都与访问控制有关。访问控制是在身份识别的基础上，根据身份对提出的资源访问请求加以控制。访问控制的目的是为了保证网络资源受控和合法地使用，用户只能根据自己的权限大小来访问系统资源，不能越权访问；同时，访问控制也是记账、审计的前提。访问控制是计算机保护中极其重要的一个环节。

本书力求系统、精炼、新颖和实用，除了一些常规的访问控制知识外，还包括一些最新、最有研究和应用价值的内容。为做到理论和应用技术的结合，使之对实践有一定的指导作用，列举了大量实际应用中的案例和示例。

本书特点如下：

1. 系统的理论体系。本书力求介绍完整的理论知识，以访问控制模型为主线，系统地介绍了各种重要的访问控制模型，有利于读者对知识系统、全面地了解和掌握。

2. 有针对性的案例。在介绍重要的理论知识之后，紧接着就是实际应用案例或示例，通过案例或示例的学习，一方面能加深对理论知识的理解；另一方面能激发学习兴趣；同时还有利于对解决实际问题能力的培养。

3. 密切联系实践。本书在介绍操作系统访问控制、数据库访问控制、防火墙访问控制和代理服务器访问控制的内容时，实时介绍了它们的访问控制配置和使用方法，让读者达到了学以致用的目的。

4. 可读性强。为了增加教材的可读性，书中尽可能用通俗的语言阐明深奥的理论知识。在每章开头用简洁生动的语言表达编者鲜明的立场，以达到循循善诱的目的，同时给读者留下了思考的空间。

本书的教学课时为 30～50 学时，实验可另外安排。

要想感谢所有对本书的出版产生了影响的人，现已变得日益困难。由于同事、朋友和一些文章书籍的作者常常在不知道已经对作者的成稿造成影响的情况下，贡献了他们的智慧、学识和洞察力。通过对一个个问题的探讨、交流和争论，和许多人一同分享了探明一个问题时的喜悦和兴奋，我的同事和师友不得不让我对已知的事物进行质疑和再思考，进而刨根问底。特别要致谢赵玉山先生，没有他的帮助和督促，就没有本书的面世。

限于编者水平和所涉知识范畴，书中难免存在缺点和错误，殷切希望各位读者批评指正，我将会在本书的再版中更正和补充。

编　者

目 录

第1章 概述

现实世界中每个公民都拥有各自的身份,同时也行使与身份相匹配的权利。网络也是一个有规则的世界,不同的主体拥有对网络资源的不同访问权限。

广义地讲,所有的计算机安全都与访问控制有关。访问控制是计算机保护中极其重要的一环。它是在身份识别的基础上,根据身份对提出的资源访问请求加以控制。访问控制的目的是为了保证网络资源受控、合法地使用。用户只能根据自己的权限大小来访问系统资源,不能越权访问。同时,访问控制也是记账、审计的前提。

学习目标

- 掌握访问控制的基本概念
- 理解网络安全的目标
- 理解安全机制的内容
- 掌握访问控制策略
- 掌握访问控制的实现机制

1.1 访问控制基本概念

现在人们对信息安全问题越来越关心,因为企业的业务平台的服务器上存储着大量的商务机密和个人资料,商务机密直接关系到企业的经济利益,个人资料直接关系到个人的隐私问题。特别是政府网站,作为信息公开的平台,它的安全就更显得重要了。连到互联网的服务器,不可避免地要受到来自世界各地的各种威胁。有时我们的服务器被入侵、主页文件被替换、机密文件被盗走,除了来自外部的威胁外,内部人员的不法访问和攻击也是不可忽视的。对于这些攻击或者说是威胁,当然有很多防御办法,如防火墙、入侵检测系统、打补丁等。

广义地讲,所有的计算机安全都与访问控制有关。RFC 2828 定义计算机安全如下:

用来实现和保证计算机系统的安全服务的措施，特别是保证访问控制服务的措施。

访问控制是指对主体访问客体的权限或能力的限制，以及限制进入物理区域（出入控制）和限制使用计算机系统和计算机存储数据的过程（存取控制）。在访问控制中，主体必须控制对客体的访问活动，它是访问的发起者，通常为进程、程序或用户。客体则是指对其访问必须进行控制的资源，客体一般包括各种资源，如文件、设备、信号量等。

访问控制也可以定义为主体依据某些控制策略或权限对客体本身或是其资源进行的不同授权访问。

与访问控制有关的几个概念：

实体 表示一个计算机资源（物理设备、数据文件、内存或进程）或一个合法用户。

主体 是指一个提出请求或要求的实体，是动作的发起者，但不一定是动作的执行者，简记为 S。有时也称之为用户（User）或访问者（被授权使用计算机的人员），记为 U。主体的含义是广泛的，可以是用户所在的组织（以后称为用户组）、用户本身，也可以是用户使用的计算机终端、手持终端（无线）等，甚至可以是应用服务程序或进程。

客体 是接受其他实体访问的被动实体，简记为 O。客体的概念也很广泛，凡是可以被操作的信息、资源、对象都可以认为是客体。在信息社会中，客体可以是信息、文件、记录等的集合体，也可以是网络上的硬件设施，无线通信中的终端，甚至一个客体可以包含另外一个客体。

控制策略 是主体对客体的操作行为集和约束条件集，简记为 KS。简单地讲，控制策略是主体对客体的访问规则集，这个规则集直接定义了主体对客体的作用行为和客体对主体的条件约束。访问策略体现了一种授权行为，也就是客体对主体的权限允许，这种允许不超越规则集。

授权 是资源的所有者或者控制者准许他人访问资源，这是实现访问控制的前提。对于简单的个体和不太复杂的群体，可以考虑基于个人和组的授权，即便是这种实现，管理起来也有可能是困难的。当面临的对象是一个大型跨国集团时，如何通过正常的授权以便保证合法的用户使用公司的资源，而不合法的用户不能得到访问控制的权限，这是一个复杂的问题。

域 是访问权的集合。每一域定义了一组客体及可以对客体采取的操作。一个域每一主体（进程）都在一特定的保护域下工作，保护域规定了进程可以访问的资源。如域 X 有访问权，则在域 X 下运行的进程可对文件 A 执行读写，但不能执行任何其他的操作。保护域并不是彼此独立的，它们可以有交叉，即它们可以共享权限。如图 1.1 所示，域 X 和域 Y 对打印机都有写的权限，从而产生了访问权交叉现象，即有重叠的保护域。

根据系统的复杂程度不同，客体可以是静态的（在进程生命周期中保持不变）或是动态的。为使进程对自身或他人可能造成的危害最小，最好在所有时间里进程都运行在最小客体下。

访问控制包括三个要素，即主体、客体和控制策略。

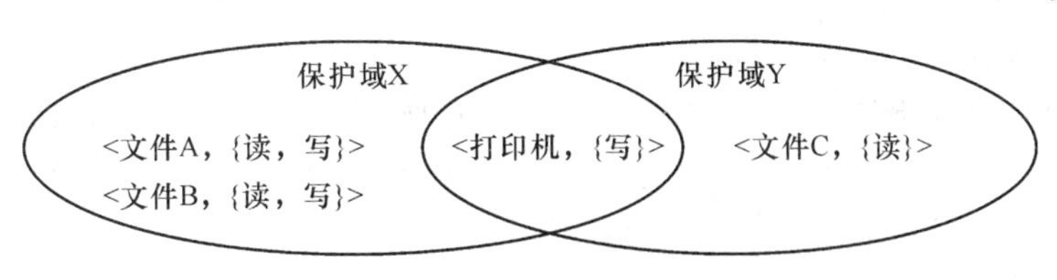

图 1.1 有重叠的保护域

1.2 系统安全模型及机制

James P. Anderson 在 1972 年提出的引用监控器(The Reference Monitor)的概念是经典安全模型的最初雏形，如图 1.2 所示。在这里，引用监控器是个抽象的概念，可以说是安全机制的代名词。

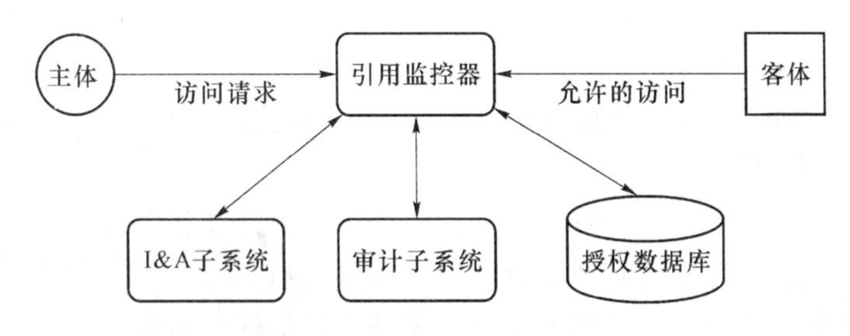

图 1.2 经典安全模型

经典安全模型包含如下基本要素：

- 明确定义的主体和客体。
- 描述主体如何访问客体的一个授权数据库。
- 约束主体对客体访问尝试的引用监控器。
- 识别和验证(I&A)主体和客体的可信子系统。
- 审计引用监控器活动的审计子系统。

可以看出，为了实现计算机系统安全所采取的基本安全措施(即安全机制)，这里有身份认证(识别和验证)、访问控制和审计。

访问控制是计算机保护中极其重要的一环，它是在身份识别的基础上，根据身份对提出的资源访问请求加以控制。访问控制的目的是为了保证网络资源受控、合法地使用。用户只能根据自己的权限大小来访问系统资源，不能越权访问。同时，访问控制也是记账、审计的前提。

当主体提出一系列正常的请求信息，通过信息系统的入口到达控制规则集监视的监控器，由控制规则集判断允许或拒绝这次请求，因此必须先要确认是合法的主体，而不是假冒的欺骗者，也就是对主体进行认证。主体通过验证，才能访问客体，但并不保证其有权限可以对客体进行操作。客体对主体的具体约束由访问控制规则来控制实现，对主体的验证一般会鉴别用户的标识和用户密码。用户标识（UID：User Identification）是一个用来鉴别用户身份的字符串，每个用户有且只能有唯一的一个用户标识，以便与其他用户区别。当一个用户注册进入系统时，他必须提供其用户标识，然后系统执行一个可靠的审查来确信当前用户是对应用户标识的那个用户。

访问控制的实现首先要考虑对合法用户进行验证，然后是对控制策略的选用与管理，最后要对非法用户或是越权操作进行管理。所以，访问控制涉及认证、控制策略实现和审计 3 方面的内容：

1. 认证：认证包括主体对客体的识别认证和客体对主体检验认证。主体和客体的认证关系是相互的，当一个主体受到另外一个主体的访问时，这个主体也就变成了客体。一个实体可以在某一时刻是主体，而在另一时刻是客体，这取决于当前实体的功能是动作的执行者还是动作的被执行者。动作的执行者是主体，动作的被执行者是客体。

2. 控制策略实现：如何设定规则集合从而确保正常用户对信息资源的合法使用，既要防止非法用户，也要考虑敏感资源的泄漏，对于合法用户而言，更不能越权行使控制策略所赋予其权利以外的功能。

3. 审计：审计的重要意义是通过记录主体的所有活动，使主体的行为有案可稽，从而达到威慑和保证访问控制正常实现的目的。

图 1.3 是安全机制，它表示身份认证、策略控制和审计 3 者之间的关系。由此可以看出，引用监控器是主体/角色对客体进行访问的桥梁，身份识别与验证（即身份认证）是主体/角色获得访问授权的第一步，这也是早期黑客入侵系统的突破口。

访问控制是在主体身份得到认证后，根据安全策略对主体行为进行限制的机制和手段。审计作为一种安全机制，它在主体访问客体的整个过程中都发挥着作用，为安全分析提供了有利的证据支持。它贯穿于身份认证、访问控制的前前后后。同时，身份认证、访问控制为审计的正确性提供保障。它们之间是互为制约、相互促进的。

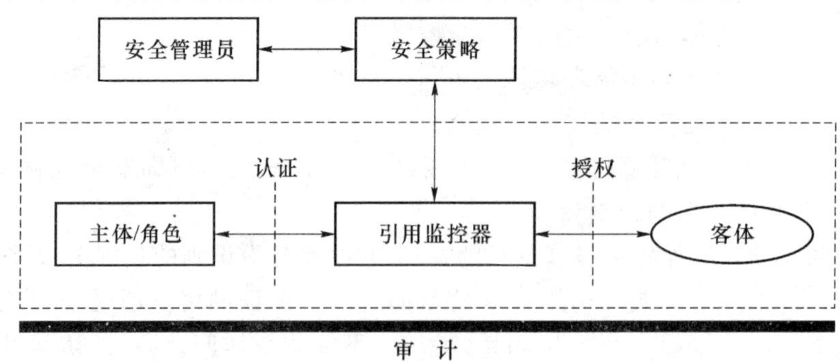

图 1.3　安全机制

1.3　网络安全服务标准

国际标准化组织（ISO：International Standard Organization）提出了开放系统互联参

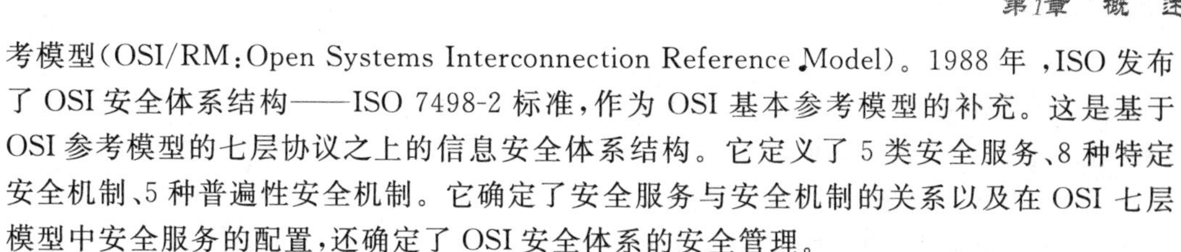

考模型(OSI/RM:Open Systems Interconnection Reference Model)。1988 年,ISO 发布了 OSI 安全体系结构——ISO 7498-2 标准,作为 OSI 基本参考模型的补充。这是基于 OSI 参考模型的七层协议之上的信息安全体系结构。它定义了 5 类安全服务、8 种特定安全机制、5 种普遍性安全机制。它确定了安全服务与安全机制的关系以及在 OSI 七层模型中安全服务的配置,还确定了 OSI 安全体系的安全管理。

ISO 7498-2 中定义的 5 个安全服务功能包括身份认证服务、数据保密服务、数据完整性服务、不可否认服务和访问控制服务。下面描述的安全服务是基本的安全服务。实际上,为了满足安全策略或用户的要求,它们将应用在适当的功能层上,通常还要与非 OSI 服务与机制结合起来使用。一些特定的安全机制能用来实现这些基本安全服务的组合。建立的实际系统通常执行这些基本的安全服务的某些特定的组合。以下讨论包括在 OSI 安全体系结构中的安全服务。

1. 身份认证服务

身份认证(Authentication)确保会话对方的资源(人或计算机)同他声称的相一致。

这种服务在连接建立或在数据传送阶段的某些时刻使用,用以证实一个或多个连接实体的身份。使用这种服务可以确信(仅仅在使用时间内):一个实体此时没有试图冒充别的实体,或没有试图将先前的连接作为非授权地重放。实施单向或双向对等实体鉴别是可能的,可以带有效期检验,也可以不带。

如张三通过网络与李四通信时,需要确定李四的身份。由于王五可能冒充李四,音频与视频都不可靠,因为这些信息都可以伪造。有时通信方不是自然人,而是一台服务器,如网上银行的服务器,这更难以辨别真假。因此,必须设法保证通信方身份的真实性,如果冒名顶替则会被发现,这种技术称做身份认证技术。

2. 数据保密服务

数据保密(Privacy)确保敏感信息不被非法者获取。这种服务对数据提供保护使之不被非授权地泄露。

数据在网络上传输时,很容易被黑客截获窃听。对于使用集线器的以太网,一台计算机发送数据时,其他计算机都能接收到,利用 Ethereal 等软件可以方便地查看经过本机网卡的所有数据;当上网的时候,所有数据都经过 ISP,ISP 的管理员能看到所有的数据。必须保证只有合法的接收者才能读出数据,其他任何人即使收到也读不出。计算机密码学可以解决这个问题,数据加密后再发送,而只有合法的接收者才能解密,最终看到数据的原文。

3. 数据完整性服务

使系统只允许授权的用户修改信息,以保证所提供给用户的信息是完整无缺的。

数据本身的完整性(Integrity)确保数据不被篡改。数据不加密传输时,黑客可以任意篡改数据,破坏数据的完整性。数据即使加密后再发送,也只能保证数据的机密性,黑客虽然不知道数据是什么,但仍可以篡改数据。黑客篡改数据是无法避免的,能做到的只是接收方及时发现这些篡改,利用计算机密码学,接收方可以容易地检测数据在传输过程中是否被篡改。

4. 不可否认服务

不可否认(Non-repudiation)又称为审计(Accountability),确保任何发生的交互在事后可以被证实,即所谓的不可抵赖性。

这种服务可取如下两种形式或其中之一:

(1) 有数据原发证明的抗抵赖。为数据的接收者提供数据来源的证据。这将使发送者谎称未发送过这些数据或否认它的内容的企图不能得逞。

(2) 有交付证明的抗抵赖。为数据的发送者提供数据交付证据。这将使得接收者事后谎称未收到过这些数据或否认它的内容的企图不能得逞。

通过网络办理很多业务时,必须具有不可否认功能。例如,某用户通过网上银行支出了一笔钱,他事后无法否认此交易;银行方面既不能否认此交易,也不能篡改此交易。这种情况的不可否认可利用系统的日志信息以及数字签名技术,达到不可否认目的。

5. 访问控制服务

访问控制(Access Control)确保会话对方(人或计算机)有权做他所声称的事情。访问控制就是控制主体对客体资源的访问。

这种服务针对可访问资源的非授权使用。这种保护服务可应用于对资源的各种不同类型的访问(例如,使用通信资源;读、写或删除信息资源;处理资源的执行)或应用于对一种资源的所有访问。

对一个计算机系统来说,不同的用户应该具有不同的权限:管理员具有管理权限,可以为其他用户分配权限;一般用户具有部分权限,可以有限制地使用系统的资源;未登录(匿名)用户没有访问权限或只能访问一些公开的资源。利用访问控制,一般用户就难以非授权的访问系统资源;黑客也难以窃取系统的机密数据。

这5个方面解释准确、含义清晰,得到了安全领域专家的认可。在所有的安全标准中,这个标准准确而全面的诠释了网络安全的各个层面,只要网络能保证完善的提供这5个方面的安全服务,几乎所有的安全问题都解决了。

1.4 安全策略

安全领域可谓广泛繁杂,构建一个可以抵御风险的安全框架涉及很多细节。能够提供恰当的、符合安全需求的整体方案就是安全策略。一个恰当的安全策略总会把自己关注的核心集中到最高决策层认为必须值得注意的方面。概括地说,一种安全策略实质上表明:当设计所涉及的系统在进行操作时,必须明确在安全领域的范围内,什么操作是明确允许的;什么操作是一般默认允许的;什么操作是明确不允许的;什么操作是默认不允许的。不要求安全策略作出具体的措施规定、确切说明通过何种方式能够达到预期的结果,但是应该向安全构架的实际搭造者们指出在当前环境下,什么因素和风险才是最重要的。就这个意义而言,建立安全策略是实现安全的最首要的工作,也是实现安全技术管理与规范的第一步。

1.4.1 安全策略的实施原则

安全策略具有普遍性，而实际问题具有特殊性。如何能使安全策略的普遍性和所要分析的实际问题的特殊性相结合是最主要问题。控制策略的制定是一个按照安全需求、依照实例不断精确细化的求解过程。安全策略的制订者总是试图在安全设计的每个设计阶段分别设计和考虑不同的安全需求与应用细节，这样可以将一个复杂的问题简单化。设计者要考虑到实际应用的前瞻性，就需要在安全策略的指导下对安全涉及的领域做细致的考查和研究。对这些问题认识的越充分，能够实现和解释的过程就更加精确细化，这一精确细化的过程有助于建立和完善从实际应用中提炼抽象凝练的、用确切语言表述的安全策略，而这个重新表述的安全策略就更易于完成安全框架中所设定的细节。

按照 ISO 7498-2 中 OSI 安全体系结构中的定义，访问控制的安全策略有以下两种实现方式：基于身份的安全策略和基于规则的安全策略。目前使用的两种安全策略，他们建立的基础都是授权行为。

访问控制的安全级别层次可分为层次安全级别和无层次安全级别。无层次安全级别不对主体和客体按照安全类别分类，只是给出客体接受访问时可以使用的规则和管理者。层次安全级别对主体和客体按照安全类别分类。在多级安全信息系统中，由于用户的访问涉及访问的权限控制规则集合，将敏感信息与普通信息分开隔离的系统称为多级安全信息系统。多级安全信息系统的实例见 Bell-LaPadula 模型(第 3 章)。

安全策略的制定实施也是围绕主体、客体和安全控制规则集 3 者之间的关系展开的。

1. 最小特权原则

最小特权原则是指主体执行操作时，按照主体所需权利的最小化原则分配给主体权力。最小特权原则的优点是最大限度地限制主体实施授权行为，可以避免来自突发事件、错误和未授权主体的危险。也就是说，为了达到一定目的，主体必须执行一定操作，但他只能做他所被允许做的，其他除外。

2. 最小泄漏原则

最小泄漏原则是指主体执行任务时，按照主体所需要知道的信息最小化的原则分配给主体权力。

3. 多级安全策略

多级安全系统必然将信息资源按照安全属性分级考虑，如层次安全级别(Hierarchical Classification)，分为 TS、S、C、RS 和 U 共 5 个安全等级，TS 代表绝密级别(Top Secret)，S 代表秘密级别(Secret)，C 代表机密级别(Confidential)，RS 代表限制级别(Restricted)，U 代表无级别级(Unclassified)。这 5 个安全级别从前往后依次降低，即安全级别的关系为 TS>S>C>RS>U。多级安全策略的优点是避免敏感信息的扩散。具有安全级别的信息资源，只有安全级别比他高的主体才能够访问。

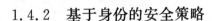

1.4.2 基于身份的安全策略

基于身份的安全策略(IDBACP:Identification-based Access Control Policies)的目的是过滤对数据或资源的访问,只有能通过认证的那些主体才有可能正常使用客体的资源。基于身份的策略包括基于个人的策略和基于组的策略。

1. 基于个人的策略

基于个人的策略(IDLBACP:Individual-based Access Control Policies)是指以用户为中心建立的一种策略,这种策略由一些列表来组成,这些列表限定了针对特定的客体,哪些用户可以实现何种操作行为。例如,对文件2而言,授权用户B有只读的权利,授权用户A则被允许读和写,这个策略的实施默认使用了最小特权原则,对于授权用户B,只具有读文件2的权利。

2. 基于组的策略

基于组的策略(GBACP:Group-based Access Control Policies)是基于个人的策略的扩充,指一些用户被允许使用同样的访问控制规则访问同样的客体。例如,授权用户A对文件1有读和写的权利,授权用户B同样被允许对文件1进行读和写,则对于文件1而言,A和B基于同样的授权规则;对于所有的文件而言,从文件1、2到N,授权用户A和B都基于同样的授权规则,那么A和B可以组成一个用户组G。

1.4.3 基于规则的安全策略

基于规则的安全策略中的授权通常依赖于敏感性。在一个安全系统中,数据或资源应该标注安全标记。代表用户进行活动的进程可以得到与其原发者相应的安全标记。

基于规则的安全策略在实现上,由系统通过比较用户的安全级别和客体资源的安全级别来判断是否允许用户可以进行访问。

1.5 访问控制实现的具体类别

访问控制是网络安全防范和保护的重要手段,它的主要任务是维护网络系统安全、保证网络资源不被非法使用和访问。通常在技术实现上,包括以下几部分:

1. 接入访问控制

接入访问控制为网络访问提供了第1层访问控制,是网络访问的最先屏障,它控制哪些用户能够登录到服务器并获取网络资源,控制准许用户入网的时间和准许他们在哪台工作站入网。例如,ISP服务商实现的就是接入服务。用户的接入访问控制是对合法用户的验证,通常使用用户名和口令的认证方式。一般可分为3个步骤:用户名的识别与验证、用户口令的识别与验证和用户账号的默认限制检查。

2. 资源访问控制

资源访问控制是对客体整体资源信息的访问控制管理。其中包括文件系统的访问控制(文件目录访问控制和系统访问控制)、文件属性访问控制、信息内容访问控制。

(1) 文件系统访问控制

- 文件目录访问控制是指用户和用户组被赋予一定的权限,在权限的规则控制许可下,哪些用户和用户组可以访问哪些目录、子目录、文件和其他资源,哪些用户可以对其中的哪些文件、目录、子目录、设备等执行何种操作。
- 系统访问控制是指一个网络系统管理员应当为用户指定适当的访问权限,这些访问权限控制着用户对服务器的访问;应设置口令锁定服务器控制台,以防止非法用户修改、删除重要信息或破坏数据;应设定服务器登录时间限制、非法访问者检测和关闭的时间间隔;应对网络实施监控,记录用户对网络资源的访问,对非法的网络访问,能够用图形或文字或声音等形式报警等。

(2) 文件属性访问控制

当用文件、目录和网络设备时,应给文件、目录等指定访问属性。属性安全控制可以将给定的属性与要访问的文件、目录和网络设备联系起来。

(3) 信息内容访问控制

信息内容访问控制是指对文件、数据表或传输数据的具体内容实施访问控制。如对数据表的内容进行读、写进行控制。可以说文件系统的访问控制和文件属性访问控制是相对宏观的访问控制,而信息内容访问控制是相对具体的访问控制。

3. 网络端口和节点的访问控制

网络中的节点和端口往往加密传输数据,这些重要位置的管理必须防止黑客发动的攻击。对于管理和修改数据,应该要求访问者提供足以证明身份的验证器(如智能卡)。

1.6 访问控制模型

访问控制模型是一种从访问控制的角度出发,描述安全系统,建立安全模型的方法。

访问控制安全模型一般包括主体、客体,以及为识别和验证这些实体的子系统和控制实体间访问的引用监控器。由于网络传输的需要,访问控制的研究发展很快,已有许多访问控制模型被提出来。建立规范的访问控制模型,是实现严格访问控制策略所必需的。20 世纪 70 年代,Harrison、Ruzzo 和 Ullman 提出了 HRU 模型;Jones 等人提出了 Take-Grant 模型。1985 年美国军方提出了可信计算机系统评估准则 TCSEC,其中描述了两种著名的访问控制策略,即自主访问控制模型和强制访问控制模型。Ferraiolo 和 Kuhn 在 1992 年提出了基于角色的访问控制;考虑到网络安全和传输流,提出了基于对象和基于任务的访问控制;为了实现过程连续性控制,又提出了使用控制。

本书根据访问控制策略的不同,将访问控制模型分为自主访问控制、强制访问控制、基于角色的访问控制、基于任务的访问控制和使用控制。

自主访问控制是目前计算机系统中实现较多的访问控制机制，它是根据访问者的身份和授权来决定访问模式的。

强制访问控制是将主体和客体分级，然后根据主体和客体的级别标记来决定访问模式。"强制"主要体现在系统强制主体服从访问控制策略上，通常使用多级安全策略实现。

基于角色的访问控制的基本思想是授权给用户的访问权限通常由用户在一个组织中担当的角色来确定。它根据用户在组织内所扮演的角色作出访问授权和控制，但用户不能自主地将访问权限传给他人。这一点是基于角色访问控制和自主访问控制的最基本区别。

基于任务的访问控制是从应用和企业层角度来解决安全问题，以面向任务的观点，从任务(活动)的角度建立安全模型和实现安全机制，在任务处理的过程中提供动态实时的访问控制。

使用控制用一个统一的大框架涵盖了传统访问控制、信任管理和数字版权保护三大领域，针对目前信息资源使用控制的多样化、精确化需求的现状，通过授权、责任、条件各种使用决策对资源访问整个使用过程进行动态控制，实现了过程连续性控制及属性动态更新，为研究开放式网络环境下资源使用权的控制问题奠定了基础。

上面简单陈述了访问控制的几种主要模型，在实际应用中既可以选择其中的一种，也可以对其中的几种进行组合应用。在后面的章节中将对这几种主要访问控制模型进行详细的探讨。

1.7 访问控制的实现机制

建立访问控制模型和实现访问控制都是抽象和复杂的行为，实现访问控制不仅要保证授权用户使用的权限与其所拥有的权限对应，制止非授权用户的非授权行为；还要保证敏感信息的交叉感染。通过什么样的措施才能实现访问控制的这些要求？下面一一探讨访问控制的实现机制。

1.7.1 目录表

在目录表(Directory List)访问控制方法中借用了系统对文件的目录管理机制，为每一个欲实施访问操作的主体，建立一个能被其访问的"客体目录表(文件目录表)"。例如某个主体的客体目录表为

客体 1:权限　客体 2:权限　…　客体 n:权限

当然，客体目录表中各个客体的访问权限的修改只能由该客体的合法属主确定，不允许其他任何用户在客体目录表中进行写操作，否则将可能出现对客体访问权的伪造。因此，操作系统必须在客体的拥有者控制下维护所有的客体目录。

目录表访问控制机制的优点是容易实现，每个主体拥有一张客体目录表，这样主体能访问的客体及权限就一目了然了，依据该表监督主体对客体的访问比较简便。

缺点之一是系统开销、浪费较大，这是由于每个用户都有一张目录表，如果某个客体

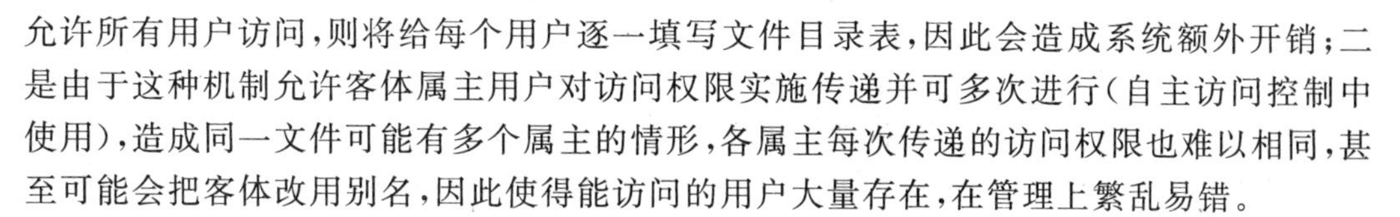
允许所有用户访问，则将给每个用户逐一填写文件目录表，因此会造成系统额外开销；二是由于这种机制允许客体属主用户对访问权限实施传递并可多次进行（自主访问控制中使用），造成同一文件可能有多个属主的情形，各属主每次传递的访问权限也难以相同，甚至可能会把客体改用别名，因此使得能访问的用户大量存在，在管理上繁乱易错。

1.7.2 访问控制列表

访问控制列表简称访问控制表（ACL：Access Control List）。访问控制列表的策略正好与目录表访问控制相反，它是从客体角度进行设置的、面向客体的访问控制。每个客体有一个访问控制列表，用来说明有权访问该客体的所有主体及其访问权限。

客体资源的拥有者称为属主。当一个用户参与组成一个用户组时（系统中的一个或多个用户可以组成一个用户组），该用户就是该用户组的成员，该用户组可以称为该用户的属组。

以下示例说明了不同主体对客体（PAYROLL 文件）的访问权限。其中，PAYROLL 的访问控制列表如下：

<john.acct,r>

<jane.pay,rw>

其中，john 和 jane 表示用户的注册 ID；acct 和 pay 表示用户所属的组 ID；r 和 w 表示所允许的访问类型。如果 john 属于 acct 组，则只能阅读文件；如果不属于任何组，则默认情况下没有任何访问权限。类似地，如果 jane 属于 pay 组，则可以阅读和修改文件。

访问控制列表通常还支持通配符，从而可以制定更一般的访问规则。例如，可以制定：

<*.*,r>

表示任何组当中的任何用户都可以读文件。也可以制定如下规则：

<*.pay,rw>

表示组 pay 中的任何用户都能读和写文件。

访问控制列表方式的最大优点是不会像目录表访问控制那样因授权繁乱而出现越权访问。缺点是由于访问控制列表需占用存储空间，并且由于各个客体的长度不同而出现存放空间碎片，造成浪费；每个客体被访问时都需要对访问控制列表从头到尾扫描一遍，影响系统运行速度和浪费了存储空间。

访问控制表是以客体为中心建立的访问权限表。目前，大多数 PC、服务器和主机都使用 ACL 作为访问控制的实现机制。访问控制表的优点在于实现简单，任何得到授权的客体都可以有一个访问表。

1.7.3 访问控制矩阵

描述一个保护系统的最简单框架是使用访问控制矩阵模型，这个模型将所有用户对文件的访问权限存储在矩阵中。访问控制矩阵模型最早由 B. Lampson 于 1971 年提出，Graham 和 Denning 对它进行了改进，这里将使用他们的模型。

访问控制矩阵(ACM:Access Control Matrix)是通过矩阵形式表示访问控制规则和授权用户权限的方法,是对上述两种方法的综合。在访问控制矩阵中,描述了每个主体拥有对哪些客体的哪些访问权限;描述了可以对每个客体实施不同访问类型的所有主体;将这种关联关系加以阐述,就形成了控制矩阵。访问控制矩阵模型是用状态和状态转换进行定义的,系统和状态用矩阵表示,状态的转换则用命令来进行描述。直观地看,访问控制矩阵是一张表格,每行代表一个用户(即主体),每列代表一个客体 ,表中纵横对应的项是该用户对该存取客体的访问权集合(权集),如表 1.1 所示。

表 1.1 访问控制矩阵

主体 \ 权限 \ 客体	客体 1	客体 2	客体 3
用户 1	读	读	写
用户 2		写	
用户 3	执行		读

客体集合 O 是指所有被保护实体的集合(所有与系统保护状态相关的实体)。主体集合 S 是所有活动对象的集合,如进程和用户。所有的权限的类型用集合 R 来表示。在访问控制矩阵模型中,客体集合 O 和主体集合 S 之间的关系用带有权限的矩阵 $\mathbf{A}$ 来描述,$\mathbf{A}$ 中的任意元素 $\alpha[s, o]$满足 $s \in S$,$o \in O$,$\alpha[s, o] \subseteq R$。元素 $\alpha[s, o]$代表的意义是主体 s 对客体 o 具有访问权限 $\alpha[s, o]$。

表 1.2 给出了一个系统的保护状态的例子,权限集为 { read, write, execute, append, own}时,系统有两个进程和两个文件。在这个例子中,进程 1 可以对文件 1 进行读、写操作,对文件 2 进行读操作;进程 2 可以对文件 1 进行添加并且可以读文件 2,进程 1 可以通过向进程 2 写数据的方法(如管道)和进程 2 通信,当然,进程 2 也可以读取进程 1 传给它的数据。每个进程都是本进程的拥有者,同时进程 1 是文件 1 的拥有者,进程 2 是文件 2 的拥有者。需要注意的是进程既是客体又是主体,这使得进程既可以作为操作者又可以作为被操作的对象。

表 1.2 系统的保护状态

主体 \ 权限 \ 客体	文件 1	文件 2	进程 1	进程 2
进程 1	读 写 拥有	读	读 写 执行 拥有	写
进程 2	添加	读 写	读	读 写 执行 拥有

对权限意义的解释因系统而不同。一般来说，从文件读取、写、执行文件、添加数据，到拥有这些操作的意义都是很明显的。但是从“进程读数据”这种操作代表什么意义呢？这和系统的实现有关，它可以代表从该进程获取一个消息或只是简单地查看进程当前的状态（和调试器一样）。系统操作所涉及的客体不同也导致权限的意义有所不同。理解访问控制矩阵模型的关键点在于它只是描述保护状态的抽象模型，如果是要谈到某个具体的访问控制矩阵的意义，则必须和系统的具体实现联系起来。

对某个客体的拥有权是一种特殊的权限。在大多数系统中，某个客体的创造者拥有对该客体的某些优先权：增加或删除其他用户对该客体的权限。

UNIX 操作系统对于文件访问定义了读、写和执行权限，这些权限的意义是非常清楚的。然而对于目录，这些权限的意义就有所不同了。一个进程访问目录时，读的权限意味着进程可以列出目录中的所有文件；写的权限意味着进程可以在该目录下创建文件；执行的权限意味着进程可以访问该目录下的文件和子目录。对于进程，这些权限的意义也有所不同。当一个进程 F 与另一个进程 G 交互时，读的权限意味着进程 F 可以从进程 G 获取消息；写的权限意味着进程 F 可以向进程 G 发送消息；执行的权限意味着进程 F 可以将进程 G 当做子进程运行。

系统的超级用户对任何（本地）文件都有访问权限，不论该文件的所有者是否给予了超级用户这些权限。从实际效果来看，这样的超级用户相当于系统中所有文件的拥有者，但是超级用户拥有权限的解释也必须遵循上面所述的限制。例如，超级用户也不能使用操作文件的系统调用和系统命令来操作目录，超级用户也必须使用适当的系统调用和系统命令来创建、删除和重命名文件。

访问控制矩阵中的客体一般意味着文件、设备或者进程，但客体可以是小到进程之间发送的一条消息，可以大到整个系统。在更微观的层次，访问控制矩阵也可以为计算机程序语言建模，此时，客体指程序中的变量，主体是程序中的进程或模块。

抽象地说，系统的访问控制矩阵表示了系统的一种保护状态，如果系统中用户发生了变化，访问对象发生了变化，或者某一用户对某个对象的访问权限发生了变化，都可以看作是系统的保护状态发生了变化。由于访问控制矩阵只规定了系统状态的迁移必须有规则，而没有规定是什么规则，因此该模型的灵活性很大，但却给系统埋下了潜在的安全隐患。

特权用户或特权用户组可以修改主体的访问控制权限。访问控制矩阵的实现很易于理解，但是查找和实现起来有一定的难度，而且，如果用户和文件系统要管理的文件很多，那么控制矩阵将会成几何级数增长，这样对于几何级数增长的矩阵而言，会有大量的空余空间。

1.7.4 能力表

能力表(Capability List)是访问控制矩阵的另一种表示方式。在访问控制矩阵表中可以看到,矩阵中存在一些空项(空集),这意味着有的用户对一些客体不具有任何访问或存取的权力,显然保存这些空集没有意义。能力表的方法是对存取矩阵的改进,它将矩阵的每一列作为一个客体而形成一个存取表。每个存取表只由主体、权集组成,无空集出现。为了实现完善的自主访问控制系统,由访问控制矩阵提供的信息必须以某种形式保存在系统中,这种形式就是用访问控制表和能力表来实施的。

1.7.5 访问控制安全标签列表

安全标签是限制和附属在主体或客体上的一组安全属性信息。安全标签的含义比能做什么更为广泛和严格,因为它实际上还建立了一个严格的安全等级集合。访问控制标签列表(ACSLLs: Access Control Security Labels Lists)是限定一个用户对一个客体目标访问的安全属性集合。访问控制标签列表的实现示例见表 1.3,左侧为用户及对应的安全级别(见 1.4.1 节的安全级别划分),右侧为文件系统及对应的安全级别。假设请求访问的用户(User)A 的安全级别为 S,那么 UserA 请求访问文件(File)2 时,由于 S<TS,访问会被拒绝;当 UserA 请求访问文件 N 时,因为 S>C,所以允许访问。

表 1.3 访问控制标签列表

用户	安全级别	文件	安全级别
UserA	S	File1	S
UserB	C	File2	TS
⋮	⋮	⋮	⋮
UserX	TS	FileN	C

安全标签能对敏感信息加以区分,这样就可以对用户和客体资源强制执行安全策略,因此,强制访问控制经常会用到这种实现机制。

1.7.6 权限位

主体对客体的访问权限可用一串二进制比特位来表示。二进制位的值与访问权限的关系是 1 表示拥有权限,0 表示未拥有权限。比如,在操作系统中,用户对文件的操作,定义了读、写、执行 3 种访问权限,可用一个二进制位串来表示用户拥有的对文件的访问权限。用一个由 3 个二进制位组成的位串来表示一个用户拥有的对一个文件的所有访问权限,每种访问权限由 1 位二进制来表示,由左至右,位串中的各个二进制位分别对应读、写、执行权限。位串的赋值与用户拥有的访问权限如表 1.4 所示。

表 1.4 位串值与访问权限

二进制位串	操作权限
000	不拥有任何权限
001	拥有执行权限，不拥有读、写权限
010	拥有写权限，不拥有读、执行权限
011	拥有写和执行权限，不拥有读权限
100	拥有读权限，不拥有写、执行权限
101	拥有读和执行权限，不拥有写权限
110	拥有读和写权限，不拥有执行权限
111	拥有读、写和执行权限

权限位的访问控制方法以客体为中心，简单、易实现，适合于操作种类不太复杂的场合。由于操作系统中的客体主要是文件、进程，操作种类相对单一，操作系统中的访问控制可采用基于权限位的方法。

1.8 访问控制结构与设计原则

1975 年，邵泽 (J. H. Saltzer)和施罗德 (M. D. Schroeder)以安全保护机制的体系结构为中心，探讨了计算机系统的安全保护问题，重点考察了权能 (Capability)和访问控制表 (Access Control List)这两种结构，给出了设计安全保护机制的八大原则。

1.8.1 访问控制结构

为讨论信息保护问题，从概念上可以为每个须保护的客体建立一个不可攻破的保护墙，保护墙上留有一个门，门前有一个卫兵，所有对客体的访问都首先在门前接受卫兵的检查。在整个系统中，有很多客体，因而有很多保护墙和卫兵。

对客体的访问控制机制的实现结构可分为面向门票 (Ticket-Oriented)的实现和面向名单(List-Oriented)的实现两种类型。

1. 面向门票

在面向门票的实现中，卫兵手中持有一份对一个客体的描述，在访问活动中，主体携带一张门票，门票上有一个客体的标识和可访问的方式，卫兵把主体所持门票中的客体标识与自己手中的客体标识进行对比，以确定是否允许访问。在整个系统中，一个主体可能持有多张门票。

2. 面向名单

在面向名单的实现中，卫兵手中持有一份所有授权主体的名单及相应的访问方式，在访问活动中，主体出示自己的身份标识，卫兵在名单中查找，检查主体是否记录在名单上，以确定是否允许访问和以什么样的方式访问。

权能结构属于面向门票的结构，一张门票也称做一个权能。访问控制表 (ACL)结构属于面向名单的结构。在访问控制矩阵的概念模式下，权能结构对应访问控制矩阵的行结构，行中的每个矩阵元素对应一个权能；ACL 结构对应访问控制矩阵中的列结构，每一列对应一个 ACL 权能与访问控制表如图 1.4 所示。

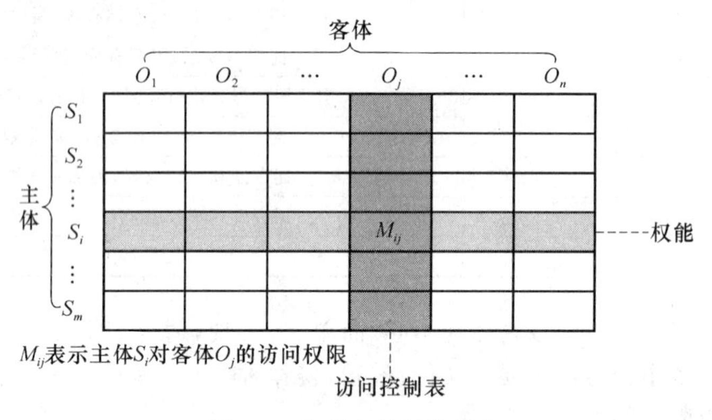

图 1.4　权能与访问控制表

1.8.2　设计原则

邵泽和施罗德给出的设计安全保护机制的八大原则。

1. 经济性原则(Economy of Mechanism)

安全保护机制应设计得尽可能地简单和短小。有些设计和实现错误可能产生意想不到的访问途径，而这些错误在常规使用中是察觉不出的，难免需要进行软件逐行排查等工作，简单而短小的设计是这类工作成功的关键。

2. 失败-保险原则(Fail-Safe Defaults)

访问判定应建立在显式授权而不是隐式授权的基础上，显式授权指定的是主体该有的权限，隐式授权指定的是主体不该有的权限。在默认情况下，没有明确授权的访问方式应该视为不允许的访问方式，如果主体欲以该方式进行访问，结果将是失败，这对于系统来说是保险的。

3. 完全仲裁原则(Complete Mediation)

对每一个客体的每一次访问都必须经过检查，以确认是否已经得到授权。

4. 开放性设计原则(Open Design)

不应该把保护机制的抗攻击能力建立在设计的保密性的基础之上。应该在设计公开的环境中设法增强保护机制的防御能力。

5. 特权分离原则(Separation of Privilege)

为一项特权划分出多个决定因素，仅当所有决定因素均具备时，才能行使该项特权。正如一个保险箱设有两把钥匙，由两个人掌管，仅当两个人都提供钥匙时，才能打开保险箱。

6. 最小特权原则(Least Privilege)

分配给系统中的每个程序和每个用户的特权应该是它们完成工作所必须享有的特权

的最小集合。

7. 最少公共机制原则(Least Common Mechanism)

把由两个以上用户共用和被所有用户依赖的机制的数量减到最少。每一个共享机制都是一条潜在的用户间的信息通路,要谨慎设计,避免无意中破坏安全性。应证明为所有用户服务的机制能满足每个用户的要求。

8. 心理可接受性原则(Psychological Acceptability)

为使用户习以为常地、自动地正确运用保护机制,把用户界面设计得易于使用是根本。

这八大原则的内容涵盖各个方面,是经典的安全保护原则。

邵泽和施罗德还指出:如何证明硬件和软件安全保护机制的设计与实现的正确性,是值得关注的重要研究课题。

1.9 本章小结

本章主要介绍了访问控制总体上的、基础性的内容。介绍了与访问控制相关的一些基本概念,访问控制基本模型、访问控制的实现机制、访问控制的设计原则等。到目前为止,已提出了多种访问控制模型,本书中仅选择最典型的、使用最广泛的几种,它们是自主访问控制、强制访问控制、基于角色的访问控制、基于任务的访问控制和使用控制,实际应用中可根据需要进行组合。访问控制是在身份认证的基础上,控制主体对客体资源的访问。访问控制的实现机制包括目录表、访问控制列表、访问控制矩阵、能力表、访问控制安全标签列表和权限位,应用中可结合访问控制模型选择其中的任一种。实现访问控制的安全保护机制的八大原则包括经济性原则、失败-保险原则、完全仲裁原则、开放性设计原则、特权分离原则、最小特权原则、最少公共机制原则、心理可接受性原则。

习题1

1. 请解释:“广义地讲,所有的计算机安全都与访问控制有关。”
2. OSI安全体系结构(ISO 7498-2标准)中5类安全服务是什么?
3. 基于组的策略应用于什么情况下?
4. 多级安全系统中要将信息资源和主体按照安全属性进行分级。哪种访问控制模式使用多级安全策略?
5. 权限位的访问控制实现机制的特点是什么?如果操作权限是读、写、执行和拥有,请用4位二进制位串表示所有权限的组合。
6. 比较目录表、访问控制列表、访问控制矩阵、能力表、访问控制安全标签列表和权限位的访问控制实现机制各有什么优缺点。
7. 什么是访问控制矩阵?说明它的结构和意义,举例说明它们在实际应用中的方法。
8. 邵泽和施罗德给出的设计安全保护机制的八大原则是什么?它们分别有什么意义?

第2章 自主访问控制

现实世界中人们经常将自己所拥有的权限赋予他人，使其他人拥有部分或全部权限。网络世界中，作为客体的拥有者（主体），有权决定允许或拒绝其他主体对客体的访问，就是说能自行决定将其访问权直接或间接地授予其他主体，这正是自主访问控制（DAC：Discretionary Access Control）要解决的问题。这种授权方式简单、直接、灵活、随意、易实现，是客观世界的真实反映。

学习目标

- 掌握自主访问控制的基本概念
- 掌握自主访问控制的特点
- 理解操作系统的自主访问控制
- 理解操作系统自主访问控制的实现机制

2.1 概　述

自主访问控制的访问权限基于主体和客体的身份。身份是关键，客体的拥有者通过允许特定的主体进行访问来限制对客体的访问。

2.1.1 定义

如果作为客体的拥有者的个人用户可以设置访问控制属性来许可或拒绝对客体的访问，那么这样的访问控制称为自主访问控制（DAC：Discretionary Access Control），又称为任意访问控制。

假设一个小孩有本日记。她控制着对日记的访问权，因为她可以决定谁能阅读（授予读访问权限）或谁不能阅读（拒绝读访问）。她允许妈妈读，但其他人不行。这是自主访问控制，因为对日记的访问由客体（日记）的拥有者（小孩）确定。

如果普通用户能够参与一个安全性策略的策略逻辑的定义与安全属性的分配，则称此安全性策略为自主安全性策略。

自主访问控制模型是根据自主访问控制策略建立的一种模型，允许合法用户以用户或用户组的身份访问策略规定的客体，同时阻止非授权用户访问客体。自主访问控制模型的特点是授权的实施主体（1.可以授权的主体；2.管理授权的客体；3.授权组）自主负责赋予和回收其他主体对客体资源的访问权限。所谓自主，是指具有授予某种访问权力的主体（用户）能够自己决定是否将访问权限授予其他主体。

存取许可与存取模式是自主访问控制机制中的两个重要概念，决定着能否正确理解对客体的控制和对客体的存取。

存取许可是一种权力，即存取许可能够允许主体修改客体的访问控制表，因此可以利用存取许可实现自主访问控制机制的控制。在自主访问控制方式中，有等级型、拥有型和自由型3种控制模式。

存取模式是经过存取许可的确定后，对客体进行的各种不同的存取操作。存取许可的作用在于定义或改变存取模式；存取模式的作用是规定主体对客体可以进行何种形式的存取操作。在各种以自主访问控制机制进行访问控制的系统中，存取模式主要有：读（read），即允许主体对客体进行读和拷贝的操作；写（write），即允许主体写入或修改信息，包括扩展、压缩及删除等；执行（execute），就是允许将客体作为一种可执行文件运行；在一些系统中该模式还需要同时拥有空模式（null），即主体对客体不具有任何的存取权。

自主访问控制的具体实施可采用目录表、访问控制列表、访问控制矩阵、权限位和能力表，如第1章所述。

2.1.2　DAC特点

DAC面临的最大问题是：具有某种访问权的主体能够自行决定将其访问权直接或间接地转交给其他主体。DAC允许系统的用户对于属于自己的客体按照自己的意愿允许或者禁止其他用户访问。在基于DAC的系统中，客体的拥有者负责设置访问权限。也就是说，主体拥有者对访问的控制有一定权利。但正是这种权利使得信息在移动过程中，其访问权限关系会被改变。如用户A可以将其对客体目标O的访问权限传递给用户B，从而使不具备对O访问权限的B也可以访问O，这样做很容易产生安全漏洞，所以自主访问控制的安全级别很低。

由于DAC对用户提供的这种灵活的数据访问方式，使得它广泛地应用在商业和工业环境中；由于用户可以任意传递权限，那么，没有访问文件File1权限的用户A就能够从有访问权限的用户B那里得到访问权限或是直接获得文件File1；因此，DAC模型提供的安全防护还是相对比较低的，不能给系统提供充分的数据保护。

2.2　操作系统的DAC

操作系统是直接控制硬件工作的基础软件系统。安全操作系统需要具备的特征之一就是自主访问控制，它基于对主体及主体所属的主体组的识别来限制对客体的存取。在大多数的操作系统中，DAC 的客体不仅仅是文件，还包括邮箱、通信信道、终端设备等。Linux、UNIX、Windows NT 或是 Server 版本的操作系统都提供自主访问控制的功能。在实现上，首先要对用户的身份进行鉴别，然后就可以按照访问控制列表所赋予用户的权限允许和限制用户使用客体的资源。主体控制权限的修改通常由特权用户（管理员）或是特权用户组实现。

20 世纪 60 年代，B. W. lampson 通过主体、客体和访问矩阵等概念建立了形式化的访问控制模型，为操作系统访问控制机制建立了理论基础。20 世纪 70 年代，D. E. Bell L. J. Lapadula 建立了第一个可证明的安全模型，即 Bell 和 Lapadula 模型，简称 BLP 模型。该模型依据主体和客体的安全等级标记来定义访问控制规则，是多级安全系统的理论基础，对多级安全操作系统的研究和开发具有重大影响。

在许多操作系统当中，对文件或者目录的访问控制是通过把各种用户分成 3 类来实施的，即属主（owner）、同组的其他用户（group）和其他用户（public）。

操作系统可以为系统中的每个文件定义一个属主。通常，如果一个用户创建了一个文件，那么，该用户就是该文件的属主。当然，如果用户 U_1 是文件 F_1 的属主，他可以把 F_1 赠送给用户 U_2，这样，用户 U_2 就成了文件 F_1 的属主，而用户 U_1 就不再是文件 F_1 的属主。一个文件只有一个属主。

操作系统一般都支持对用户进行分组管理。为了便于访问控制的需要，针对一个给定的文件，可以简单地把系统中的用户划分成 3 个用户域，系统中用户域的划分如图 2.1 所示。其中，第一个域由文件的属主构成，称为属主域，只包含一个用户，如图中的 A 区。第二个域由文件的属主的属组中的用户构成，称为属组域，可包含一个或多个用户，如图中的 B 区。第三个域由系统中属主和属组以外的所有用户构成，称为其余域，包含多个用户，如图 2.1 中的 C 区。A、B、C 三个区互不相交。

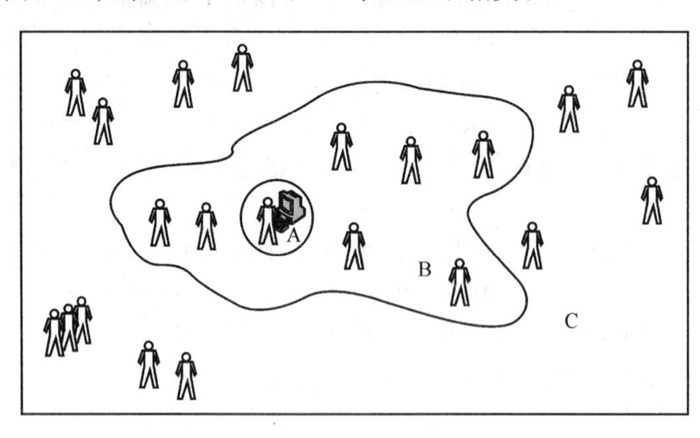

图 2.1　系统中用户域的划分

每个文件或者目录都同几个称为文件许可（File Permissions）的控制比特位相关联。

各个文件许可位的含义通常如图 2.2 所示。

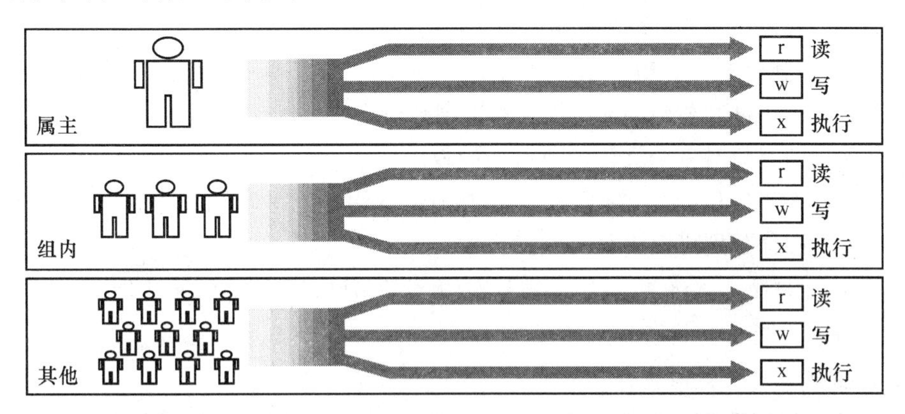

图 2.2 属主/属组/其他的访问控制

下面将讨论操作系统的自主访问控制,主要包括基于权限位的操作系统访问控制、基于 ACL 的操作系统访问控制。

2.2.1 基于权限位的操作系统访问控制

操作系统中最基本的自主访问控制当属控制用户对文件的访问。访问控制模型的 3 个基本要素是主体、客体和访问方式。无疑,在操作系统的访问控制体系中,用户是最直观的主体,文件是最直观的客体,最直观的访问方式则是用户执行对文件的操作。

1. 访问权限的定义与表示

用户对文件的操作可以归纳为 3 种形式,即查看文件中的信息、改动文件中的信息、或运行文件(可执行文件)。与之相对应,可以将用户对文件的操作定义为读、写和执行 3 种方式,分别用 r、w 和 x 3 个字符来表示。也就是说,一个用户可以对一个文件进行 r、w、x 3 种操作。

用户从操作系统中获得的以某种方式对文件进行操作的许可,就是用户对文件进行访问的权限,因此可以说,用户可以拥有对文件进行 r、w、x 3 种权限。拥有 r、w、x 权限分别表示操作系统允许用户对文件进行读、写、执行操作。

在人机交互中,对于用户来说,用 r、w、x 等字符来表示访问权限非常直观,而对于操作系统来说,用二进制位来表示访问权限则更高效。

例 2.1 设在操作系统内部,用 1.7.6 节给出的二进制位串表示用户拥有的访问权限,请给出一个把二进制位串映射为字符串的方法。

解答:用一个由 3 个字符组成的字符串表示一个用户拥有的对一个文件的所有访问权限,字符串与二进制位串的对应关系,从左至右,一个字符对应一个二进制位,二进制位为 0 时,对应的字符取减号(—);二进制位为 1 时,对应的字符如下。

第 1 个二进制位为 1:第 1 个字符取 r;

第 2 个二进制位为 1:第 2 个字符取 w;

第 3 个二进制位为 1:第 3 个字符取 x。

例如,二进制位串 000 和 111 分别对应字符串"---"和"rwx"。

一个 3 位的二进制数与一个 1 位的八进制数对应,因此,可以用一个 1 位的八进制数表示一个用户拥有的对一个文件的所有访问权限。

例 2.2 设用户 U_1 对文件 F_1、F_2、F_3 拥有的权限的八进制值分别为 1、2、4,请问,该用户对这三个文件分别可以进行什么操作?

解答:八进制值 1、2、4 对应的二进制值分别为 001、010、100,所以,用户 U_1 对文件 F_1、F_2、F_3 分别可以进行执行、写、读操作。

2. 用户的分类与访问控制

一个用户很有可能参加多个用户组,如果是这种情形,则可以确定其中一个用户组为主用户组,属组域由主用户组定义。

一个用户可以对一个文件拥有访问权限,同样地,一类用户也可以对一个文件拥有访问权限。

把每个用户域中的用户看做一类用户,则系统中的用户便分成了三类,分别是属主类、属组类和其余类,即属主/属组/其余。可以同时定义三类用户对一个文件的访问权限。

一类用户对一个文件的访问权限可以由 3 个二进制位表示,因此,三类用户对一个文件的访问权限可以由 9 个二进制位表示。

例 2.3 设操作系统中的用户可以划分为属主、属组和其余三类,请给出一个用二进制位表示用户对文件的访问权限的方法,要求对任意一个给定的文件,可以确定每类用户对它的访问权限。

解答:用一个由 9 位二进制组成的位串来表示用户对一个文件的访问权限,其中,左边 3 个二进制位、中间 3 个二进制位、右边 3 个二进制位分别表示属主类、属组类、其余类用户对文件的访问权限。

例如,如果文件 F 的二进制权限位串是 111101001,则三类用户的访问权限分别是 111、101、001。即属主类用户对文件 F 拥有读、写和执行权限;属组类用户对文件 F 拥有读和执行权限,其余类用户对文件拥有执行权限。

根据以上"属主/属组/其余"式的用户分类方法,对于系统中的任何一个用户,都必然有相应的用户类型与其对应。当一个用户试图访问一个文件时,只要为该文件定义了三类用户对它的访问权限,就一定能找到与该用户匹配的访问权限,从而控制该用户对该文件的访问。

所以,通过为操作系统中的每一个文件定义"属主/属组/其余"式的访问权限,可以实现操作系统中所有用户对所有文件的访问控制。操作系统可以为每个新创建的文件定义默认的访问权限。在自主访问控制中,文件的属主可以修改文件的访问权限。

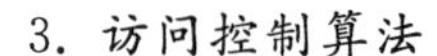

3. 访问控制算法

上面介绍了“属主/属组/其余”式的访问控制思想，其中的属组的定义是文件的属主的属组，其实，也可以称为文件的属组。该访问控制思想通过 9 个二进制权限位来表示用户对文件的访问权限，因而，也可以称为基于权限位的访问控制。下面讨论根据这种访问控制思想进行访问控制的实施算法。

例 2.4 设某操作系统采取“属主/属组/其余”式的访问控制思想对用户访问文件的行为进行控制，请给出一个进行访问控制判定的算法。

解答：设用户 U 请求对文件 F 进行 a 操作，其中 a 是 r、w 或 x，文件 F 的属主和属组分别为 U_0 和 G_0，按照以下步骤进行访问控制判定：

(1) 当 U 等于 U_0 时，如果文件 F 的 9 位权限位组的属主位组中与 a 对应的位为 1，则允许 U 对 F 进行 a 操作，否则，不允许 U 对 F 进行 a 操作，判定结束(属主位组由 9 位权限位组的左边 3 位组成)。

(2) 当 G_0 是 U 的属组时，如果文件 F 的 9 位权限位组的属组位组中与 a 对应的位为 1，则允许 U 对 F 进行 a 操作，否则，不允许 U 对 F 进行 a 操作，判定结束(属组位组由 9 位权限位组的中间 3 位组成)。

(3) 如果文件 F 的 9 位权限位组的其余位组中与 a 对应的位为 1，则允许 U 对 F 进行 a 操作，否则，不允许 U 对 F 进行 a 操作(其余位组由 9 位权限位组的右边 3 位组成)。

这个算法首先确定用户是“属主”、“属组”和“其余”中的哪一类用户，然后根据为该类用户分配的权限进行判定。

例 2.5 设在某 UNIX 操作系统中，部分用户组的配置信息如表 2.1 所示。

表 2.1 用户组的配置信息

属组信息	用户名
sisefellow:x:300	wenchang,binliang,zhiyong,zhaohui
siselab_ms:x:301	weinan,hanchao,kankan,xiaoli,liuxing

系统中部分文件的权限配置信息如表 2.2 所示。

表 2.2 文件的权限配置信息

权限位	属主名	属组名	文件名
rw-r-x--x	wenchang	sisefellow	file1
f---w---x	weinan	siselab_ms	file2

请问，用户 wenchang、binliang 和 weman 可以对文件 file1 进行什么操作？用户 hanchao 可以对文件 file2 进行什么操作？

解答：用户 wenchang 是文件 file1 的属主，对应的权限位串是“rw-”。因此，可以对文件 filel 进行读和写操作。

用户 binliang 是文件 filel 的属组的成员，对应的权限位串是“r-x”。所以，该用户拥有分配给文件 file1 的属组的权限，即用户 binliang 可以对文件 file1 进行读和执行操作。

用户 weinan 既不是文件 file1 的属主，也不是文件 file1 的属组的成员，对应的权限位串是“--x”。所以，该用户拥有分配给其余用户的权限，即用户 weinan 可以对文件 file1 进行执行操作。

用户 hanchao 是文件 file2 的属组的成员，对应的权限位串是“-w-”。所以，该用户拥有分配给文件 file2 的属组的权限，即用户 hanchao 可以对文件 file2 进行写操作。

例 2.6 设在某 UNIX 操作系统中，自主访问控制机制的部分相关文件配置信息如下：

权限位	属主名	属组名	文件名
r--r--r--	weinan	siselab_ms	file3

请问，用户 weinan 是否有可能对文件 file3 进行写操作？

解答：从文件 file3 的权限配置信息来看，用户 weinan 不拥有对文件 file3 的写权限，该用户不能对文件 file3 进行写操作。但是，该用户是文件 file3 的属主，根据自主访问控制性质，该用户可以修改文件 file3 的权限配置，可修改为如下形式：

权限位	属主名	属组名	文件名
rw-r--r--	weman	siselab_ms	file3

这样，用户 weinan 便拥有了对文件 file3 的写权限，所以，用户 weinan 有可能对文件 file3 进行写操作。

传统 UNIX 操作系统的自主访问控制机制实现了对“属主/属组/其余”式的访问控制思想的支持。

4. 进程的有效身份与权限

用户是最直观的主体，但在操作系统中，进程才是真正活动的主体，进程在系统中代表用户进行工作，用户对系统的操作是由进程代其实施的。

进程是程序的执行过程，而程序是由文件表示的，所以，进程与文件有密切的关系。进程又是代表用户进行工作的，所以，进程与用户也有很大的关系。首先，认识进程、文件和用户之间的关系。

(1) 进程与文件和用户的关系

用户通过操作系统进行工作时，会启动相应的进程，该进程执行操作系统中的相应可执行文件。可执行文件以程序映像的形式装入到进程之中，成为进程的主体成分，构成进程的神经系统，指挥进程一步步地开展工作。用户与进程和文件的关系如图 2.3 所示，它描绘了用户启动进程执行程序文件的基本思想。

图 2.3 中，用户 U_p 启动了进程 P，进程 P 运行可执行文件 F 中的程序，文件 F 的属主是用户 U_f。进程 P 在操作系统中代表用户 U_p 进行工作。例如，用户 U_p 查看文件 filex，实际上就是进程 P 读文件 filex 的内容并把它显示出来。

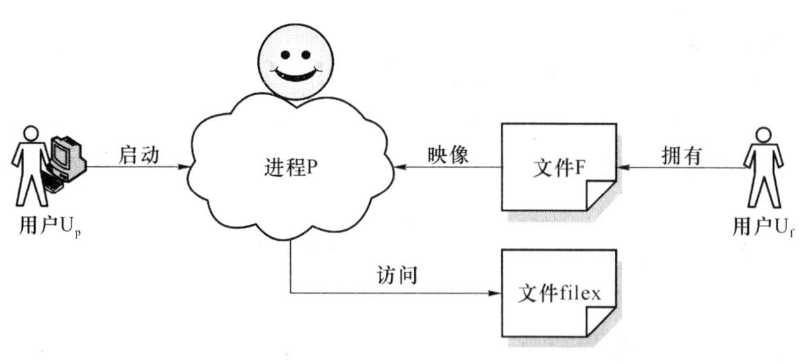

图 2.3　用户与进程和文件的关系

用户 U_p 查看文件 filex,需要拥有对文件 filex 的读权限,同样,进程 P 读文件 filex,也必须要拥有对文件 filex 的读权限。当然,对于写或执行操作,也是一样的道理。因为进程是由用户创建的,因此,可以借助用户的访问权限来确定进程的访问权限。

例 2.7　设在操作系统中,进程必须拥有对文件的访问权限才能对文件进行相应的访问,请给出一个由非属主用户启动的确定进程对文件的访问权限的方法。

解答:设进程 P 是由用户 U_p 启动的,对任意的文件 filex,使进程 P 对文件 filex 的访问权限等于用户 U_p 对文件 filex 的访问权限。

这个例子给出的方法是把启动进程的用户对文件的访问权限作为进程对文件的访问权限,因为进程是用户的化身,是代表用户工作的。

图 2.3 中涉及两个用户,即除了进程 P 的启动者 U_p 外,还涉及进程 P 所执行的文件 F 的属主 U_f。当然也可以把用户 U_f 对文件的访问权限作为进程 P 对文件的访问权限。

例 2.8　设在操作系统中,进程必须拥有对文件的访问权限才能对文件进行相应的访问,请给出一个由属主用户启动的确定进程对文件的访问权限的方法。

解答:设进程 P 运行的程序是文件 F,文件 F 的属主是用户 U_f,对任意的文件 filex,使进程 P 对文件 filex 的访问权限等于用户 U_f 对文件 filex 的访问权限。

显然,例 2.7 给出的方法让进程 P 以非属主用户 U_p 的身份去访问文件 F,而例 2.8 给出的方法让进程 P 以属主用户 U_f 的身份去访问文件 F。

用户 U_p 启动的进程 P 运行程序文件 F,实际上就是用户 U_p 对文件 F 进行执行操作,所以,要求用户 U_p 拥有对文件 F 的执行权限。

(2) 进程的用户属性

用户的访问控制根据用户属性和文件的访问属性进行判定,用到的用户属性是用户标识和用户组标识,用到的文件属性是文件属主、文件属组和访问权限位串。作为一种借鉴,可以为进程设立用户标识和用户组标识属性,作为访问判定的依据。

例 2.9　设在操作系统中,进程中有用户标识和用户组标识属性,文件中有属主、属组和访问权限位串属性,请给出进程访问控制的一种方法,要求根据这些进程属性和文件属性进行访问判定。

解答：设任意进程P请求对任意文件F进行访问，进程P的用户标识和用户组标识分别为I_{up}和I_{gp}，文件F的属主、属组和访问权限位串分别为I_{uf}、I_{gf}和$S_1S_2S_3$。其中，S_1、S_2、S_3分别表示9位的访问权限位串中左、中、右三个3位的子位串(见例2.3)，按照以下步骤进行判定：

① 当I_{up}等于I_{uf}时，检查S_1中是否有相应权限，如果有，则允许访问，否则不允许访问，结束判定。

② 当I_{gp}等于I_{gf}时，检查S_2中是否有相应权限，如果有，则允许访问，否则不允许访问，结束判定。

③ 检查S_3中是否有相应权限，如果有，则允许访问，否则不允许访问。

需要考虑如何确定进程中的用户标识问题。在图2.3所示的示例中，进程P是由用户U_p创建的，但在例2.8中给出的方法是根据用户U_f的标识进行访问判定，而不是根据用户U_p的标识进行访问判定。有必要记住两类用户，即创建进程的用户和借以进行访问判定的用户。

例2.10 请给出一种在进程中设立用户属性的方法，要求能够反映创建进程的用户和借以进行访问控制的用户。

解答：在进程中设立两类用户属性，一类用于记住创建进程的用户，另一类用于进行访问判定，每类用户属性都包含一个用户标识和一个用户组标识。

用于记住创建进程的用户的属性称为真实用户属性，相应标识分别称为真实用户标识(简记为RUID)和真实用户组标识(简记为RGID)。用于进行访问判定的属性称为有效用户属性，相应标识分别称为有效用户标识(简记为EUID)和有效用户组标识(简记为EGID)。

进行进程访问控制时，使用有效用户标识(EUID)和有效用户组标识(EGID)，按照例2.9给出的方法进行访问判定。

应用例2.10给出的问题描述方法，则例2.7中采取的策略是使EUID和EGID与用户U_p及其属组对应，例2.8中采取的策略是使EUID和EGID与用户U_f及其属组对应，两个例子中的RUID和RGID都与用户U_p及其属组对应。

(3) 进程有效用户属性的确定

进程是运行中的程序，进程所运行的程序决定了进程的本质，只要更换进程所运行的程序，不用创建新的进程，就能改变进程的本质，使进程执行新的任务。

例2.11 请给出操作系统进程控制的一种方法，要求能够使任意一个现有进程在不结束生命的前提下执行新进程。

解答：在操作系统中设计一个系统调用，它的功能就是把调用它的进程所运行的程序替换成一个新的程序，不妨把它表示为exec()，调用形式为

```
exec("progf")
```

其中，progf 是一个可执行程序文件名，该系统调用把调用它的进程所运行的程序替换成 progf，这相当于把正在运行的程序彻底清除掉，然后用程序 progf 来代替它。

例 2.12　设操作系统提供更新进程的 exec()系统调用，已知 3 个可执行程序的伪代码如下：

```
progf1:
    printf( "China" );
    exec( "progf2" );
    printf( "America" );
    return;
progf2:
    printf("England" ); /
    exec( "progf3" );
    printf( "Canada" );
    return:
progf3:
    printf( "Australia" );
    return;
```

某用户执行程序，progf1 启动了进程 proc1，请问进程 proc1 在运行过程中显示什么信息？请按顺序把它们列出来。

解答：进程显示的信息依次是：China—England—Auslralia。

可以在创建进程时和更新进程的程序映像时确定进程的用户属性。

例 2.13　设操作系统中的进程可以通过系统调用 exec()更新程序映像，请给出一个在进程的整个生命周期中确定进程的用户属性的方法。

解答：设用户 U 创建进程 p，进程 P 的 RUID、RGID、EUID 和 EGID 分别为 I_{up}、I_{gp}、I_{ue}和 I_{ge}，F 是一个任意的可执行程序文件，文件 F 的属主和属组的标识分别为 I_{uf}和 I_{gf}，确定进程 P 的用户属性的方法如下：

(1) 用户 U 创建进程 P 时，设

$$I_{up}=I_{ue}=\text{用户 U 的标识}$$

$$I_{gp}= I_{ge}=\text{用户 U 的属组的标识}$$

(2) 进程 F 调用 exec("F")把程序映像替换为 F 时，如果 I_{uf}的条件允许，则设

$$I_{ue}=I_{uf}$$

如果 I_{gf}的条件允许，则设

$$I_{ge}=I_{gf}$$

例 2.13 中的方法涉及 I_{uf}和 I_{gf}的条件问题，这可以通过扩充文件的二进制访问权限位串来解决。

例 2.14 请给出一种扩充文件的二进制访问权限位串的方法，以便在进程更新程序映像时能够确定是否可以修改进程的 EUID 和 EGID。

解答：设 P 为任意进程，对于任意的文件 F，现有的 9 位二进制访问权限位串可以表示为

$$r_o w_o x_o r_g w_g x_g r_a w_a x_a$$

在该位串的左边增加 3 个二进制位，扩充为以下形式的 12 位的位串：

$$u_t g_t s_t r_o w_o x_o r_g w_g x_g r_a w_a x_a$$

其中，u_t 和 g_t 用于控制对进程的 EUID 和 EGID 的更新，可分别称为 SETUID 控制位和 SETGID 控制位，s_t 暂时不用。

当进程 P 调用 exec (″F″)把程序映像替换为 F 时，控制方法定义如下。

- $u_t = 1$：允许进程 P 的 EUID 值取文件 F 的属主标识；
- $u_t = 0$：不允许进程 P 的 EUID 值取文件 F 的属主标识；
- $g_t = 1$：允许进程 P 的 EGID 值取文件 F 的属组标识；
- $g_t = 0$：不允许进程 P 的 EGID 值取文件 F 的属组标识。

这个例子扩充了文件的访问权限属性结构，把 9 位的权限位串扩展为 12 位的权限位串，增设了 SETUID 控制位和 SETGID 控制位，显然，这些控制位仅对可执行文件有意义。

例 2.15 请给出一个把 12 位的二进制权限格式转换成字符串权限格式的方法。

解答：12 位二进制权限格式可以表示为

$$u_t g_t s_t r_o w_o x_o r_g w_g x_g r_a w_a x_a \tag{1}$$

例 2.1 给出了把 $r_o w_o x_o$、$r_g w_g x_g$ 和 $r_a w_a x_a$ 转换成字符串格式的方法，设转换得到的结果分别表示为 $R_o W_o X_o$、$R_g W_g X_g$ 和 $R_a W_a X_a$，则

$$r_o w_o x_o r_g w_g x_g r_a w_a x_a \tag{2}$$

转换后得

$$R_o W_o X_o R_g W_g X_g R_a W_a X_a \tag{3}$$

以(3)式为基础，当 (1)式中的 u_t 是 1 时，把(3)式中的 X_o 设为 s；当 (1)式中的 g_t 是 1 时，把 (3)中的 X_g 设为 s，这样对 (3)式进行修改后得到的结果就是与二进制格式(1)式对应的字符串格式。例如：

100101001001 转换后的结果 是 r-s--x--x

010101001001 转换后的结果是 r-x--s--x

这个例子在 9 位二进制权限位串对应的 9 字符权限格式的基础上，提供了一种表示 SETUID 和 SETGID 控制位的简捷方法，依然用 9 字符权限格式，能表示 12 位二进制权限位串。

至此，借助文件的访问权限属性和更新进程程序映像的 exec()系统调用，便能确定进程的有效用户属性，而根据进程的有效用户属性和文件的访问权限属性，就可以实现进程访问文件时的访问控制。

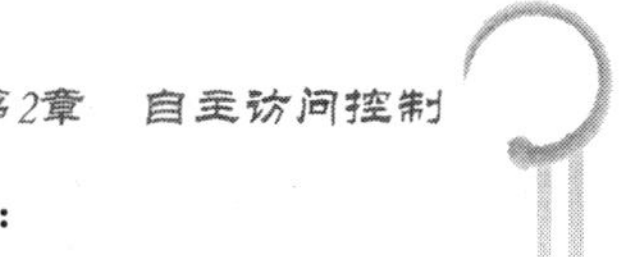

例 2.16　设在某 UNIX 操作系统中，部分用户组的配置信息如下：

```
siselab_ms:x:301 :weinan,hanchao,kankan,xiaoli,liuxing
```

系统中部分文件的权限配置信息如下：

权限位	属主名	属组名	文件名
--x--x--x	wenchang	sisefellow……	progf1
--x--s--x	hanchao	siselab_ms……	progf2
--s--x--x	weinan	siselab_ms……	progf3
rw-r-----	weinan	siselab_ms……	filex

程序 progf1，progf2 和 progf3 的伪代码如例 2.12 所示。用户 wenchang 执行程序 progf1 启动了进程 p，试问：

(1) 进程 P 在显示 China 时，对文件 filex 拥有什么访问权限？

(2) 进程 P 在显示 England 时，对文件 filex 拥有什么访问权限？

(3) 进程 P 在显示 Australia 时，对文件 filex 拥有什么访问权限？

解答：(1) 用户 wenchang 启动进程 P 后，直到显示 China 时，p 的 EUID 对应 wenchang，EGID 对应 sisefellow，P 的 EUID 不等于 filex 的属主 weinan，P 的 EGID 不等于 filex 的属组 siselab_ms，而其余类用户在 filex 上没有任何权限，所以，进程 P 在显示 China 时，对文件 filex 没有任何访问权限。

(2) 进程 P 在显示 England 时，程序映像已更新为 progf2，文件 progf2 打开了 SETGID 控制位，使 P 的 EGID 对应到 progf2 的属组 siselab_ms，该属组对 filex 拥有读权限，所以，进程 P 对文件 filex 拥有读的访问权限。

(3) 进程 P 在显示 Australia 时，程序映像已更新为 progf3，文件 progf3 打开了 SETUID 控制位，使 P 的 EUID 对应到 progf3 的属主 weinan，该用户对 filex 拥有读和写权限，所以，进程 P 对文件 filex 拥有读和写的访问权限。

传统 UNIX 操作系统的自主访问控制机制根据"属主/属组/其余"式的访问控制思想，实现了基于有效用户属性的进程访问控制支持。

2.2.2　基于 ACL 的访问控制

基于"属主/属组/其余"的访问控制思想为操作系统中的访问控制提供了一种实用的方法，但存在明显的不足，那就是只能区分 3 类用户，粒度太粗。利用这种方法，针对给定的一个文件，难以做到为 4 个以上的用户分配相互独立的访问权限。ACL 思想可以为细粒度的访问控制提供较好的支持。

1. ACL 的表示方法

利用 ACL 机制，针对任意给定的一个文件，可以为任意个数的用户分配相互独立的访问权限。权限相互独立是指，改变分配给任意一个用户的权限，不会对其他用户的权限产生任何影响。

例 2.17 请对“属主 /属组/其余”式的访问控制方法进行扩展，给出一个基于 ACL 的访问控制方法。

解答：把属主、属组和其余 3 个用户类扩展为属主、指定用户、属组、指定组和其余 5 个用户类。其中“指定用户”类可以包含任意个数的相互独立的用户。同样，“指定组”类可以包含任意个数的相互独立的用户组。

给每个文件定义一张表，用于存放 ACL 信息，表中的每一行定义一组访问权限，其中“指定用户”类的每个用户占一行，“指定组”类的每个用户组占一行，其他每类用户各占一行。表的格式如下：

```
user: uname: RWX
group: gname :RWX
other::RWX
```

每行为一个记录，每个记录被冒号(:)分成 3 个字段。第 1 个字段是记录类型标记，user 标识用户记录，group 标识组记录，other 标识其余用户记录。第 2 个字段是名称，unarne 表示用户名，用户名为空表示是属主，gname 表示组名，组名为空表示是属组。第 3 个字段表示权限，R 取值为“—”或“r”，对应“读”权限 ；W 取值为“—”或“w”，对应“写”权限；X 取值为“—”或“x”，对应“执行”权限。

以下是 ACL 表配置信息的示例：

```
user ::rwx
user:wenchang:rwx
user:xlaorming:r-x
group::r-x
group:sisefellow:--x
other::r-x
```

示例中，第 1 行定义属主的权限，第 2、3 行分别定义用户 wenchang 和 xiaoming 的权限，第 4 行定义属组的权限，第 5 行定义组 sisefellow 的权限，第 6 行定义其余用户的权限。

根据例 2.17 给出的方法，对于任意一个文件 F，通过定义它的 ACL 表，可以根据需要，给任意用户 U 和任意组 G 独立地分配对它的访问权限，从而实现细粒度的访问控制。

例 2.18 用 ACL 机制进行访问控制，如果要支持“属主/属组/其余”式的访问控制功能，请问，最小的 ACL 表是什么样的？

解答：对于任意一个文件，最小的 ACL 表由以下配置行组成：

```
user::RWX
group::RWX
other::RWX
```

例 2.18 给出的 ACL 表的功能与 9 位的权限位串等价，其中，user 行定义文件的属主的权限；group 行定义文件的属组的权限；other 行定义其余用户的权限。由此，需要注意

一个问题,即文件属主和属组的名称(标识)都没有出现在 ACL 表中,如果需要属主或属组的标识,则必须到 ACL 之外去寻找。

为一个文件定义访问权限时,有时也需要对所有用户做一个总的限定。通过定义一个最大权限值,可以达到这个目的。

例 2.19 以例 2.17 给出的 ACL 表为基础,给出一个能够在访问判定时限定所有用户的权限范围的简单方法。

解答:在 ACL 表中设立一个专用行,用于表示权限的最大值。即只有其中定义了的权限,在访问判定时才有效;其中没有定义的权限,在访问判定时,将被过滤掉。用 mask 标识这个专用行,其格式是:

```
mask::RWX
```

访问判定时,先将用户的权限和 mask 行指定的权限进行"逻辑与"运算,再根据运算后得到的结果进行判定。

2. 基于 ACL 的访问判定

一个文件的 ACL 表中配置了很多用户和用户组对该文件的访问权限,其中包括文件的属主和属组的访问权限。判断一个进程能否对一个文件进行访问,基本思想应该是检查文件的 ACL 表中是否存在与进程相关的用户标识或组标识相匹配的表项,进而从中检查是否有符合条件的权限可用。

由于 ACL 表中配置了很多用户组,而一个进程的有效用户可能参加多个用户组,使一个进程可能与多个组关联,因此,ACL 表中可能有多个组与进程关联的多个组匹配,这给访问判定增加了一定的复杂性。

例 2.20 假定 ACL 表中没有 mask 表项,请给出一个根据 ACL 表判定进程访问文件的权限的方法。

解答:设 P 是一个任意的进程,F 是一个任意的文件,A 是个任意的访问权限,需要判定的是 P 对 F 是否拥有 A 权限。按照以下过程进行判定:

(1) 如果进程 P 的 EUID 等于文件 F 的属主的标识,那么,根据 F 的属主的 ACL 表项进行判定,转到第(7)步。

(2) 如果进程 P 的 EUID 等于文件 F 的 ACL 表中某个指定用户的标识,那么,根据该指定用户的 ACL 表项进行判定,转到第(7)步。

(3) 如果进程 P 的 XGID 等于文件 F 的属组的标识,而且,该属组拥有 A 权限,那么,根据 F 的属组的 ACL 表项进行判定,转到第(7)步 (XGID 是 P 的 EGID,或是 P 的 EUID 所属的某个用户组的标识)。

(4) 如果进程 P 的 XGID 等于文件 F 的 ACL 表中某个指定组的标识,而且,该指定组拥有 A 权限,那么,根据该指定组的 ACL 表项进行判定,转到第(7)步(XGID 的含义同(3)中的一致)。

(5) 如果进程 P 的 XGID 等于文件 F 的属组的标识,或者等于 ACL 表中某个指定组的标识，但是，该属组和该指定组都不拥有A权限，那么，根据F属组的ACL表项进行判定，转到第(7)步（XGID的含义同(3)中的一致）。

(6) 根据文件F的ACL表中的other表项进行判定。

(7) 如果选定的ACL表项中配置了A属性，那么，进程P对文件F拥有A权限，否则进程P对文件F不拥有A属性。

注意：例2.20中的第(3)或第(4)步完成时，已表明进程P对文件F拥有A权限，而第(5)步完成时，已表明进程P对文件F不拥有A权限。

例2.21 假定ACL表中有mask表项，请给出一个根据ACL表判定进程访问文件的权限的方法。

解答：设P是一个任意的进程，F是一个任意的文件，A是一个任意的访问权限，需要判定的是P对F是否拥有A权限。假设无须对属主和其余用户进行权限过滤。在按照例2.20中的方法得出结果的基础上，再进行以下判定。

如果下面3个条件同时成立，那么，最后的结论是进程P对文件F不拥有A属性，否则保持例2.20得出的结论。这3个条件是：

(1) 例2.20得出的结论是进程P对文件F拥有A属性；

(2) 例2.20在判定过程中用到的既不是属主表项也不是other表项；

(3) mask表项中没有A属性。

IEEE的POSIX.1e标准草案提供了ACL机制的一个规范，该规范规定对属主和其余用户不做mask限定，也就是说只对属组用户做mask限定。所以，在例2.21中采用了这一思想。

很多操作系统(尤其是UNIX类操作系统)都能提供ACL机制的支持。

2.2.3 特权分割与访问控制

在很多场合，管理和维护操作系统的用户都需要拥有一定的特权，才能顺利完成正常的系统服务工作。例如，如果操作系统的某个用户忘记了自己的口令，那该怎么办呢？采用常规途径，该用户将无法再通过原来的账户进入系统，只有采取特殊的措施，如删掉用户的口令，才能帮助用户恢复正常工作。采取特殊措施是需要特权支持的。

2.2.3.1 特权分割

1. 特权的意义与问题

拥有特权的用户属于特权用户，而其他用户就是普通用户。UNIX操作系统中的root用户就是典型的特权用户。实际上，它的名称是超级用户，具有最高的权限，可以完全不受操作系统访问控制机制的约束。

前面说过，用户的工作实际上都是由进程代劳的，相应地，进程便有特权进程与普遍进程之分。特权用户的工作由特权进程完成，普通用户的工作由普通进程完成。

特权是把双刃剑，既是系统服务之所需也是系统威胁之所在。特权功能是操作系统安全性的隐患。以UNIX操作系统为例，如果攻击者获得了root用户的特权，他就获得了对整个系统的完全控制权，其后果不堪设想。

特权管理是操作系统安全的重要内容，特权管理包括特权分离原则和最小特权原则。

特权分离原则就是要尽可能地对系统中的特权任务进行细分，让多个不同的用户去承担不同的细分任务，不要把系统特权集中到个别用户身上。就像财务工作中的情况那样，出纳管钱、会计管账，不要让同一个人既管钱又管账。

最小特权原则就是尽可能搞清楚完成某项特权任务所需要的最小特权，尽可能只给用户分配最小的特权，让他足以完成所承担的任务既可，也就是说，如果某项任务只需 n 项特权就能完成的话，不要给用户分配 n 项以上的特权。

2. 特权的定义

特权分离原则与最小特权原则是密切相关的。只有在对系统中的特权进行合理划分的基础上，才有可能有效地实现最小特权原则。操作系统中特权的定义是实现操作系统对最小特权原则的支持的难点之一。本节通过若干个例子来体会操作系统中特权的定义方法。

例 2.22　请给出一个文件的查看方面的特权。

解答：定义一个记为CAP_DAC_READ_SEARCH的特权，使拥有该特权的用户在读任何文件或目录时，都不会受到自主访问控制的“读”权限的限制。也就是说，就算用户没有对文件的读权限，也能对文件进行读操作。

例 2.23　请给出一个整个自主访问控制方面的特权。

解答：定义一个记为CAP_DAC_OVERRIDE的特权，使拥有该特权的用户在访问系统资源时，完全不受自主访问控制权限的限制。也就是说，就算用户对文件不拥有读、写、执行中的任何一个权限，也能对文件进行读、写和执行操作。

例 2.24　请给出一个文件属主权力方面的特权。

解答：定义一个记为CAP_FOWNER的特权，使拥有该特权的用户在对文件进行操作时，不受“必须是文件的属主”的限制。也就是说，就算用户不是文件的属主，只要其他条件符合，也能对文件进行只有文件属主才能进行的操作。

例 2.25　请给出一个网络管理方面的特权。

解答：定义一个记为CAP_NET_ADMIN的特权，使只有拥有该特权的用户才能进行网络接口配置、路由表修改、防火墙管理、代理服务的地址绑定等操作，没有该特权的用户不能进行相应的操作。

以上这些例子从若干个侧面介绍了操作系统中特权分割的思想。如果不进行类似的特权划分，就像在传统UNIX操作系统中那样，只要想进行其中的某项特权操作。如例2.22所需的操作，也只好给用户授予root超级用户特权了，可这样一来，用户就拥有了进

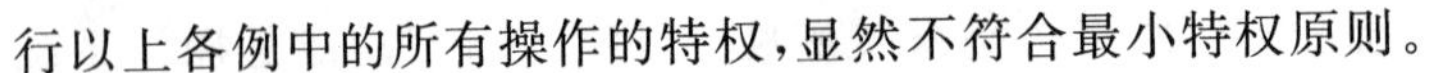

行以上各例中的所有操作的特权，显然不符合最小特权原则。

2.2.3.2 基于特权的访问控制

不论是基于权限位串的访问控制，还是基于 ACL 表的访问控制，都是基于用户标识的访问控制。基于用户标识的访问控制根据用户标识检索访问权限，进而确定访问判定结果。基于特权的访问控制与此不同，它根据特权来确定访问判定结果。

基于用户标识的访问控制定义了有效用户标识的概念，并把它作为访问控制判定的基础，它的值在进程的程序映像更新时进行确定。这些思想可以借鉴到基于特权的访问控制中来。

例 2.26 请给出一个支持基于特权的访问控制的基本体系结构。

解答：对任意一个可执行程序文件 F，为它设立一套特权集属性，用于保存特权集信息。用户根据程序 F 完成任务所需要的特权，为它进行特权配置，配置信息保存在 F 的特权集属性中。

对任意一个进程 P，为它设立一套特权集属性，用于存放特权集信息。进程 P 执行程序 F 时，根据 F 的特权集属性，建立进程 P 的特权集配置，存放到进程 P 的特权集属性中。

进程 P 进行访问操作时，根据进程 P 的特权集属性进行访问判定。

例 2.27 请给出一个在操作系统中确定文件和进程的特权集属性的方法，以便实现基于特权的访问控制。

解答：程序映像更新时的进程特权确定方法如图 2.4 所示。

为每个文件和进程设立 3 个特权集，分别是有效的特权集、许可的特权集和可继承的特权集，依次用 E，P 和 I 进行标记。其中，P 特权集是可以分配给进程的所有特权的集合；I 特权集是进程演变时可以从旧进程继承到新进程的特权的集合；E 特权集是用于进行访问判定的特权的集合。

图 2.4 表示进程 Proc_1 的程序映像通过 exec()系统调用更新为程序 F 后演变成进程 Proc_2 的情形。E_0、P_0 和 I_0 是文件 F 的 E 特权集、P 特权集和 I 特权集。E_1、P_1 和 I_1 是旧进程 Proc_1 的 E 特权集、P 特权集和 I 特权集。E_2、P_2 和 I_2 是新进程 Proc_2 的 E 特权集、P 特权集和 I 特权集。另外，在系统范围内设立一个特权集上界 B。新进程的特权集的确定方法如下：

$$P_2 = (P_0 \ \& \ B) \mid (I_0 \ \& \ I_1)$$
$$E_2 = P_2 \ \& \ E_0$$
$$I_2 = I_1$$

其中，“&”和“|”分别表示“逻辑与”和“逻辑或”运算符。

当进程 Proc_2 进行访问操作时，根据有效特权集 E_2 进行访问控制判定。

如果进程 Proc_1 是由别的进程通过 exec()系统调用演变得到的，那么，其特权集的确定方法与例 2. 27 中给出的方法是类似的。如果进程 Proc_1 是通过创建新进程的方式生成的，那么，其特权集与父进程的相同。至于系统中的第一个进程，其特权集则可由操作系统在初始化时确定。

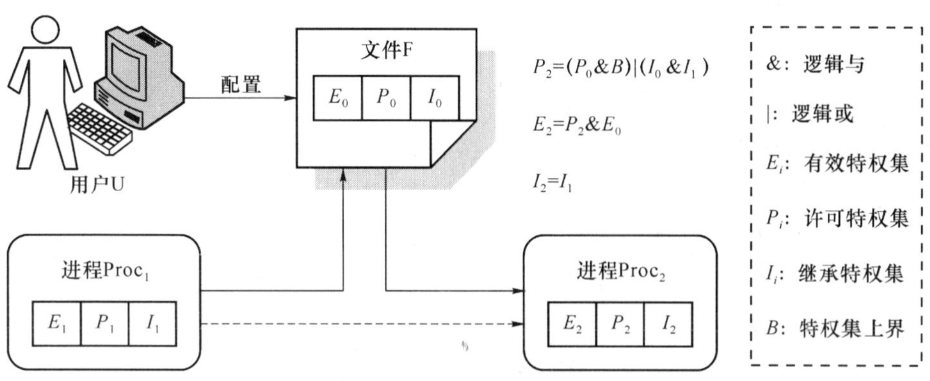

图 2.4　程序映像更新时的进程特权确定方法

IEEE 的 POSIX.1e 标准草案提供了一种称为权能(Capability)机制的规范,但该权能机制并不是传统意义上所说的与 ACL 机制相对的权能机制,而实际上是一种特权机制。该规范提供了对本节所介绍的特权思想的支持。

2.3 本章小结

操作系统的访问控制是关乎其安全性的不可或缺的重要部分,包括基于权限位的访问控制、基于 ACL 的访问控制、特权分割与访问控制。

考虑到操作系统客体资源的特点,用户对文件的操作可定义为读、写和执行 3 种方式;考虑用户访问文件的许可,可以定义读、写和执行 3 种权限;站在文件的角度可以把用户划分为属主、属组和其余 3 种类型;利用一个 9 位的二进制位串,可以表示 3 类用户对文件的 3 种访问权限,从而实现基于权限位的“属主/属组/其余”式的访问控制。

进程是用户的化身,用户对系统的操作由进程代为实施,进程必须拥有访问权限才能对文件进行访问,可为进程定义用户属性,作为访问判定的依据。

利用 ACL 机制,对于任意一个文件 F,通过定义它的 ACL 表,可根据需要,给任意用户 U 和任意用户组 G 独立的分配对它的访问权限,从而实现细粒度的访问控制。判断一个进程 P 能否对一个文件 F 进行访问的方法是检查文件 F 的 ACL 表中是否存在与进程的用户属性匹配的项,进而检查是否有符合条件的权限。

特权分离原则要求尽最大可能对系统中的特权进行细分,最小特权原则要就尽最大可能给用户分配最小的权限。基于用户标识的访问控制根据用户标识确定访问判定结果,基于特权的访问控制根据特权确定访问判定结果。可以给文件和进程定义特权集属性,用于实现基于特权的访问控制。

习 题 2

1. 什么是自主安全性？自主安全性和自主访问控制之间是什么关系？
2. 自主访问控制有什么特点？
3. 与"属主/数组/其余"式的访问控制相比，ACL 访问控制机制有什么优点？
4. 基于特权的访问控制有什么优缺点？
5. 设用户 U 对文件 F 拥有"r-x"权限，请问，该用户对该文件可以进行什么操作？该用户拥有的权限的二进制和八进制表示分别是什么？
6. 设操作系统中，用户对文件 F 的访问权限的二进制表示为 111101001，请给出用户对该文件的访问权限的八进制和字符串形式的表示。
7. 设文件 F 的 ACL 表中有如下设置：

   user:wenchang:rwx

   mask::r-x

   请问，用户 wenchang 可以对文件 F 进行什么操作？
8. 请给出一个操作系统重新启动方面的特权。
9. 设操作系统支持可动态装载的内核模块，请给出一个装载内核模块方面的特权。
10. 请给出一个系统管理方面的特权。

第3章 强制访问控制

DAC模型完全由属主决定将客体资源的访问权限赋予其他主体，这种授权模式易导致授权的混乱。在统一的授权策略下，主体和客体资源都被赋予一定的安全级别，一般主体不能改变自身和客体的安全级别，只有管理员才能够确定用户和组的访问权限，这是一种更安全的访问控制模式，也正是本章要探讨的问题。强制访问控制(MAC：Mandatory Access Control Model)是一种多级访问控制策略，它的主要特点是系统对访问主体和受控对象实行强制访问控制，系统事先给访问主体和受控对象分配不同的安全级别属性，在实施访问控制时，系统先对访问主体和受控对象的安全级别属性进行比较，再决定访问主体能否访问该受控对象。

学习目标

- 掌握强制访问控制的基本概念
- 掌握强制访问控制的特点
- 理解操作系统的强制访问控制
- 理解 SELinux 操作系统强制访问控制的实现机制

3.1 基本概念

自主访问控制中，具有某种访问权的主体能够自行决定将其访问权直接或间接地授予其他主体，没有强制的授权规则，因而具有一定的随意性；而其他主体也有可能进一步对另外的一些主体分发授权，导致难于系统的驾驭权限分发。

强制访问控制模型(MAC Model：Mandatory Access Control Model)最开始为了实现比 DAC 更为严格的访问控制策略，美国政府和军方开发了各种各样的控制模型，这些方案或模型都有比较完善的和详尽的定义。随后，逐渐形成强制访问的模型，并得到广泛的商业关注和应用。

3.1.1 MAC定义

强制安全性是以美国国防部的多级安全性策略为基准的强制访问控制特性。

如果一个安全性策略的策略逻辑的定义与安全属性的分配只能有安全策略管理员进行控制，则称此安全性策略为强制安全性策略。强制安全性策略与自主安全性策略是相对的，前者只能有安全策略管理员进行控制，而后者可适用于任何普通用户。

MAC是根据客体中信息的敏感标签和访问敏感信息的主体的访问等级，对客体的访问实行限制的一种方法。它主要用于保护那些处理特别敏感数据（例如，政府保密信息或企业敏感数据）的系统。在强制访问控制中，用户的权限和客体的安全属性都是固定的，由系统决定一个用户对某个客体能否进行访问。所谓“强制”，就是安全属性由系统管理员人为设置，或由操作系统自动地按照严格的安全策略与规则进行设置，用户和他们的进程不能修改这些属性。所谓“强制访问控制”，是指访问发生前，系统通过比较主体和客体的安全属性来决定主体能否以他所希望的模式访问一个客体。

1. 敏感标签

MAC的实质是对系统当中所有的客体和所有的主体分配敏感标签（Sensitivity Label）。用户的敏感标签指定了该用户的敏感等级或者信任等级，也被称为安全许可；而文件的敏感标签则说明了要访问该文件的用户所必须具备的信任等级。

MAC就是利用敏感标签来确定谁可以访问系统中的特定信息。

贴标签和强制访问控制可以实现多级安全策略（Multi-level Security Policy）。这种策略可以在单个计算机系统中处理不同安全等级的信息。

只要系统支持MAC，那么系统中的每个客体和主体都有一个敏感标签同它相关联。敏感标签由类别（Classification）和类集合（Compartments）（有时也称为隔离间）两个部分组成。

- 类别是单一的、层次结构的。在军用安全模型（基于美国国防部的多级安全策略）中，有4种不同的等级：绝密级（Top Secret）、机密级（Secret）、秘密级（Confidential）及普通级（Unclassified），其级别为 T>S>C>U。而在1.4.1节中将安全级别分为五级，实际应用中可根据相关需求定义安全级别。
- 类集合或者隔离间是非层次的，表示了系统当中信息的不同区域。类当中可以包含任意数量的项。在军事环境下，类集合可以是：情报、坦克、潜艇、秘密行动组等。

2. 信息的输入和输出

在MAC系统当中，控制系统之间的信息输入和输出是非常重要的。MAC系统有大量的规则用于数据输入和输出。

在MAC系统当中，所有的访问决策都是由系统做出，而不像自主访问控制当中由用户自行决定。对某个客体是否允许访问的决策将由以下3个因素决定：

(1) 主体的标签，即安全许可：

Top Secret [VENUS TANK ALPHA]（括号中的内容为类集合）

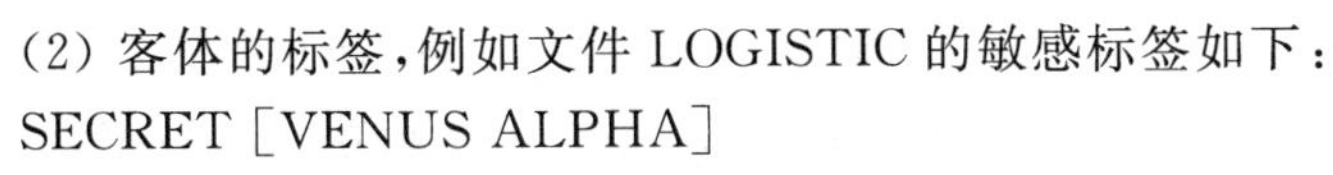

(2) 客体的标签，例如文件 LOGISTIC 的敏感标签如下：

SECRET [VENUS ALPHA]

(3) 访问请求，例如试图读该文件。

当一个主体试图访问 LOGISTIC 文件时，系统会比较主体的安全许可和文件的标签，从而决定是否允许读该文件。如图 3.1 所示显示了强制访问控制是如何工作的。

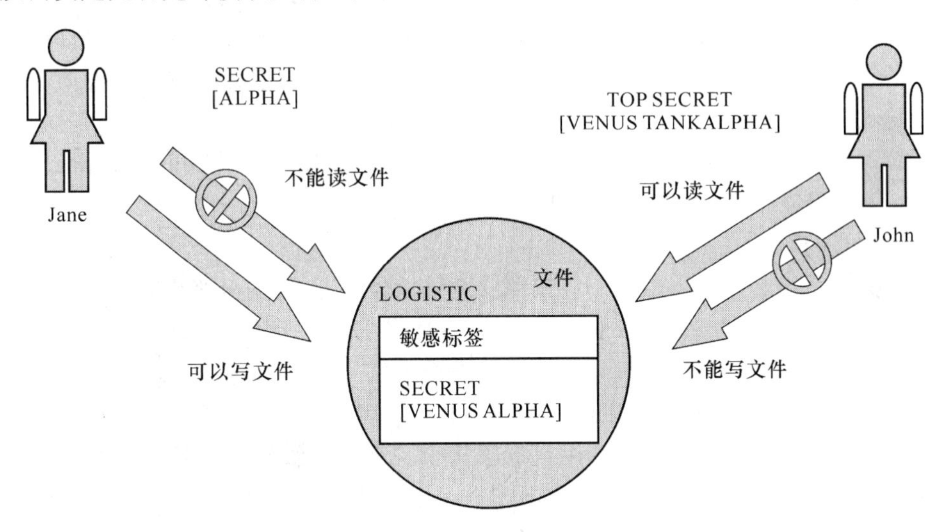

图 3.1 强制访问控制

基本上，强制访问控制系统根据如下判断准则来确定读和写规则：只有当主体的敏感等级高于或等于客体的等级时，访问才是允许的，否则将拒绝访问。

3. 安全标记

MAC 对访问主体和受控对象标识两个安全标记：一个是具有偏序关系的安全等级标记；另一个是非等级分类标记。主体和客体在分属不同的安全级别时，都属于一个固定的安全级别 SC(Security Class)，SC 就构成一个偏序关系(比如 TS 表示绝密级，就比密级 S 要高)。当主体 s 的安全级别为 TS，而客体 o 的安全级别为 S 时，用偏序关系可以表述为 $SC(s) \geqslant SC(o)$。考虑到偏序关系，根据主体和客体的敏感等级和读写关系可以有以下 4 种组合。

(1) 下读(RD，Read Down)：主体级别大于客体级别的读操作。

(2) 上写(WU，Write Up)：主体级别低于客体级别的写操作。

(3) 下写(WD，Write Down)：主体级别大于客体级别的写操作。

(4) 上读(RU，Read Up)：主体级别低于客体级别的读操作。

这些读写方式保证了信息流的单向性。显然，上读—下写方式只能保证数据的完整性，而上写—下读方式则保证了信息的安全性，也是多级安全系统必须实现的。

以图 3.1 为例，客体 LOGISTIC 文件的敏感标签为 SECRET [VENUS ALPHA]，主体 Jane 的敏感标签为 SECRET [ALPHA]。虽然主体的敏感等级满足上述读写规则，但是由于主体 Jane 的类集合当中没有 VENUS,所以不能读此文件,而写则允许,因为客体 LOGISTIC 的敏感等级不低于主体 Jane 的敏感等级,写了以后不会降低敏感等级。

3.1.2 MAC 模型

由于 MAC 通过分级的安全标签实现了信息的单向流通,因此它一直被军方采用,其中最著名的是 Bell-LaPadula 模型和 Biba 模型。Bell-LaPadula 模型具有不允许向上读、向下写的特点,可以有效地防止机密信息向下级泄露;Biba 模型则具有不允许向下读、向上写的特点,可以有效地保护数据的完整性。

下面对 MAC 模型中的几种主要模型:Lattice 模型、BLP 模型[Bell- LaPadula Model, 1976] 和 Biba 模型(1976)做简单的阐述:

1. Lattice 模型

多级安全系统必然要将信息资源按照安全属性分级考虑,安全级别有两种类型,一种是有层次的安全级别(Hierarchical Classification),在这里采用第 1 章中所描述的 5 个安全级别:TS,S,C,R 和 U;另一种是无层次的安全级别,不对主体和客体按照安全级别分类,只是给出客体接受访问时可以使用的规则和管理者。

在 Lattice 模型中,每个资源和用户都服从于一个安全级别。在整个安全模型中,信息资源对应一个安全级别,用户所对应的安全级别必须比可以使用的客体资源高才能进行访问。Lattice 模型是实现安全分级的系统,这种方案非常适用于需要对信息资源进行明显分类的系统。

2. Bell-LaPadula 模型

BLP 模型是典型的信息保密性多级安全模型,主要应用于军事系统。BLP 模型通常是处理多级安全信息系统的设计基础,客体在处理绝密级数据和秘密级数据时,要防止处理绝密级数据的程序把信息泄露给处理秘密级数据的程序。BLP 模型的出发点是维护系统的保密性,有效地防止信息泄露,这与后面要讲的维护信息系统数据完整性的 Biba 模型正好相反。

Lattice 模型没有考虑特洛伊木马等不安全因素的潜在威胁,这样,低级安全用户有可能复制和拷贝比较敏感的信息。在军方术语中,特洛伊木马的最大作用是降低整个系统的安全级别。考虑到这种攻击行为,BLP 设计了一种模型抵抗这种攻击,称为 BLP 模型。BLP 模型可以有效防止低级用户和进程访问安全级别比他们高的信息资源。此外,安全级别高的用户和进程也不能向比他安全级别低的用户和进程写入数据。上述 BLP 模型建立的访问控制原则可以用以下两点简单表示:①无上读;②无下写。

BLP 模型的安全策略包括强制访问控制和自主访问控制两部分:强制访问控制中的安全特性要求对给定安全级别的主体,仅被允许对同一安全级别和较低安全级别上的客体进行“读”;对给定安全级别上的主体,仅被允许向相同安全级别或较高安全级别上的客体进行“写”;任意访问控制允许用户自行定义是否让个人或组织存取数据。用 SC 表示

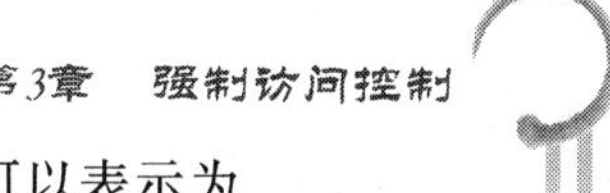

安全级别，s 表示主体，o 表示客体，则 Bell-LaPadula 模型用偏序关系可以表示为

(1) rd，当且仅当 SC(s)≥SC(o)，允许读操作；

(2) wu，当且仅当 SC(s) ≤SC(o)，允许写操作。

虽然 BLP 模型“只能从下读、向上写”的规则忽略了完整性的重要安全指标，使非法、越权篡改成为可能。

BLP 模型为通用的计算机系统定义了安全性属性，即以一组规则表示什么是一个安全的系统，尽管这种基于规则的模型比较容易实现，但是它不能更一般地以语义的形式阐明安全性的含义，因此，这种模型不能解释主-客体框架以外的安全性问题。例如：①在一种远程读的情况下，一个高安全级主体向一个低安全级客体发出远程读请求，这种分布式读请求可以被看做是从高安全级向低安全级的一个消息传递，也就是“向下写”。②可信主体可以是管理员或是提供关键服务的进程，像设备驱动程序和存储管理功能模块，这些可信主体若不违背 BLP 模型的规则就不能正常执行它们的任务，而 BLP 模型对这些可信主体可能引起的泄露问题没有任何处理和避免的方法。

3. Biba 模型

Biba 在研究 BLP 模型的特性时发现，BLP 模型只解决了信息的保密问题，其在完整性定义方面存有一定缺陷。BLP 模型没有采取有效的措施来制约对信息的非授权修改，因此使非法、越权篡改成为可能。考虑到上述因素，Biba 模型模仿 BLP 模型的信息保密性级别，定义了信息完整性级别，在信息流向的定义方面不允许从级别低的进程到级别高的进程，也就是说用户只能向比自己安全级别低的客体写入信息，从而防止非法用户创建安全级别高的客体信息，避免越权、篡改等行为的产生。Biba 模型可同时针对有层次的安全级别和无层次的安全种类。

Biba 模型的两个主要特征如下：

(1) 禁止向上“写”，这样使得完整性级别高的文件一定是由完整性高的进程所产生的，从而保证了完整性级别高的文件不会被完整性低的文件或完整性低的进程中的信息所覆盖。

(2) 没有下“读”。

Biba 模型用偏序关系可以表示为

- ru，当且仅当 SC(s) ≤SC(o)，允许读操作；
- wd，当且仅当 SC(s) ≥SC(o)，允许写操作。

Biba 模型是和 BLP 模型相对立的模型，Biba 模型改正了被 BLP 模型所忽略的信息完整性问题，但在一定程度上却忽视了保密性。

3.1.3　MAC 特点

MAC 机制的特点主要有：一是强制性，这是强制访问控制的突出特点，除了代表系统的管理员以外，任何主体、客体都不能直接或间接地改变它们的安全属性；二是限制性，即系统通过比较主体和客体的安全属性来决定主体能否以它所希望的模式访问一个客体,这种无法回避的比较限制,将防止某些非法入侵,同时,也不可避免地要对用户自己的客体施加一些严格的限制。

MAC 的 Lattice、BLP 和 Biba 模型各有其优点,但同时又有自己的缺点:要么牺牲安全性,要么牺牲完整性,没有万全之策。

MAC 的规则都是预先规定好的,灵活性差,这也是强制访问控制的缺点之一。

3.2 操作系统的强制访问控制

第 2 章介绍了操作系统的自主的访问控制 ,本章从强制访问控制方面讨论操作系统的增强安全性。强制访问控制以强制访问控制模型为支撑,通过支持强制访问控制的域类实施(DTE:Domain and Type Enforcement)模型,以 SELinux 操作系统的强制访问控制机制的实现为例,探讨操作系统强制访问控制的基本技术和方法,主要内容包括 TE 模型与 DTE 模型、SELinux 实现的 TE 模型、访问判定与切换判定。

操作系统的访问控制以客体属主的意愿分配权限,因为没有统一管理权限分配,易引起权限分配的混乱。操作系统的强制访问控制,从系统的角度设置安全策略,具有规整统一的安全标准,能够实现安全的整体控制。

按类实施 (TE:Type Enforcement)模型是一个强制访问控制模型,该模型最初是由 W. E. Boebert 和 R. Y. Kain 于 1985 年提出的,是为安全 Ada 目标 (Secure Ada Target)系统设计的一个安全模型。安全 Ada 目标系统后来更名为逻辑协处理内核 (LOCK: Logical Coprocessing Kernel) 系统。1991 年,R. O. Brien 和 C. Rogers 为 LOCK 系统丰富了 TE 模型的内容。1994 年, L. Badger 和 D. F. Sterne 对 TE 模型进行了改进,得到了域类实施(DTE:Domain and Type Enforcement)模型。1995 年, L. Badger 等人在 UNIX 操作系统中实现了 DTE 模型。下面首先介绍 TE 模型的基本思想,继而介绍 DTE 模型的基本思想。

3.2.1 TE 模型

TE 模型实现强制访问控制的基础是对主体和客体进行分组,并定义了域和类型的概念。

在 TE 模型中,把系统中的所有主体划分成若干组,每一个组称为一个域(Domain),把系统中的所有客体划分为若干组,每一个组称为一个类型(Type)。

TE 模型中,每一个主体都有一个域与它对应,为了描述主体与域之间的对应关系,给每个主体定义一个域标签 (Label)。同样,为了描述客体与类型之间的关系,给每个客体定义一个类型标签。主体的域标签和客体的类型标签是 TE 模型中的访问控制属性,TE 模型的访问授权方法要确定的是域对类型所拥有的访问权限。

TE模型是面向二维表的访问控制模型，与访问控制矩阵有类同之处，用于描述域与类型之间的访问授权关系的二维表称为域定义表（DDT：Domain Definition Table），表中的行与域对应，表中的列与类型对应，行与列的交叉点所对应的元素表示相应的域拥有的对相应的类型的访问权限。

TE模型的域定义表如图3.2所示。图中，域D_i拥有的对类型T_j的访问权限由元素A_{ij}表示，元素A_{ij}给出的是读、写、执行等访问权限的集合。

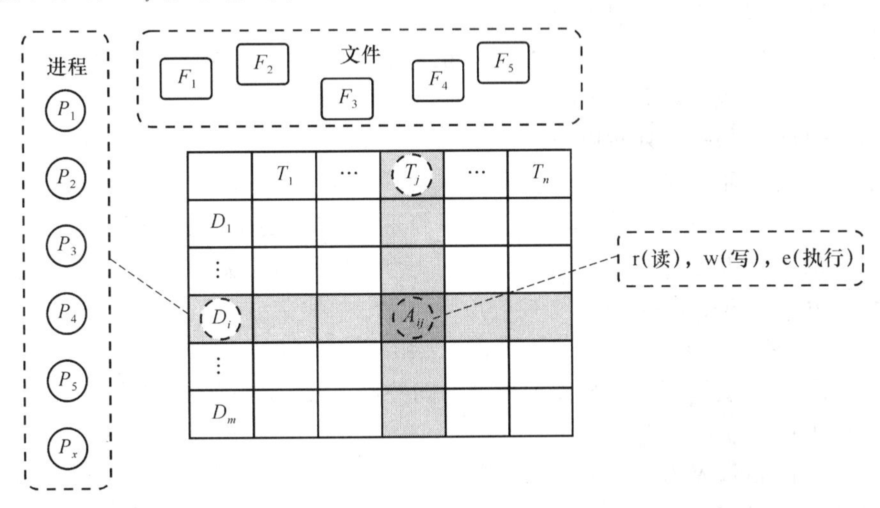

图3.2　TE模型的域定义表(DDT)

一个域通常包含多个主体，一个类型通常包含多个客体，图中，域D_i包含P_1，P_2，…，P_x进程，类型T_j包含F_1，F_2，…，F_y文件。

判定主体对客体的访问权限时，由主体的域标签确定相应的域，由客体的类型标签确定相应的类型，根据相应的域定位DDT表中的行，根据相应的类型定位DDT表中的列，根据定位到的行与列的交叉点元素中的权限集合判定是否拥有所需的权限。

例3.1　在图3.2所示的域定义表中，设进程P_x欲读文件F_y，请简要说明判定进程P_x是否能读文件F_y的过程。

解答：根据域标签确定与进程P_x对应的域D_i，根据类型标签确定与文件F_y对应的类型T_j，在DDT表中找到D_i行与T_j列的交叉元素A_{ij}，如果A_{ij}中含有读权限，则允许进程P_x读文件F_y，否则不允许进程P_x读文件F_y。

主体有时可以成为客体。例如，一般情况下，进程是主体，当一个进程向另一个进程发信号(Signal)时，接收信号的进程则是客体。TE模型在DDT表中不描述这样的客体。

只有在主体发生相互作用时，主体才转变为客体。TE模型用另一张表来实现主体与主体之间进行相互作用时的访问控制，该表称为域相互作用表（DIT：Domain Interaction Table）。DIT表的行和列都与域相对应，行与列交叉点的元素表示行中的域对列中的域的访问权限,访问权限包括发信号、创建进程、释放进程等。

TE 模型根据主体的域标签、客体的类型标签、DDT 表中的授权或 DIT 表中的授权进行访问控制,只有系统管理员或系统安全管理员才能确定域标签、类型标签、DDT 表中的授权和 DIT 表中的授权,所以,TE 模型可以实现强制访问控制。

TE 模型根据主体的域属性控制主体的访问行为,而不根据主体的用户标识来进行访问控制,不管是什么用户,都只能在所在域的访问权限范围内工作。UNIX 操作系统中的 root 超级用户的行为也因此受到约束,从而失去无所不能的特权。

可以把 TE 模型的 DDT 表看成是一个粗粒度的访问控制矩阵。访问控制矩阵的每一行对应一个主体,而 DDT 表的每一行对应一组主体。访问控制矩阵的每一列对应一个客体,而 DDT 表的每一列对应一组客体。

控制一组主体对一组客体的访问行为,从某种意义上说,可以反映应用系统的实际访问情况。这是因为,一个应用系统通常包含一组进程,它们通常需要访问一组文件。

通过域的划分和类型的划分,并建立域与类型之间的对应关系,可以把主体对客体的访问限定在确定的范围之内,从而实现应用系统的有效隔离。

例 3.2 设在一个操作系统中需要运行 Telnet,Web,E-mail,FTP 等多种应用系统,请采用 TE 模型的访问控制方法,给出一个访问控制方案,要求使各种应用系统能够互不干扰地进行工作。

解答:为 Telnet,Web,E-mail,FTP 等应用各定义一个域,TE 模型实现的应用隔离如图 3.3 所示,域的名称分别设为 Telnet_p_d, Web_p_d,mail_p_d,ftp_p_d 等,为各种应用各定义一个类型,类型的名称分别设为 Telnet_f_t,web_f_t,mai_f_t,ftp_f_t 等。

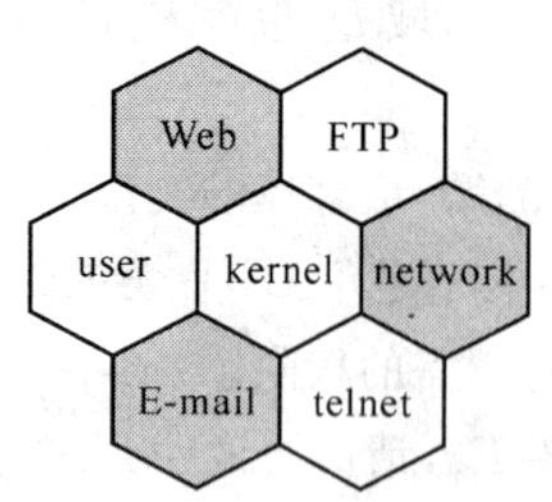

图 3.3 TE 模型实现的应用隔离

以 Web 应用为例,把该应用的所有专用文件归入 Telnet_f_t 类型中,把该应用的所有进程归入 Telnet_ f _d 域中,根据实际需要,在 DDT 表中定义域 Telnet_ f _d 对类型 web_f_t 的访问权限。这样,只有域 Telnet_ f _d 中的进程才能访问类型 Telnet_f_t 中的文件。

类似地,可以在 DDT 表中为 Web、E-mail 和 FTP 等应用定义相应的访问权限。这样,可以使各个应用中的进程能够正常地访问各自的文件、正常地工作,但是,它们不能访问别的应用中的文件,从而实现不同应用之间互不干扰的工作。

以上简化的例子说明了通过 TE 模型的访问控制方法实现应用系统隔离的基本思想。通过应用域的划分,能够为应用系统建立相对独立的运行空间,使一个应用系统影响不到其他应用系统的工作。

例如,FTP 应用系统的工作影响不到 Web 应用系统的工作,更影响不到操作系统内核的工作。在系统被攻破的情况下,攻入 FTP 应用系统的非法用户只能在该应用系统的范围内活动,难以对系统的其他部分进行访问,从而缩小系统受侵害的范围。

虽然TE模型灵活性好且功能强大，但在实际应用中存在以下问题。

(1) 访问控制权限的配置比较复杂：当系统中应用较多、进程较多、文件数较大时，配置DDT表和DIT表、为每个进程分配域、为每个文件分配类型等涉及大量的工作。

(2) 二维表结构无法反映系统的内在结构：文件系统中目录与子目录的关系表现出客体间存在层次结构，进程中的父进程与子进程的关系表现出主体间也存在层次结构，DDT表和DIT表无法反映这种结构。

(3) 控制策略的定义需要从零开始：TE模型只提供了访问控制框架，没有提供访问控制规则，什么样的域可以对什么样的类型进行何种访问，TE模型没有解答这样的问题，系统管理员需要为每个应用设计相应的访问控制内容。

3.2.2 DTE模型

DTE模型是TE模型的改进版本，它立足于解决TE模型在实际应用中遇到的问题。

DTE模型用于描述安全属性和访问控制配置的高级语言形式的策略描述语言称为DTE语言（DTEL:DTE Language）。

与TE模型相比，DTE模型具有两个突出的特点。

(1) 使用高级语言描述访问控制策略：提供DTEL用于取代TE模型的二维表，描述安全属性和访问控制配置。

(2) 采用隐含方式表示文件安全属性：在系统运行期间，利用内在的客体层次结构简明地表示文件的安全属性，以摆脱对存储在物理介质上的文件属性的依赖。

DTE模型的DTEL安全策略描述语言提供的主要功能包括类型描述、类型赋值、域描述和初始域设定等方面。通过DTEL提供的主要功能，可以了解DTE模型访问控制的基本思想。

DTEL的类型描述功能定义DTE模型中的客体类型。DTEL的类型描述语句是

```
type unix_t, specs_t, budget_t, rates_t;
```

该语句定义了DTE模型中的4个客体类型，类型名称分别是unix_t,specs_t,budget_t和rates_t。

DTEL的类型赋值功能把客体与客体类型关联起来，也就是为客体设定类型属性，或者说，把类型标签值赋给客体。一个客体只能对应一个类型。

利用客体间的层次结构关系，可以采用隐含赋值的方法给客体赋类型值，即给文件系统中的一个目录赋类型值，相当于把该类型值赋给该目录及其下的所有子目录和文件，除非给该目录下的子目录或文件另外赋类型值。也就是说，DTE模型实施以下的客体赋值的隐含规则。

规则3.1 如果没有显式的给文件系统中的一个客体赋类型值，那么，该客体的类型值与其父目录的类型值相同。

规则3.1的实施属于递归赋值，在DTEL的类型赋值语句中可以用“-r”选项来注明。在类型赋值语句中，还可以用“-s”选项来禁止系统在运行期间创建与目录的类型不同的客体。

DTEL 的类型赋值语句：

```
assign -r -s unix_t    /;
assign-r-s specs_t     /subd/specs;
assign-f-s budge_t     /subd/budget;
assign-r-s rates_t     /subd/rates;
```

这些赋值语句含义是分别把目录 /,/subd/specs,/subd/budget,/subd/rates 的类型设定为 unix_t, specs_t,budget_t,rates_t。

由于把根目录/的类型设定为 unix_t,所以隐含的文件系统中所有客体的类型都是 unix_t,但是,/subd/specs,/subd/budget,/subd/rates 这 3 个目录下的客体除外,因为它们有显式设定的类型。

“r”选项表示实施递归赋值。以第二个语句为例,“-s”选项表示禁止系统运行期间在目录/subd/specs 下创建类型值不等于 specs_t 的客体。

DTEL 的域描述功能除了定义 DTE 模型中的主体域以外,还定义域的入口点(Entry Point),并设定域对类型的访问权限,以及域对其他域的访问权限。

一个域的一个入口点是一个可执行程序,执行该可执行程序可以使执行它的进程进入到该域中。设定对类型的访问权限时,用字符 r,w,x,d 分别表示读、写、执行、搜索(目录)权限。设定对域的访问权限时,用关键字 exec 和 auto 表示执行入口点程序的权限。当域 A 拥有对域 B 的 exec 权限时,域 A 中的主体 S 可以执行域 B 中的入口点程序 P_b,并可以执行域切换操作进入域 B,使执行域 B 的入口点程序 P_b 的进程在域 B 中运行。当域 A 拥有对域 C 的 auto 权限时,域 A 中的主体 S 可以执行域 C 中的入口点程序 P_c,并自动进入域 C,使执行域 C 的入口点程序 P_c 的进程在域 C 中运行。

DTEL 的域描述语句：

```
define DEF (/bin/sh),(/bin/csh),(rxd->unix_t)
domain engineer_d     = DEF,(rwd->specs_t);
domain project_d      =  DEF,(rwd->budget_t),(rd->rates_t);
domain accounting_d  = DEF, (rd->budget_t),(rwd->rates_t);
```

第 1 个语句定义了 1 个宏 DEF,后 3 个语句定义了 engineer_d,project_d,accounting_d 3 个域,这 3 个域都包含/bin/sh 和/bin/csh 两个入口点程序,都对 unix_t 类型拥有读、执行和搜索权限,另外,各域还分别拥有如下属性：

engineer_d 域:对 specs_t 类型拥有读、写、搜索权限;

project_d 域:对 budget_t 类型拥有读、写、搜索权限,对 rates_t 类型拥有读、搜索权限;

acc ounting_d 域:对 budget_t 类型拥有读、搜索权限,对 rattes_t 类型拥有读、写、搜索权限。

DTEL 的初始域设定功能设定操作系统中第一个进程的工作域。操作系统中的第 1 个进程是所有进程的祖先,所有进程都由它派生出来。在进程派生过程中,子进程继承父

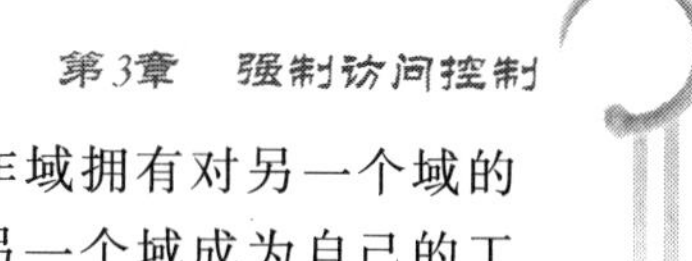

进程的工作域，即子进程在父进程所在的域中运行。当进程的工作域拥有对另一个域的 exec 或 auto 权限时，进程可以执行另一个域的入口点程序，并使另一个域成为自己的工作域。可见，只要确定了第一个进程的工作域，就有办法确定所有进程的工作域。

DTEL 的系统域描述和初始域设定语句为

```
domain system_d    = (/etc/init),(rwxd->unix_t),(auto->login_d);
domain login_d     = (/bin/login),(rwxd ->unix_t),
                     (exec->engineer_d,project_d,accounting_d);
initial_domain     = system_d;
```

前两个语句定义了 system_d 和 login_d 两个系统域，第 3 个语句把 system_d 设定为操作系统第 1 个进程的工作域，即操作系统的第 1 个进程将在该域中运行。system_d 域包含/etc/init 这个入口点程序，对 unix_t 类型拥有读、写、执行和搜索权限，对 login_d 域拥有 auto 权限。login_d 域包含/bin/login 这个入口点程序，对 unix_t 类型拥有读、写、执行和搜索权限，对 engineer_d，project_d 和 accounting_d 域拥有 exec 权限。

UNIX 操作系统的第一个进程执行/etc/init 程序，该进程称为 init 进程。根据配置，init 进程在 system_d 域中运行，init 进程创建的子进程 P_{child} 也在 system_d 域中运行。P_{cbild} 进程可以执行 login_d 域的/bin/login 入口点程序，P_{child} 进程执行/bin/login 程序后称为 P_{login} 进程，P_{login} 进程自动进入 login_d 域中运行。P_{login} 进程可以执行 engineer_d，project_d 和 accounting_d域的入口点程序，并可以执行域切换操作进入到相应的域中运行。

DTE 模型通过 DTEL 描述访问控制策略的配置从而实现访问控制，DTEL 类型描述功能定义类型，类型赋值功能把类型值赋给客体，域描述功能定义域、域权限、域与主体的关系及主体的域切换（Domain Transition）方法，初始域设定功能设定第一个进程的工作域，从而为整个系统中的进程的工作域确立基础。

由此可知，DTE 模型是一个强制访问控制模型。

3.3 SELinux 实现的 TE 模型

SELinux 是在美国国家安全局（NSA：National Security Agency）的支持下开发出的安全增强型 Linux 系统（Security Enhanced Linux），是一个开放源代码的操作系统安全增强系统。SELinux 实现的访问控制模型的核心是 DTE 模型，但该系统称其为 TE 模型，为明确起见，把它称为 SETE（SELinux Type Enforcement）模型，该模型提供了专门的安全策略配置语言，用于配置 SETE 模型的访问控制策略称为 SEPL（SELinux Policy Language），其作用与 DTE 模型的 DTEL 相仿。

3.3.1 SELinux 操作系统

1. Linux 操作系统的不足

现在以 Linux 作为因特网服务器的操作系统是越来越普遍的事了。Linux 也和其他的商用 UNIX 一样，不断有各类的安全漏洞被发现。对付这些漏洞不得不花很多的人力来堵住它。在这些手段之中，提高操作系统自身的牢固性就显得非常重要。

虽然 Linux 比起 Windows 来说，其可靠性、稳定性要好得多，但是它也和其他操作系统一样，有以下不足之处。

(1) 存在特权用户 root

任何人只要得到 root 的权限，对于整个系统都可以为所欲为。这一点 Windows 也一样。

(2) 对于文件的访问权的划分不够细

在 Linux 系统里，对于文件的操作，只有“所有者”、“所有组”、“其他”这 3 类的划分。没有办法对“其他”这一类里的用户再细分。

(3) SUID 程序的权限升级

如果设置了 SUID(Set User ID)权限的程序有了漏洞的话，很容易被攻击者利用。

(4) DAC 问题

文件目录的所有者可以对文件进行所有的操作，这给系统整体的管理带来不便。

对于以上这些不足，防火墙、入侵检测系统都是无能为力的。在这种背景下，对于访问权限大幅强化的 OS SELinux 来说，它的安全性是很高的。

2. SELinux 操作系统的特点

SELinux 默认安装在 Fedora 和 Red Hat Enterprise Linux 上，也可以作为其他发行版上容易安装的包得到。

SELinux 是 2.6 版本的 Linux 内核中提供的 MAC 系统。SELinux 在类型强制服务器中合并了多级安全性或一种可选的多类策略，并采用了基于角色的访问控制概念。

SELinux 是一种基于域-类型模型(domain-type)的强制访问控制(MAC)安全系统，它由 NSA 编写并设计成内核模块包含到内核中，相应的与安全相关的某些应用也被打了 SELinux 的补丁，最后还有一个相对应的安全策略。

众所周知，标准的 UNIX 安全模型是“任意的访问控制”DAC。就是说，任何程序对其资源享有完全的控制权。假设某个程序打算把含有潜在重要信息的文件放到/tmp 目录下，那么在 DAC 情况下没人能阻止它。而 MAC 情况下的安全策略完全控制着对所有资源的访问。这是 MAC 和 DAC 本质的区别。

SELinux 提供了比传统的 UNIX 权限更好的访问控制，它比通常的 Linux 系统，安全性能要高得多，它通过对用户、进程权限最小化，即使受到攻击，进程或者用户权限被夺去，也不会对整个系统造成重大影响。下面介绍 SELinux 的一些特点。

(1) MAC——对访问的控制彻底化

对于所有的文件、目录、端口这类的资源的访问，都可以是基于策略设定的，这些策略是由管理员定制的、一般用户是没有权限更改的。

(2) TE——对于进程只赋予最小的权限

TE 概念在 SELinux 里非常的重要。它的特点是对所有的文件都赋予一个叫 type

的文件类型标签，对于所有的进程也赋予各自的一个叫 domain 的标签。domain 标签能够执行的操作也是由 access vector 在策略里定好的。

在 apache 服务器中，httpd 进程只能在 httpd_t 里运行，这个 httpd_t 的 domain 能执行的操作，比如给读网页内容文件赋予 httpd_sys_content_t，给密码文件赋予 shadow_t，TCP 的 80 端口赋予 http_port_t 等。如果在 access vector 里不允许 http_t 来对 http_port_t 进行操作的话，Apache 都启动不了。反过来说，只允许 80 端口，只允许读取被标为 httpd_sys_content_t 的文件，httpd_t 就不能用别的端口，也不能更改那些被标为 httpd_sys_content_t 的文件(read only)。

(3) domain 迁移——防止权限升级

在用户环境里运行点对点下载软件 azureus，当前的 domain 是 fu_t，但是，考虑到安全问题，打算让它在 azureus_t 里运行，要是在 terminal 里用命令启动 azureus 的话，它的进程的 domain 就会默认继承实行的 shell 的 fu_t。

有了迁移的话，就可以让 azureus 在指定的 azureus_t 里运行，在安全上面，这种做法更可取，它不会影响到 fu_t。下面是 domain 迁移指示的例子：

```
domain_auto_trans(fu_t, azureus_exec_t, azureus_t)
```

其意义是，当在 fu_t domain 里，实行了被标为 azureus_exec_t 的文件时，domain 从 fu_t 迁移到 azureus_t 。注意，因为从哪一个 domain 能迁移到 httpd_t 是在策略里定好了，所以要是手动 (/etc/init/httpd start)启动 apache，可能仍然留在 sysadm_t 里，这样就不能完成正确的迁移。应用 run_init 命令来手动启动。

(4) RBAC——对于用户只赋予最小的权限

对于用户来说，被划分成一些 ROLE(角色)，即使是 ROOT 用户，要是不在 sysadm_r 里，也还是不能实行 sysadm_t 管理操作的。因为，哪些 ROLE 可以执行哪些 domain 也是在策略里设定的。ROLE 也是可以迁移的，但也只能是安全策略规定的迁移。

3.3.2 SETE 模型与 DTE 模型的区别

SETE 模型对 DTE 模型进行了扩充和发展，与 DTE 模型相比，SETE 模型具有以下突出的特点：

(1) 类型的细分

DTE 模型把客体划分为类型，针对类型确定访问权限，SETE 模型在类型概念的基础上增加客体的类别 (Class)概念，针对类型和类别确定访问仅限。

(2) 权限的细化

SETE 模型为客体定义了几十个类别，为每个类别定义了相应的访问权限，因此，模型中定义了大量精细的访问仅限。

一般情况下，SETE 模型把“域”和“类型”都统称为“类型”，在需要明确区分之处，它把“域”称为“域类型”或“主体类型”。

例 3.3 SETE 模型中的常用的客体类别是 file(普通文件)，dir(目录)，process(进程)，socket(套接字)和 filesystem（文件系统)，举出它们的几个常见权限。

解答：针对 SETE 模型中的常用客体类别 file，dir，process，socket 和 filesystem。它们的常见权限如下：

file 类别的常见权限有 read(读)、write(写)、execute(执行)、getattr(取属性)、create（创建）等。dir 类别的常见权限有 read（读)、write(写)、search(搜索)、rmdir(删除)等。process 类别的常见权限有 signal(发信号)、transition(域切换)、fork（创建子进程)、getattr(取属性)等。socket 类别的常见权限有 bind(绑定名字)、listen(侦听连接)、connect(发起连接)、accept(接受连接)等。filesystem 类别的常见权限有 mount（安装)、unmount（卸载)等。

SETE 模型定义了几十个类型，例 3.3 仅列出了其中的几个，各个类型的访问权限非常丰富，例 3.3 也只举出了其中的几个，由此即可见 SETE 模型访问权限的粒度细化程度。

3.3.3 SETE 模型的访问控制方法

在 SELinux 中，所有的访问都必须明确授权。在默认情况下，所有的访问都是不允许的，只有经过授权的访问才是允许的。SETE 模型通过 SEPL 描述访问控制策略，确定访问控制的授权方法。

SEPL 的 allow 规则是描述访问控制授权的基本方法，allow 规则包含以下 4 个元素。

- 源类型（ source_type ）：主体的域，即域类型或主体类型，主体通常是要实施访问操作的进程；
- 目标类型（ target_type ）：由主体访问的客体的类型；
- 客体类别（ object_class ）：访问权限所针对的客体类别；
- 访问权限（ perm_ist)：允许源类型对目标类型的客体类别进行的访问。

allow 规则的一般形式是：

```
allow source_type target_type: object_class perm_list;
```

例 3.4 SEPL 的访问授权规则如下所示，请说明其含义。

```
allow user_d bin_t : file{read execute getattr};
```

解答：该规则把对 bin_t 类型的 file 类别的客体的 read，execute 和 getattr 访问权限授给 user_d 域的主体，允许 user_d 域的进程对 bin_t 类型的普通文件进行读、执行和取属性的操作，取属性就是查看文件的属性信息，如日期、时间、属主等。

在例 3.4 中，假设 user_d 域包含的是普通用户进程，如登录进程，bin_t 类型包含的是可执行程序文件，如/bin/bash 命令解释程序，则该规则授权普通用户的登录进程执行 bash 命令解释程序。

例 3.5 在 Linux 操作系统中，/etc/shadow 文件保存用户的口令信息，passwd 程序管理口令信息，为用户提供修改口令的功能，设两个文件在 Linux 中的部分权限信息如下：

```
r-------- root root … shadow
r-s--x--x root root … passwd
```

请说明 passwd 程序为普通用户修改口令的方法，该方法存在什么不足？如何利用 SETE 模型的访问控制克服该不足？

解答：口令信息存放在 shadow 文件中，用户修改口令时，必须修改该文件的内容，但普通用户没有访问该文件的权限。用户执行 passwd 程序修改口令，该程序文件的 SETUID 控制位是打开的(由权限中的字符 s 表示)，用户进程执行该程序时，进程的有效身份变成 root 用户，由于 root 用户是 shadow 文件的属主，所以，具有 root 用户身份的进程可以访问 shadow 文件，从而为用户修改口令信息。

passwd 程序修改口令的方法是采用 SETUID 机制，使执行该程序的用户进程的有效身份变为 root 用户，目的是使用户进程能够修改 shadow 文件中的口令信息。由于任何用户都能执行 passwd 程序，所以该方法实际上使任何用户的进程都能拥有 root 用户的权限。但是，在 Linux 系统中，用户不仅能够访问并修改 shadow 文件中的口令信息，它具有无所不能的特权，无形中，该方法使任何用户的进程都能具有无所不能的特权，这是一种潜在的巨大危险。

利用 SETE 模型，可以定义一个包含 passwd 进程的 passwd_d 域，定义一个包含 shadow 文件的 shadow_t 类型，配置以下规则授权 passwd_d 域的进程访问 shadow_t 类型的文件：

```
allow passwd_d shadow_t ：file {ioctl read write create getattr setattr
lock relabelfrorn  relabelto append unlink link rename};
```

这个规则给 passwd_d 域中的 passwd 进程授予修改 shadow_t 类型的 shadow 文件中的口令信息所需要的访问权限。这个规则使 passwd 进程拥有访问 shadow_t 类型的文件的权限，但不拥有其他权限，从而克服了以上方法的不足。

Linux 系统修改 shadow 文件中的口令信息的方法是首先移动该文件，然后创建一个新的 shadow 文件，例 3.5 中的授权规则提供了执行这些操作所需要的各种权限。

SELinux 系统的访问控制是在 Linux 系统的访问控制基础上增加的访问控制，一个操作要想在 SELinux 系统中得到允许，首先必须在 Linux 系统中得到允许，所以，在例 3.5 中，利用 SETE 模型的规则对 passwd 进程进行访问控制是以 SETUID 机制为基础的。例 3.5 可以用图 3.4 加以描述。

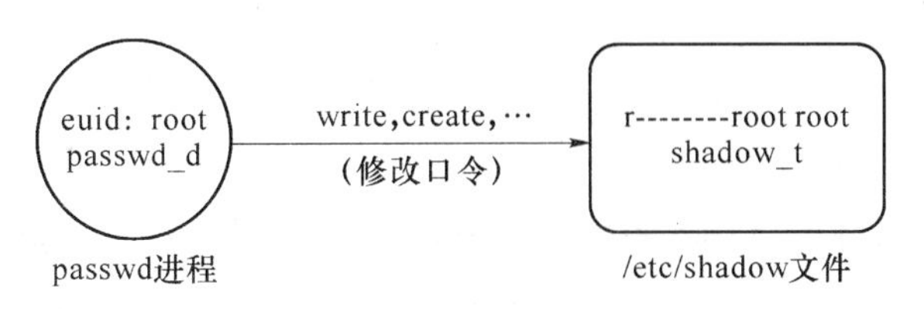

图 3.4　用 SETE 模型控制 passwd 进程

3.3.4 授权进程切换工作域

为了确保进程的行为不威胁系统的安全性，需要确保进程在正确的域中运行正确的程序。例如，针对例 3.5 给出的修改口令的情况，不希望在 passwd_d 域中运行的进程运行不应该访问 shadow 文件的程序。换句话说，必须使运行指定程序的进程在合适的域中运行。问题是应该如何选择和设定进程运行时应该进入的域？为了弄清这些问题，首先需要掌握用户在系统中执行操作时涉及的进程的工作过程。

例 3.6 设用户 BOB 登录进入 SELinux 系统后欲修改其口令，试分析与该过程有关的进程可能涉及域的情况，以及可能遇到的访问权限问题。

解答：可以用图 3.5 表示用户 BOB 登录系统后修改口令的过程。设普通用户进程在 user_d 域中运行，用户登录后运行 bash 进程，则该进程在 user_d 域中运行。口令文件 shadow 的类型是 shadow_t，user_d 域无权访问该类型的文件。负责修改口令的 passwd 进程在 passwd_d 域中运行，该域可以访问 shadow_t 类型的 shadow 文件。用户在 bash 进程中执行 passwd 程序可以生成 passwd 进程。所遇到的问题是在 user_d 域中生成的 passwd 进程如何进入 passwd_d 域。

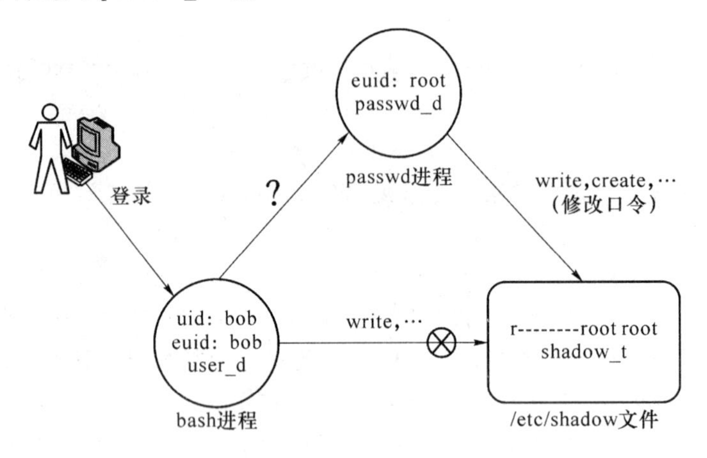

图 3.5 用户登录后欲修改口令的过程

在例 3.6 中，由于用户运行的 bash 进程的工作域 user_d 没有访问 shadow_t 类型的 shadow 口令文件的权限，所以要想办法使在 user_d 域中生成的 passwd 进程进入到一个有权限访问 shadow 口令文件的域中运行。

在标准 Linux 系统中也存在类似的情况，用户运行的 bash 进程的有效身份没有访问 shadow 口令文件的权限，需要设法使由该进程生成的 passwd 进程拥有一个有权限访问 shadow 口令文件的有效身份。解决该问题采用的是 SETUID 的方法。

标准 Linux 系统改变 passwd 进程的有效身份的目的是要使该进程获得访问 shadow 口令文件的权限，SETE 模型欲切换 passwd 进程的工作域的目的也是要使该进程获得访问 shadow 口令文件的权限。

例 3.5 曾讨论过标准 Linux 系统改变 passwd 进程的有效身份的方法，这里，对其过程做进一步分析，看看能否从中借鉴有意义的思想，以便设计出切换 passwd 进程的工作域的方法。

例 3.7　设用户 BOB 登录进入 Linux 系统后欲修改其口令，试分析该过程通过改变进程的有效身份以获得访问 shadow 口令文件的权限方法。

解答：可以用图 3.6 表示用户 BOB 登录系统后修改口令的过程。设用户 BOB 登录后运行 bash 进程，则该进程的真实身份和有效身份都是 bob，由 shadow 文件的权限位知，除 root 用户以外的用户都没有权限访问该文件。用户在 bash 进程中执行 passwd 程序时，bash 进程首先为此通过 fork 系统调用创建一个子进程，不妨记为 bash_c 进程，随后，bash_c 进程通过 exec 系统调用执行 passwd 程序。bash_c 进程的真实身份和有效身份与其父进程 bash 的相同，都是 bob，显然，它无法访问 shadow 文件。

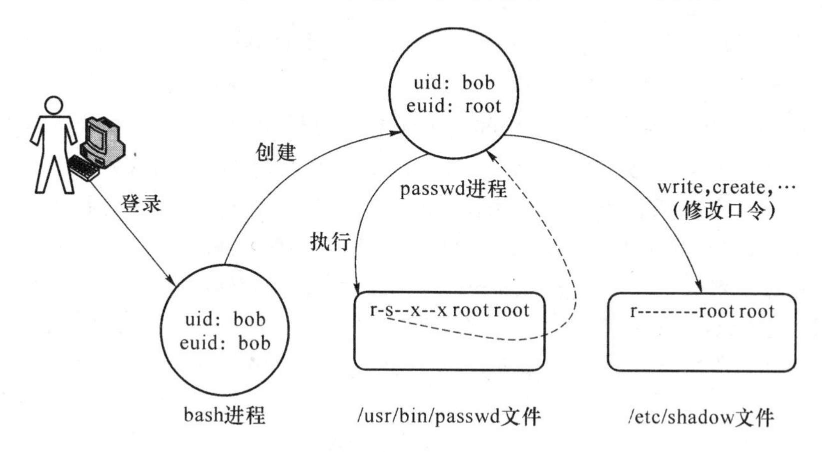

图 3.6　进程在 Linux 中改变有效身份后修改口令

为解决这个问题，系统设计人员或管理人员打开了 passwd 程序文件的 SETUID 控制位。这种情况下，当 bash_c 进程通过 exec 系统调用执行 passwd 程序时，bash_c 进程的有效身份被设置为 passwd 文件的属主身份，那就是 root 用户。程序映像被 passwd 程序替代后的 bash_c 进程就是 passwd 进程，所以，passwd 进程的有效身份是 root 用户，因而，它获得了访问 shadow 口令文件的权限。

例 3.7 中的分析表明，标准 Linux 系统改变进程有效身份的方法有两个关键点：一是打开要执行的 passwd 可执行程序文件中的 SETUID 控制位；二是当进程通过 exec 系统调用更换程序映像时把进程的有效身份设置成可执行程序文件的属主身份。

打开的被执行的可执行程序文件中的 SETUID 控制位既是一种授权，也是触发进程有效身份变更的一个控制点，不妨也从被执行的可执行程序文件入手，寻求进程运行时的域切换的授权与触发问题的解决方案。例 3.6 分析了用户 BOB 登录后想要修改口令的过程，现在要完成的任务是确定一个方案，使在 user_d 中生成的 passwd 进程能够进入 passwd_d 域中运行。

例 3.8 设用户 BOB 登录进入 SELinux 系统后欲修改其口令，已知 shadow 口令文件是 shadow_t 类型的文件，passwd_d 域拥有修改 shadow_t 类型的口令文件所需要的访问权限，试给出一个确定进程工作域的方案，使负责口令修改的 passwd 进程有权修改 shadow 文件中的口令信息。

解答：用图 3.7 表示用户 BOB 登录系统后修改口令的过程。用户 BOB 登录后运行的 bash 进程在 user_d 域中运行，该域无权访问 shadow_t 类型的文件。用户在 bash 进程中执行 passwd 程序时，bash 进程通过 fork 系统调用创建一个子进程，记为 bash_c 进程；随后，bash_c 进程通过 exec 系统调用执行 passwd 程序。

passwd 程序是 passwd_exec_t 类型的文件，为使在 user_d 域中运行的 bash_c 进程能够执行 passwd 程序，需要授权 user_d 域执行 passwd_exec_t 类型的文件，参见图 3.7 中第 1 个 allow 规则。

exec 系统调用执行后，bash_c 进程的程序映像被 passwd 程序替代，成为 passwd 进程。在正常情况下，这样得到的 passwd 进程仍在 user_d 域中运行。为使 passwd 进程能够进入 passwd_d 域运行，需要给 user_d 域中的进程授予进入 passwd_d 域的权限，即授权进程从 user_d 域切换成 passwd_d 域，参见图 3.7 中第 3 个 allow 规则。

bash_c 进程是在把程序映像切换成 passwd 程序后变成 passwd 进程的，此刻是使进程进入 passwd_d 域的最佳时机，因此，exec 系统调用装入 passwd 程序的操作可以作为进程域切换的触发点，这需要把 passwd 程序定义为 passwd_d 域的入口点，同时授权 passwd_d 域把 passwd 程序作为入口点，可行的做法是给 passwd_d 域授予把 passwd_exec_t 类型的文件作为入口点的权限，图 3.7 中第 2 个 allow 规则完成这项任务。

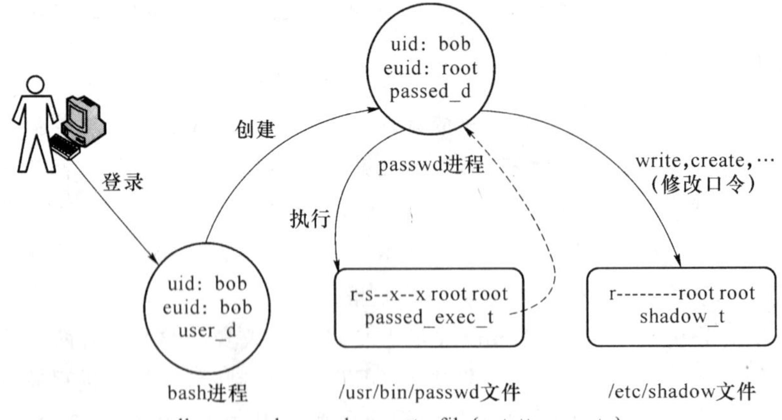

图 3.7 进程在 SELinux 中切换工作域后修改口令

例 3.8 给出的方案主要由以下 3 个方面的工作组成：

- 给 user_d 域授予执行 passwd_exec_t 类型的文件的权限，这归结规则为

  ```
  allow user_d passwd_exec_t: file {getattr execute};
  ```

- 给 passwd_d 域授予把 passwd_exec_t 类型的文件作为入口点的权限，这归结规则为

  ```
  allow passwd_d passwd_exec_t: file entrypoint;
  ```

- 给进程的 user_d 域授予切换成 passwd_d 域的权限，这归结规则为

  ```
  allow user_d passwd_d: process transition;
  ```

根据以上例子给出的方案，可以总结出一般化的结论，即以上 3 个规则共同构成了进程切换工作域的条件. 需要注意的是:3 个规则必须同时具备，缺一不可。也就是说，进程切换域的条件如下：

(1) 进程的新的工作域必须拥有对可执行文件的类型的 entrypoint 访问权限；

(2) 进程的旧的工作域必须拥有对入口点程序的类型的 execute 访问权限；

(3) 进程的旧的工作域必须拥有对进程的新的工作域的 transition 访问权限。

3.3.5 进程工作域的自动切换

一个进程满足条件的要求表示该进程拥有了从一个域切换到另一个域的条件，但并不表示域切换事件一定发生，要实现域的切换还必须执行域切换操作。

回顾 DTE 模型，它提供了与域切换相关的 exec 权限和 auto 权限。如果域 A 拥有对域 B 的 exec 权限或 auto 权限，那么，域 A 中的进程 P 可以通过 exec 系统调用执行域 B 中的入口点程序 F_b。当域 A 拥有的是 exec 权限时，如果进程 P 要求进入域 B，那么 exec 系统调用执行程序 F_b 后，进程 P 从域 A 切换到域 B，如果进程 P 不要求进入域 B，那么，exec 系统调用执行程序 F_b 后，进程 P 不会切换域 B。当域 A 拥有的是 auto 权限时，那么 exec 系统调用执行程序 F_b 后，进程 P 自动从域 A 切换到域 B。

SETE 模型也采取类似的域切换方法，由 exec 系统调用触发域切换操作，支持自动切换和按要求切换。按要求切换就是仅当进程要求切换时才进行切换，如果进程不提出要求，就不进行切换。自动切换则不同，无须进程关心切换的问题，只要 exec 系统调用执行入口点程序，就进行域的切换。

SETE 模型通过类型切换 (Type Transition)规则描述进程工作域的自动切换方法，该规则的形式是：

```
type_transition source_type target_type: process default_type;
```

其中，source_type，target_type 和 default_type 分别表示进程的当前域、入口点程序文件的类型和进程的默认域。

该规则所确定的指令是：当在 source_type 域中运行的进程通过 exec 系统调用执行 target_type 类型的入口点程序时，系统自动尝试把进程的工作域切换为 default_ype 域。域切换的尝试是否成功取决于条件的要求是否得到满足。

例 3.9 假设为了使用户 BOB 登录进入 SELinux 系统后能够修改其口令，已按照例 3.8 的方案进行了域切换的授权，试给出实现域的自动切换的规则。

解答：实现域的自动切换的规则是：

```
type_transition user_d passwd_exec_t : process passwd_d;
```

在该规则的控制下，当在 user_d 域中运行的 bash_c 进程通过 exec 系统调用执行 passwd_exec_t 类型的入口点程序 passwd 时，系统将尝试自动把 bash_c 进程的工作域切换为 passwd_d 域，由于例 3.8 的授权，是满足条件的要求的，所以，域切换尝试可以成功。此时的 bash_c 进程就是 passwd 进程，因此，系统自动使 passwd 进程进入到 passwd_d 域中运行。

一般而言，用户都不希望为切换进程的工作域这样的事情而烦心，他们只关心手中要完成的工作。例如，用户 BOB 运行 passwd 程序的目的是修改口令，他希望系统能够按照他的意愿完成口令的修改任务，别的事情并不是他想关心的。

通过使用 type_transition 规则，SETE 模型允许访问控制策略配置人员指示系统在不需要用户参与的情况下自动为进程完成域的切换工作。

3.4 访问判定与切换判定

SELinux 系统提供两种基本的判定：访问判定（Access Decision）和切换判定（Transition Dicision）。

在 SELinux 系统中，为给定的主体在给定的客体上实施给定的操作做出结论的过程称为访问判定。

在 SELinux 系统中，为需要切换新创建的进程和文件的类型标签做出结论的过程称为切换判定，切换判定也称为标记判定（Labeling Decision）。对于进程而言，类型指的就是域。本节简要介绍 SELinux 系统实现的访问判定和切换判定的基本方法。

3.4.1 SELinux 的访问判定

访问判定是对访问请求的响应，访问判定以访问控制策略为依据，访问判定的基本思想是检查是否存在访问控制规则对请求的访问进行过授权，判定的结果是访问控制策略反映的有关请求的访问操作的授权结论。

根据前面的介绍，SELinux 系统的 SEPL 用源类型（source_type）、目标类型（target_type）、客体类别（object_class）和访问权限（perm_list）4 个元素描述访问控制授权，因此，从概念上说，可以通过以下的 4 元组来描述一个访问请求：

```
(source_type, target_type, object_class, perm_list)
```

针对 perm_list 描述判定的结果，与 perm_list 相对应，用位图来表示判定结果，位图中的每一位表示一个访问权限，可以用 1 表示授权，用 0 表示不授权。SELinux 系统把表示判定结果的位图称为访问向量（AV：Access Vector），因为 perm_list 是与客体类别对应的，所以 AV 也与客体类别对应。

例 3.10 试举例说明用于表示 SELinux 系统的访问判定结果的访问向量的基本形式。

解答：针对每种客体类别设计一种访问向量（AV），与 file（文件）类别相对应的 AV 可以用如表 3.1 所示的简化形式表示。文件类别的访问权限包括 create，read，write，execute 等，表 3.1 中的简化示例只列出了其中的一小部分，实际的 AV 列出该客体类别的所有访问权限，客体类别共有多少种访问权限，该客体类别的 AV 就有多少位，每种访问权限对应 AV 中的一位。图中的“?”要么是 1（表示授予对应的权限），要么是 0（表示没有授予对应的权限）。

表 3.1 file 类别的简化访问向量

访问权限	append	create	execute	get attribute	I/O control	link	lock	read	rename	unlink	write
取值	?	?	?	?	?	?	?	?	?	?	?

例 3.10 描述了 AV 的基本形式及其内容的含义。在 SELinux 系统实现的 SETE 模型的访问机制中，对于每一个访问请求，如果能在访问控制策略中找到和它匹配的访问控制规则，则访问判定返回的结果包含 3 个相关联的 AV，分别是 allow 型 AV、auditallow 型 AV 和 dontaudit 型 AV。

allow 型 AV 主要描述那些允许主体在客体上实施的操作，除非 auditallow 型 AV 中有特别说明，否则，这些操作的实施无须进行审计。auditallow 型 AV 主要描述那些在实施时需要审计的操作。dontaudit 型 AV 主要描述那些不允许主体在客体上实施的且不需要进行审计的操作，即不必记录该操作请求遭到拒绝。

例 3.11 设 SELinux 系统中的进程请求在文件上实施操作，试举例说明访问判定返回结果的基本构成。

解答：以例 3.10 列出的 file（文件）类别的访问权限为例，访问判定返回的简化的访问向量如表 3.2 所示。该结果的 allow 型 AV 表示允许进程在文件上实施 append（附加内容）和 create（创建文件）操作，因为与这些操作对应的 auditallow 型 AV 的值为 0，所以，进程在文件上实施的 append 或 create 操作是不需要进行审计的。如果与 append 或 create 操作对应的 auditallow 型 AV 的值为 1，则系统要对进程在文件上实施的该操作进行审计。

表 3.2 访问判定返回的简化的访问向量

访问权限 / 取值 / 类型	append	create	execute	get attribute	I/O control	link	lock	read	rename	unlink	write
allow	1	1	0	0	0	0	0	0	0	0	0
auditallow	0	0	0	0	0	0	0	0	0	0	0
dontaudit	0	0	0	0	0	0	0	0	0	0	0

假如进程在访问请求中申请在文件上实施 write 操作，该操作在 allow 型 AV 中的对应值为 0，这表明系统拒绝了该请求，由于 dontaudit 型 AV 中与该操作对应的值为 0，因而，系统将审计“write 操作请求被拒绝”的事件，但如果 dontaudit 型 AV 中与该操作对应的值为 1，则系统将不审计该事件。

例 3.11 描述了文件类别的访问判定返回结果的基本构成，并具体说明了 allow 型 AV、auditallow 型 AV 和 dontaudit 型 AV 的实际含义。结合例 3.11 表达的意义，可以进一步总结出 SELinux 系统进行访问判定的原则如下：

(1) 除非在访问控制策略中有匹配的访问控制规则明确授权主体在客体上实施指定的操作，否则操作申请一概被拒绝。

(2) 一旦操作申请被拒绝，系统将审计该操作被拒绝的事件，除非系统明确说明无须对该事件进行审计。

(3) 如果系统对已授权的某操作有明确的审计要求，则当主体实施该操作时，系统对该操作进行审计。

原则(1)意味着在访问控制策略中没有访问控制规则与其匹配的访问请求必然被拒绝，allow 型 AV 描述没有被该原则拒绝的操作。dontaudit 型 AV 描述原则 (2)中无须审计的操作被拒绝事件。auditallow 型 AV 描述原则(3)中需要审计的操作。

SELinux 系统根据以上访问判定原则进行判定所得到的结果情况可以简要概括为表 3.3 所示的形式。

表 3.3　访问判定结果概要

判定结果	是否授权访问	是否进行审计
在访问控制规则中没有匹配	不授权	审计判定结果
allow 型 AV 值是 1	授权	一般不审计
auditallow 型 AV 值 1	不表示授权	审计访问
dontaudit 型 AV 值是 1	不表示授权	不审计判定结果

在 SELinux 系统中，主体对客体进行操作前，需要根据 AV 检查操作是否可以实施。出于提高系统运行效率的考虑，为了避免每次操作前都必须进行一次原始的访问判定，系统提供对 AV 的缓存信息。缓存 AV 的数据结构称为访问向量缓存（AVC：Access Vector Cache）。

在提供 AVC 支持的情况下，当主体要对客体进行操作时，系统首先从 AVC 中查找与访问请求相符的 AV，如果找到，就根据该 AV 确定是否允许，可以节省根据访问控制策略构造 AV 的时间开销，只有在 AVC 中找不到相符的 AV 时，才需要从头进行原始的访问判定。

3.4.2 SELinux 的切换判定

SETE 模型以主体的域和客体的类型为依据进行访问控制，前面着重介绍了访问控制的基本方法，现在讨论给主体分配域标签和给客体分配类型标签的方法。

与 DTE 模型一样，SETE 模型在确定主体的域和客体的类型时充分考虑了主体的层次结构和客体的层次结构。DTE 模型和 SETE 模型反映的主体的层次结构主要是父进程和子进程之间的关系构成的层次结构。反映的客体的层次结构主要是父目录、子目录、文件之间的关系构成的层次结构。

一般情况下，创建新进程时，将父进程的域标签作为新进程的域标签，创建新文件或新目录时，将父目录的类型标签作为新文件或新目录的类型标签。但有时，需要给新的主体或新的客体分配新的标签，切换判定就是要确定是否需要给新的主体或新的客体分配新的标签及新的标签应该取什么值。给主体或客体分配新的标签就称为标签切换。

例 3.12　举例说明在 SELinux 系统中创建新进程时不切换域标签和切换域标签的情形。

解答：进程创建与域切换如图 3.8 所示，设执行 vi 文本编辑程序的 vi 进程在 vi_d 域中运行，在 vi 进程中，可以执行 ls 命令查看文件和目录的描述信息，执行 ls 命令的 ls 进程也在 vi_d 域中运行，没有发生域标签切换，即 ls 进程的域标签等于它的父进程(vi 进程)的域标签(vi_d)。

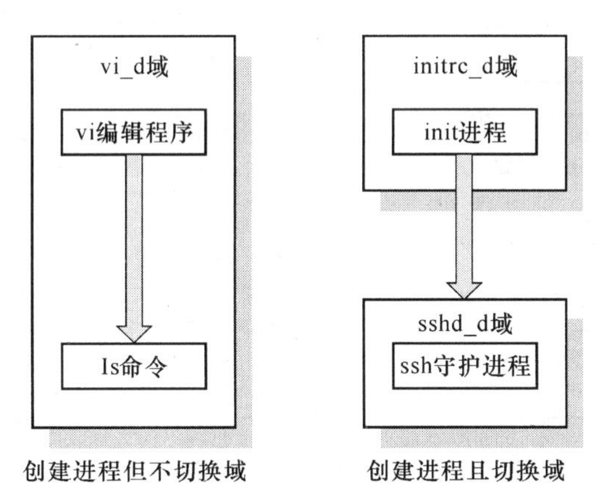

图 3.8　进程创建与域切换

设系统的 init 进程在 initrc_d 域中运行，init 进程为安全 shell 服务创建的 ssh 守护进程将在 sshd_d 域中运行，ssh 守护进程的域标签(sshd_d)不等于它的父进程(init 进程)的域标签(initrc_d)发生了域标签切换，即 init 进程创建 ssh 守护进程后，发生了域标签从 initrc_d 到 sshd_d 的切换。

SETE 模型是基于主体的域标签、客体的类型标签、客体的类别和欲实施的操作进行访问控制的，所以，当主体切换了域标签后，或者说，切换了工作域后，它拥有的访问权限随即发生变化，变成与新的域的访问权限相同。例 3.7、例 3.8 和例 3.9 以修改口令的应用为例，比较详细地讨论了进程切换工作域的方法，passwd 进程从 user_d 域切换到 passwd_d 域的主要目的就是要拥有与 passwd_d 域相同的访问权限，以便能够修改 shadow口令文件。

例 3.13 举例说明在 SELinux 系统中创建新文件时不切换类型标签和切换类型标签的情形。

解答：文件创建与切换判定如图 3.9 所示，设系统公共临时目录/tmp 的类型为 tmp_t，执行 sort 程序的 sort 进程在 sort_d 域中运行，sort 进程在工作过程中需要在/tmp 目录中创建临时文件/tmp/sorted_result，该文件继承父目录(/tmp)的类型标签(tmp_t)，没有发生类型标签切换。

设 syslog 审计进程在 syslogd_d 域中运行，该进程在工作过程中需要在/tmp 目录中创建临时文件/tmp/log. tmp，该文件需要采用 syslog_tmp_t 类型，新文件(/tmp/log. tmp)的类型标签(syslog_tmp_t)不等于父目录(/tmp)的类型标签(tmp_t)，发生了类型标签切换。

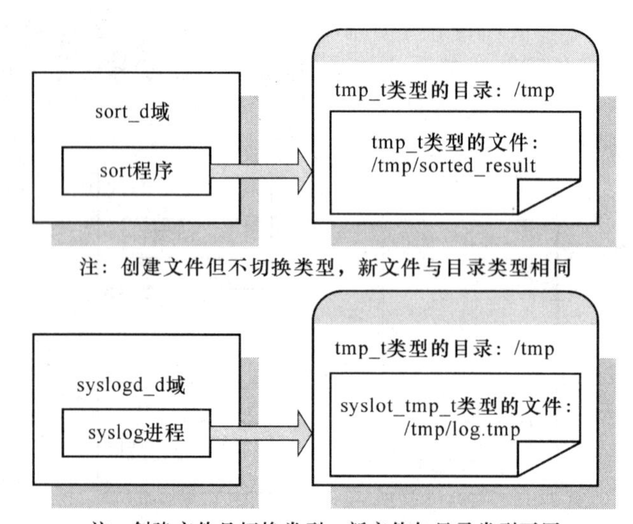

图 3. 9 文件创建与切换判定

在例 3.13 中，tmp_t 类型与系统公共临时目录/tmp 相对应，该类型中的文件是对所有域都开放的，所有主体都有权对该类型的文件进行访问，syslog 审计进程创建的/tmp/log. tmp 文件要存放与审计记录相关的信息，只能允许特定域中的主体访问，所以，为该文件选择了特定的 syslog_tmp_t 类型。

例 3.12 说明了创建新进程时域切换的情形，但没有说明域切换的方法，同样，例

3.13说明了创建新文件时类型切换的情形，但没有说明类型切换的方法。3.3.4 节和 3.3.5节已经说明了新进程的域切换方法，下面说明新文件的类型切换方法。

与进程的域切换类似，可以使用 type_transition 规则描述文件的类型切换控制，该规则的描述形式如下：

```
type_transition source_type target_type : file default_type;
```

其中，source_type 表示进程的域标签，target_type 表示目录的类型标签，default_type 表示文件的类型标签。当在 source_type 域中运行的进程在 targe_type 类型的目录中创建新文件时，该规则指示系统把新文件的类型标签切换为 default_type。

例 3.14　试举例说明类型切换规则的定义方法，用于为新创建的文件进行类型切换。

解答：可以定义以下形式的 type_transition 规则：

```
type_transition syslogd_d tmp_t : file syslog_tmp_t;
```

该规则要求系统把在 syslogd_d 域中运行的进程在 tmp_t 类型的目录中创建的新文件的类型设置为 syslog_tmp_t。

例 3.13 中的 syslog 审计进程在 syslogd_d 域中运行，它在类型为 tmp_t 的/tmp 目录中创建了新文件/tmp/log. tmp，按照例 3.14 中的规则的指示，系统将尝试把该新文件的类型设置为 syslog_tmp_t。

之所以说系统尝试为新文件设置新的类型标签，是因为该操作是否能够成功取决于访问控制权限是否允许实施该操作。再分析一下例 3.14 中的规则所描述的操作，其中涉及两个问题：一是文件默认的类型标签应该是 tmp_t，现在要把它改掉，涉及是否允许改的问题；二是要把文件的类型标签设置为 syslog_tmp_t，涉及是否允许取该值的问题。因此，需要从这两个方面考虑进行相应的授权。

例 3.15　设有描述文件类型切换的 type_transition 规则如下：

```
type_transition syslogd_d tmp_t : file syslog_tmp_t;
```

试给出使该规则指示的操作能够成功实施的授权方法。

解答：可以考虑给出以下两个 allow 规则：

```
allow syslogd_d tmp_t : file { relabelfrom};
allow syslogd_d syslog_tmp_t : file { relabelto };
```

第一个规则授权在 syslogd_d 域中运行的进程切换在类型为 tmp_t 的目录中创建的文件的类型。第二个规则授权在 syslogd_d 域中运行的进程把文件的类型切换为 syslog_tmp_t。两个规则合在一起，则授权在 syslogd_d 域中运行的进程把在类型为 tmp_t 的目录中创建的文件的类型切换为 syslog_tmp_t。所以，通过这两个 allow 规则的授权，可以使给定的文件类型切换规则指示的操作的成功实施提供必要的访问权限。

从一般意义上考虑，文件的类型切换就是使文件从旧的类型切换为新的类型，在设计文件类型的切换方法时，需要考虑的工作可以归纳为以下几个方面：

- 说明切换意图，指明旧的类型和新的类型；

- 授权改变旧的类型标签；
- 授权赋予新的类型标签；
- 指明实施切换的主体的域标签。

3.4.3 客体类型标签的存储

Linux 操作系统中存在两种性质的客体：临时客体（Transient Object）和永久客体（Persistent Object）。顾名思义，临时客体的生命周期是短暂的，最长不超过操作系统一次从启动（ Startup）到关闭（ Shutdown ）的时间周期；而永久客体的生命周期是无限的，不受操作系统启动和关闭的时间周期的影响。不同性质的客体的类型标签需要用不同的方法进行保存。

进程是最常见的临时客体（也是主体），它们以内核空间中的数据结构的形式存在。SELinux 系统直接把临时客体的类型（或域）标签等安全属性保存在驻留内存的表结构中。

最常见的永久客体是文件和目录。通常，一旦被创建，永久客体就一直存在，直到被删除，它们往往要经历操作系统的多次启动和关闭，所以不能用驻留内存的表结构保存永久客体的类型标签等安全属性，因为操作系统关闭后驻留内存的表结构的内容就不存在了。

通常，永久客体的类型标签等安全属性可以保存在文件系统结构中。Linux 操作系统的 ext2 和 ext3 等标准文件系统提供扩展属性（ Extended Attribute ）功能，这些功能可以在编译 Linux 操作系统内核时启用。SELinux 系统把永久客体的类型标签等安全属性保存在文件系统的扩展属性结构中。系统运行时，SELinux 系统再把文件系统扩展属性结构中的永久客体的类型标签等安全属性映射到驻留内存的表结构中。

3.4.2 节讨论了给新创建的客体确定类型标签的方法，SELinux 系统提供一个 setfiles 程序，支持在安装操作系统时配置文件的类型标签等安全属性，该程序根据一个安全属性配置数据库进行工作，为指定的文件设置指定的类型标签等安全属性，并为其他文件设置默认的类型标签等安全属性。

3.5 本章小结

本章首先介绍强制访问控制及特点，随后通过一个典型的模型（DTE 模型）和一个典型的系统（SELinux 系统）介绍操作系统实现强制访问控制的方法，进而，以强制访问控制为实例，介绍操作系统的增强安全性。基于实现操作系统的强制访问控制，依次介绍了 TE 模型、DTE 模型和 SELinux 系统实现的对应模型（本书称为 SETE 模型），以此为主线，对增强操作系统安全性的基本技术和方法进行了探讨，主要内容包括 TE 模型与 DTE 模型、SELinux 实现的 SETE 模型、访问判定与切换判定等。

TE 模型是一个可以实现强制访问控制的模型，是一个面向二维表的访问控制模型，它把主体划分为域，把客体划分为类型，以行与列的交叉点描述访问权限。TE模型可以实现应用系统的有效隔离。

DTE模型是改进版的TE模型，DTE模型对TE模型的改进主要体现在两个方面：一是使用高级语言形式的DTEL描述访问控制策略，取代用二维表描述访问控制策略的方法；二是充分利用文件系统的层次结构和进程的层次结构表示客体和主体的安全属性，使安全属性的定义能够反映系统的内在结构。

DTEL提供类型描述、类型赋值、域描述和初始域设定等方面的功能，类型描述功能定义客体类型，类型赋值功能把客体与客体类型关联起来，域描述功能定义主体域并设定域对类型的访问权限及域对域的访问权限，初始域设定功能设定第一个进程的工作域，进而隐含地确定所有进程的工作域.

SETE模型对DTE模型进行了扩充和发展，与DTE模型相比，SETE模型具有类型的细分和权限的细化等方面的突出特点。SETE模型在类型概念的基础上，增加了客体类别的概念，针对类型和类别确定访问权限。SETE模型为客体定义了几十个类别，为每个类别定义了相应的访问权限。

在SELinux中，只有明确授权的访问才是允许的访问。SETE模型通过SEPL描述访问控制策略，确定访问控制的授权方法，allow规则是描述访问控制授权的基本方法。allow规则包含源类型、目标类型、客体类别和访问权限4个元素，它定义源类型对目标类型的客体类别拥有的访问权限。

一个进程运行时所在的域称为该进程的工作域，一个进程的工作域在不同的时刻可以不同。切换进程的工作域的主要目的是为了使进程获得新的访问权限。进程可以在执行exec系统调用装载新域的入口点程序时完成工作域的切换。只有在明确授权的情况下，进程才能切换工作域，切换授权通过allow规则定义。在满足工作域切换条件的情况下，可以通过type_transition规则实施进程工作域的自动切换。

SELinux实现的判定有访问判定和切换判定两种基本形式。访问判定确定给定的主体能否在给定的客体上实施给定的操作，切换判定确定是否需要切换新创建的进程和文件的类型标签，对于进程而言，类型指的就是域。SELinux系统用AV表示访问判定的结果，用AVC实现AV信息的缓存。

一般情况下，新进程的域标签等于父进程的域标签，新文件的类型标签等于父目录的类型标签。有时需要给新的主体或新的客体分配新的标签，切换判定就是要确定是否需要给新的主体或新的客体分配新的标签及新的标签应该取什么值。与进程的工作域切换类似，用allow规则定义文件的类型切换授权，用type_transition规则定义文件的类型切换操作。SELinux系统把永久客体的类型标签等安全属性保存在文件系统的扩展属性结构中。

习 题 3

1. 什么是强制安全性？强制安全性和强制访问控制之间是什么关系？
2. 简要说明 TE 的基本思想，并分析与该思想与访问控制矩阵思想的相似之处和不同之处。
3. DTE 模型与 TE 模型的区别主要体现在哪些方面？
4. 举例说明 DTE 模型是如何利用文件系统的层次结构和进程的层次结构来表示客体和主体的关系。
5. 以进程对文件操作为例，简要说明 DTE 模型的 DTEL 主要从哪几个方面描述访问控制规则？
6. 在 DTE 模型中，什么是域的入口点？什么是域切换？
7. 在 SETE 模型中，“进程切换工作域”是什么意思？“进程切换工作域”主要目的是什么？
8. 设操作系统中的进程 P_x 欲向进程 P_y 发信号，请简要说明在 TE 模型的访问控制框架下判定进程 P_x 是否可以向进程 P_y 发信号的过程。
9. 在 SELinux 系统中，什么是访问判定？什么是访问向量（AV）？简要说明访问判定的基本方法。
10. 在 SELinux 系统中，什么是切换判定？什么是切换向量（AV）？简要说明切换判定的基本方法。

第4章 基于角色的访问控制

现实世界中每个公民都扮演着各种各样的角色，同时也行使与角色相匹配的权利，每个人具有的权力是他所扮演的角色所赋予的。网络中的角色与现实世界中的角色相吻合，角色在主体和客体之间建起了桥梁，是现实世界的真实反映。

角色访问控制模型的基本思想是将访问许可权分配给角色，用户通过饰演不同的角色获得角色所拥有的访问许可权。

学习目标

- 理解基于角色访问控制的基本概念
- 掌握基于角色访问控制的模型
- 掌握基于角色访问控制的特点
- 学会在 Web 系统开发中使用基于角色的访问控制

4.1 基本概念

MAC 访问控制模型和 DAC 访问控制模型属于传统的访问控制模型。在实现上，MAC 和 DAC 通常为每个用户赋予对客体的访问权限规则集，考虑到管理的方便，在这一过程中还经常将具有相同职能的用户聚为组，然后再为每个组分配许可权。用户自主地把自己所拥有的客体的访问权限授予其他用户的这种做法，其优点是显而易见的，但是如果企业的组织结构或是系统的安全需求总是处于变化的过程中，那么就需要进行大量烦琐的授权变动，系统管理员的工作将变得非常繁重，更主要的是容易发生错误造成一些意想不到的安全漏洞。考虑到上述因素，故引入新的机制加以解决。下面介绍几个概念。角色(Role)是指一个可以完成一定事务的命名组，不同的角色通过不同的事务来执行各自的功能。事务(Transaction)是指一个完成一定功能的过程，可以是一个程序或程序的一部分。角色是代表具有某种能力的人或是某些属性的人的一类抽象，角色和组的主要区别在于：用户属于组是相对固定的，而用户能被指派到哪些角色则受时间、地点、事件等诸多因素影响。角色比组的抽象级别要高，角色和组的关系可以这样考虑，作为饰演的角色，我是一名学生，我就只能享有学生的权限（区别于老师），但是我又处于某个班级中，就同时只能享有本“组”组员的权限。

在很多实际应用中，用户往往不是访问的客体资源的所有者（这些资源属于企业或公司），所以访问控制应该基于员工的职务而不是基于员工在哪个组或谁是信息的所有者，即访问控制是由各个用户在部门中所担任的角色来确定的。例如，一个学校可以有教工、老师、学生和其他管理人员等角色。在学生成绩管理系统中，假设 Tch1，Tch2，Tch3，…，Tch*i* 是对应的教师，Stud1，Stud2，Stud3，…，Stud*j* 是相应的学生，Mng1，Mng2，Mng3，…，Mng*k* 是教务处管理人员，那么老师的权限为 TchMN＝{查询成绩，录入所教课程的成绩，修改成绩，打印成绩清单}；学生的权限为 StudMN＝{查询成绩，反映意见}；教务管理人员的权限为 MngMN＝{查询、打印成绩清单，班级、课程管理}。

1992 年，D. Ferraiolo 和 R. Kuhn 在美国国家标准技术局所举办的计算机安全研讨会中，发表了一篇名为《Role-Based Access Control》的文章，这是基于角色的访问控制（RBAC：Role-Based Access Control）系列文献中第一篇以 RBAC 命名的文章。RBAC 作为一种安全访问控制已经得到充分的研究和广泛的应用。RBAC 的核心思想是用户的权限由用户担当的角色来决定。角色是 RBAC 中最重要的概念，所谓角色，实际上就是一组权限的集合，用户担当哪个角色，他就具有哪个角色的权限。除此之外，RBAC 还提出了最小特权原则等新的思想。

1996 年，R. Sandhu 教授发表了经典文献《Role-Based Access Control Models》，提出了著名的 RBAC96 模型，成为基于角色的访问控制发展的基础。在 1997 年，Sandhu 提出 RBAC97 模型，即 RBAC 管理模型，提供对 RBAC96 模型中的各元素进行管理的策略。在 2000 年，美国国家标准技术局（NIST：National Institute of Standards and Technology）委托 Ravi Sandhu、David Ferraiolo 和 Richard Kuhn 3 位作者，发表了《The NIST Model for Role-based Access Control：Toward a Unified Standard》（NIST RBAC 模型），被美国国家标准技术局作为 RBAC 领域的标准。

角色可以看作是一组操作的集合，不同的角色具有不同的操作集，这些操作集由系统管理员分配给角色。依据角色的不同，每个主体只能执行自己所制定的访问功能。用户在一定的部门中具有一定的角色，其所执行的操作与其所扮演的角色的职能相匹配，这正是基于角色的访问控制（RBAC）的根本特征，即依据 RBAC 策略，系统定义了各种角色，每种角色可以完成一定的职能，不同的用户根据其职能和责任被赋予相应的角色，一旦某个用户成为某角色的成员，则此用户可以完成该角色所具有的职能。

RBAC 从控制主体的角度出发，根据管理中相对稳定的职权和责任来划分角色，将访问权限与角色相联系，这点与传统的 MAC 和 DAC 将权限直接授予用户的方式不同；通过给用户分配合适的角色，让用户与访问权限相联系。角色成为访问控制中访问主体和受控对象之间的一座桥梁。

在 RBAC 中，角色是指一个或一群用户在组织内可执行的操作的集合。这里的角色就充当着主体(用户)和客体之间的关系的桥梁。这是与传统的访问控制策略的最大区别所在。基于角色的访问控制的核心思想就是:授权给用户的访问权限通常由用户在一个组织中担当的角色来确定。

近几年对RBAC模型的扩展研究逐渐成为安全访问控制研究的热点,在RBAC96和NIST RBAC的基础上又先后提出了多种扩展模型。例如基于角色的扩展可管理访问控制模型(EARBAC模型)在NIST RBAC的基础上扩展了有关权限概念,增加了对客体对象和对客体对象访问模式的抽象。EARBAC模型还通过与RBAC97的融合,引入了管理角色概念,强化了模型的自我管理能力。基于角色的受限委托(CRDM模型)对RBAC模型的表达能力进行了进一步的研究,可以灵活地支持临时性限制和常规角色关联性限制等。

RBAC可以方便地管理权限,很多系统都采用了这种方法。在Windows中,用户可以属于某个用户组,用户组实际上就是角色,用户属于哪个用户组,就具有哪个用户组的权限。

例4.1 设EMPLOYEE(职员)和TELLER(出纳)是某银行的两个角色,用户BOB、AlICE和TOM都是该银行的职员,而ALICE是该银行的出纳,请说出角色与用户间的对应关系。

解答:角色到用户的对应关系是:

(1) EMPLOYEE→BOB, AlICE, TOM;

(2) TELLER→AlICE。

用户到角色的对应关系是:

(3) BOB→EMPLOYEE;

(4) ALICE→EMPLOYEE, TELLER;

(5) TOM→EMPLOYEE。

在(1)中,一个角色对应三个用户,在(4)中,一个用户对应两个角色。

虽然一个用户可以对应多个角色,但在一个系统中,尤其是在大型系统中,用户的数量总是比角色的数量多得多,只给角色发放授权比直接给用户发放授权的工作量将少得多,因此,基于角色的访问控制能大大减少授权管理的工作量。

另外,用户所能行使的访问权限是由他所担当的角色决定的。当一个用户调离一个工作岗位时,只要切断他与所担当的角色之间的关系,就使他失去了行使该角色所赋予的权限的能力,无须特意进行撤销授权的工作。通过角色来发放授权,还能够免除因撤销某个用户的授权而引发递归回收授权的麻烦。

可见,与传统面向用户的授权方式相比,基于角色的访问控制能缓解授权管理工作的压力,减低授权管理工作的复杂性。

RBAC96模型和NIST RBAC模型是基于角色的访问控制研究中两个重要的基础模型。NIST RBAC模型是RBAC96模型的进一步完善,并标准化。

NIST RBAC模型被美国国家标准技术局作为RBAC领域的标准。NIST RBAC模型完整、简单、易理解,因此本章将仅对NIST RBAC模型进行详细介绍。对RBAC96模型有兴趣的读者,可参阅网站http://profsandhu.com/。

NIST 的 RBAC 建议标准由两部分组成，第一部分是 RBAC 参考模型，它规定了该标准涉及的特性的范围，并且规定了该规范所使用的词汇列表。第二部分是 RBAC 系统及管理功能规范，它规定了对管理操作和查询操作的功能需求，包括基本集合和关系的创建、维护和评估，对会话属性的管理和访问控制决策的支持等。

4.2 NIST RBAC 参考模型

NIST RBAC 参考模型由 4 个模型组成，它们是核心 RBAC 模型、层次 RBAC 模型、静态职责分离 RBAC 模型和动态职责分离 RBAC 模型，下面将分别对这 4 个模型进行说明。

4.2.1 核心 RBAC 模型

核心 RBAC 模型如图 4.1 所示，它的基本元素包括：用户（Users）、角色（Roles）、目标（OBS）、操作（OPS）和权限（PRMS ）。整个 RBAC 模型的基本定义是：为用户分配角色、为角色分配权限、用户由此获得访问权限。在核心 RBAC 模型中还包括一系列会话（SESSION），每个会话都是从用户到分配给用户的被激活角色子集的映射。核心 RBAC 在任何 RBAC 系统中都是必要的，而其他模型则是相互独立的，而且可以各自分别实现。

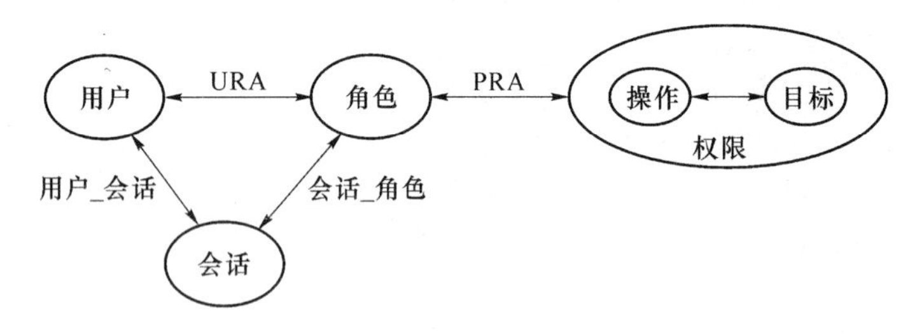

图 4.1 核心 RBAC 模型

任何访问控制机制的目的都是保护系统资源。然而在计算机系统中应用 RBAC 时，称为保护目标，目标是一个包含或接受信息的对象。对于一个具体的 RBAC 的系统，目标能够代表信息容器（例如，操作系统的文件和目录，数据库管理系统的行、列、表和视图）或者可消耗的系统资源，如打印机、磁盘和 CPU。

RBAC 以角色作为相互关系的核心，在 RBAC 核心模型里，角色是构成策略的语义结构。图 4.1 描述了用户-角色分配（URA）和权限-角色分配（PRA）的关系，它们之间均为多对多的关系。例如，一个用户可以拥有一个或多个角色，而一个角色也可以被分配给一个或多个用户；一个角色可以访问一个或多个资源，而一个资源也可以被一个或多个角色访问。

每个会话都是用户到角色的映射，这就是说，当一个用户建立一个会话时，用户就激活分配给它的角色的子集。每个会话都与某一个用户相关联，每个用户又与一个或多个会话相关联。通过 session_roles 函数，可以获得会话激活的角色；通过 user_seesions 函数，可以获得与用户有关的会话。用户所拥有的权限，就是通过所有当前用户会话中被激活角色的权限。

NIST 标准中对核心 RBAC 的描述及形式化定义如下：

-USERS，ROLES，OPS，OBS，PRMS 分别表示用户、角色、操作、目标对象和权限的集合。

-URA$\subseteq$USERS$\times$ROLES，用户与角色之间多对多的指派关系。

-assigned_users(r:ROLES)$\rightarrow 2^{\mathrm{UESRS}}$，角色 r 到一个用户集合的映射。形式化表示为：assigned_users(r)$=\{u\in \mathrm{USERS} \mid (u,r)\in \mathrm{URA}\}$。

-PRMS $= 2^{\mathrm{OPS}\times \mathrm{OBS}}$，权限的集合。

-PRA$\subseteq$PRMS$\times$ROLES，从权限集合到角色集合的多对多映射，表示角色被赋予的权限关系。

-assigned_permissions(r:ROLES)$\rightarrow 2^{\mathrm{PRMS}}$，角色 r 到一个权限集合的映射，形式化表示为：assigned_permissions(r)$=\{p\in \mathrm{PRMS} \mid (p,r)\in \mathrm{PRA}\}$。

-op(p:PRMS)$\rightarrow\{\mathrm{op}\in \mathrm{OPS}\}$，权限到操作之间的映射，返回权限 p 所关联的操作的集合。

-ob(p:PRMS)$\rightarrow\{\mathrm{ob}\in \mathrm{OBS}\}$，权限到目标对象的映射，返回权限 p 所关联的目标对象的集合。

-SESSIONS，会话的集合。

-user_sessions(u:USERS)$\rightarrow 2^{\mathrm{SESSIONS}}$，用户 u 到一个会话集合的映射。

-session_roles(s:SESSIONS)$\rightarrow 2^{\mathrm{ROLES}}$，会话 s 到一个角色集合的映射。形式化表示为：session_roles(s)$=\{r\in \mathrm{ROLES} \mid (\mathrm{session\_users}(s),r)\in \mathrm{URA}\}$。

-avail_session_perms(s:SESSIONS)$\rightarrow 2^{\mathrm{PRMS}}$，在一个会话中当前用户可用权限的集合，即 $\bigcup_{r\in \mathrm{session\_roles}(s)} \mathrm{assigned\_permissions}(r)$。

4.2.2 层次 RBAC 模型

层次 RBAC 模型介绍了角色分层(RH:Role Hierarchy)的相关概念，如图 4.2 所示。图中的 RH 就是指角色之间加入了分层关系。角色分层是 RBAC 模型的一个关键方面。

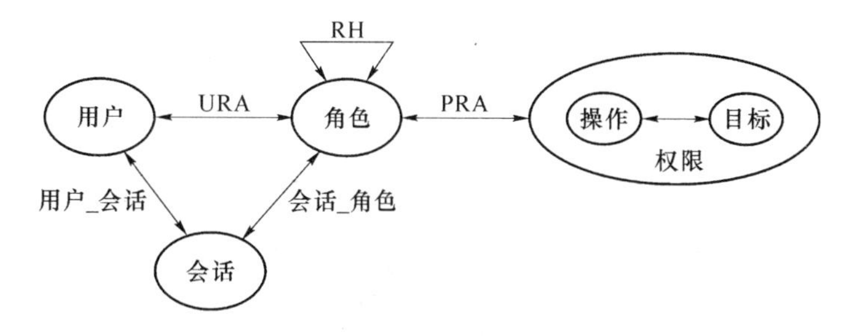

图 4.2 层次 RBAC 模型

角色分层定义了角色之间的继承关系。在该标准中，继承是根据权限来进行描述的，如果角色 r_2 的所有权限都是角色 r_1 的权限，那么则称角色 r_1 继承角色 r_2。在其他一些文献中，对“继承”有着不同角度的解释。在一些分布式环境下的 RBAC 系统中，角色的权限无法集中管理，而角色的层次却要求集中管理。在这样的情况下，角色层次便采取了从用户包含关系的角度进行描述：如果角色 r_1 所指派的所有用户同时也都被指派了角色 r_2，则称之为角色 r_1“包含”

角色 r_2。这里需要注意的是，用户包含关系表明角色 r_1 的一个用户至少拥有 r_2 的全部权限，而权限继承关系中的角色 r_1 和 r_2 并不涉及他们的用户指派情况。

NIST RBAC 标准将角色等级分为一般角色分层和受限角色分层两种情况。一般角色分层支持任意的偏序结构，包括角色的权限和用户成员的多继承概念。受限角色继承则要受简单树型结构或翻转树结构限制。在一个树型结构角色层次图中，一个角色可以有一个或多个直接父节点，但却只能有一个直接子节点。另外需要注意的是，用户成员关系是自顶向下继承的，而角色权限关系是自底向上继承的，也就是说上面继承下面的。角色层次结构一般分树型结构、翻转树结构和网状结构，如图 4.3、图 4.4 和图 4.5 所示。

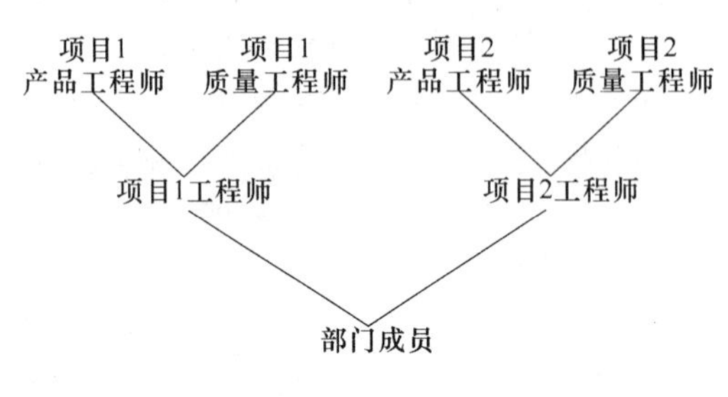

图 4.3　树型结构

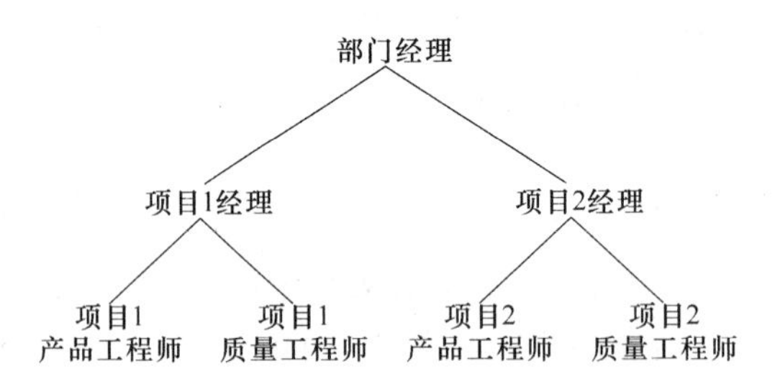

图 4.4　翻转树结构

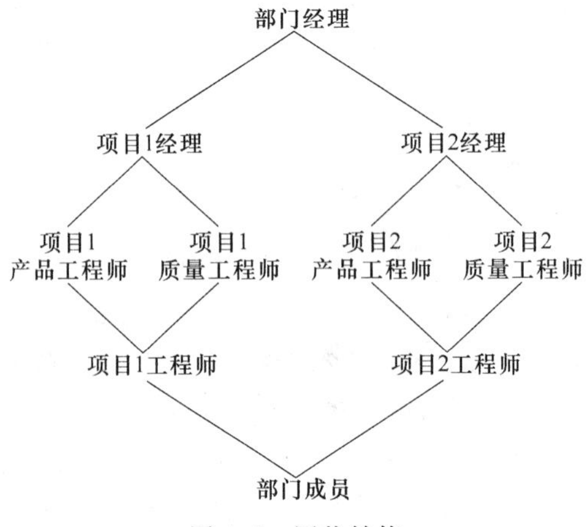

图 4.5　网状结构

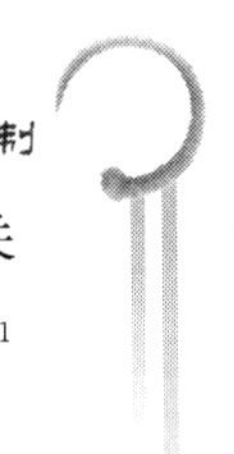

定义 4.1(一般角色层次)　-RH⊆ROLES×ROLES，指 ROLES 上的一个偏序关系，称为继承关系，或者角色层次，记做 $r_1 \geqslant r_2$，表示 r_2 的所有权限同时也被 r_1 所拥有，r_1 的所有用户同时也是 r_2 的用户。

形式化表示为：

-$r_1 \geqslant r_2 \Rightarrow \text{authorized\_permissions}(r_2) \subseteq \text{authorized\_permission}(r_1) \wedge$

$\text{authorized\_users}(r_1) \subseteq \text{authorized\_users}(r_2)$

-authorized_users(r:ROLES)→2^{UESRS}，表示根据角色层次关系获得拥有角色 r 的用户的集合。形式化表示为：

-$\text{authorized\_users}(r) = \{u \in \text{USERS} \mid r' \geqslant r, (u, r') \in \text{URA}\}$

authorized_permissions(r:ROLES)→2^{PRMS}，表示根据角色层次关系，角色 r 能够获得的权限的集合。形式化表示为：

-$\text{authorized\_permissions}(r) = \{p \in \text{PRMS} \mid r' \geqslant r, (p, r') \in \text{PRA}\}$

一般角色分层支持多继承的概念，即提供了从多个角色继承权限的能力以及从多个角色继承用户成员。多继承提供了重要的分层特性：①可以从多个低等级(权限较少)的角色中构造新的角色和关系，这种新的角色和关系是组织或商业结构中需要的某个角色。②多继承提供了统一的用户/角色分配关系和角色之间的继承关系。

在受限角色分层中，角色受单一的直接后继的限制。虽然受限角色分层不支持多继承，但是它在核心 RBAC 之上具有清晰的管理优势。

如果 $r_1 \geqslant r_2$，但在角色分层等级中，r_1 和 r_2 之间并不存在其他角色，则称之为 r_1 是 r_2 的直接后继，用 $r_1 \ll r_2$ 来表示。即在角色分层结构中，不存在这样的一个角色 r_3，使得 $r_1 \geqslant r_3 \geqslant r_2$，并且 $r_1 \neq r_2$，$r_2 \neq r_3$。

定义 4.2(受限角色层次)　在一般角色层次定义基础上，加入以下限制：

$\forall r, r_1, r_2 \in \text{ROLES}, r \geqslant r_1 \wedge r \geqslant r_2 \Rightarrow r_1 = r_2$

4.2.3　静态职责分离 RBAC 模型

带约束的 RBAC 是在基本 RBAC 的基础上增加了职责分离(SoD)关系，而职责分离又分为静态职责分离(SSD:Static Separation of Duty)和动态职责分离(DSD:Dynamic Separation of Duty)。静态职责分离用于解决角色系统中潜在的利益冲突，强化了对用户角色分配的限制，使得一个用户不能分配给两个互斥的角色。动态职责分离用于在用户会话中对可激活的当前角色进行限制，用户可被赋予多个角色，但有些角色可能不被允许在同一会话期中被激活。DSD 实际上是最小权限原则的扩展，它使得每个用户根据其执行的任务可以在不同的环境下拥有不同的访问权限。

在基于角色的访问控制系统中，用户获得相互冲突角色的权限可能会引起利益冲突。阻止利益冲突的一种方式就是通过 SSD 来实现，即增强为用户分配角色的约束。静态约束有各种各样的形式，一个最常见的静态约束的例子就是静态职责分离，它定义了一个角色集，它们在用户指派关系上互斥，即一个用户只能获得这个角色集中的一个角色。

NIST RBAC模型中定义的静态约束仅局限于那些作用于角色集合上的约束，主要是对形成URA(用户—角色指派)关系时的角色能力的约束。这就意味着，如果一个用户获得了一个角色，这个用户就不能获得与这个角色相排斥的第二个角色。这就是“角色互斥”。

SSD策略可以通过集中式指定并统一施加于特定的角色。从策略的角度来说，静态约束关系提供了一种强有力的措施以保证利益冲突以及其他一些RBAC元素集合上的分离规则。

早期的RBAC模型中定义的SSD关系，主要是从“角色对”关系的角度，对用户/角色的分配关系进行约束(例如，任何用户都不能同时获得SSD关系中的两个角色)。尽管这种SSD策略在现实世界中的例子确实存在，但这种定义在两个重要方面过于严格：一是SSD关系中角色集合的大小；二是集合中关于用户分配约束的角色的组合数目。相应的，NIST的RBAC模型从以下两个方面定义了SSD：一是包括两个或两个以上角色的角色集合；二是一个大于1的数值(集的势)，它表明了SSD策略所规定的角色组合的数目。例如，一个组织中，在某一特定职责功能上有4个角色(角色集合的大小)，而任何用户都不能同时被指派给这4个角色中的任意3个角色(角色组合的数目)。

SSD关系可以存在于等级式RBAC中。在角色分层中应用SSD关系时，必须确保用户继承不会破坏SSD策略，即角色分层必须定义在包括SSD约束的继承关系上，其关系如图4.6所示。例如，如果角色r_1继承了角色r_2，而r_2与角色r_3构成一个SSD关系，那么角色r_1与r_3必然也是一个SSD关系。为了防止潜在的矛盾，可以将SSD定义为对那些具有SSD关系的角色的授权用户的约束。

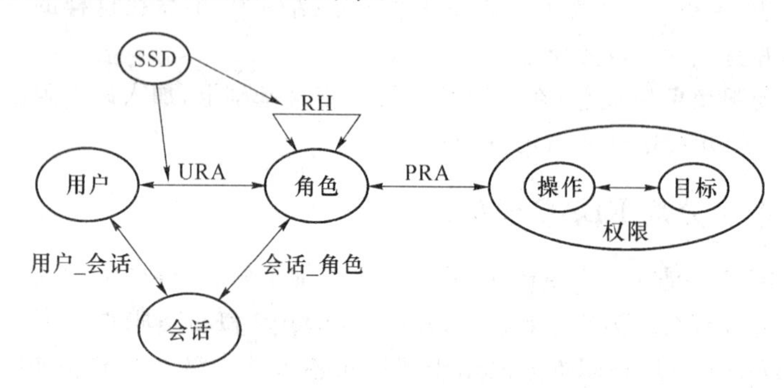

图4.6　静态职责分离模型

定义4.3(静态职责分离)　-SSD⊆$(2^{ROLES}\times N)$，静态职责分离SSD关系是一些二元对(r_s,n)的集合。其中r_s是一个角色子集，n是一个大于1的自然数，t是r_s的一个子集。对于SSD关系中的每一个(r_s, n)其含义是：用户不能同时被赋予角色集合r_s中的n个或n个以上的角色。形式化表示为：

$$-\forall (r_s,n)\in SSD, \forall t\in r_s: |t|\geqslant n\Rightarrow \bigcap_{r\in t} \text{assigned\_users}(r)=\varnothing$$

定义4.4(分层静态职责分离)　在具有角色分层结构的情况下，静态职责分离SSD

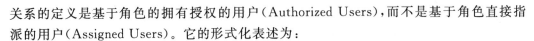

关系的定义是基于角色的拥有授权的用户(Authorized Users),而不是基于角色直接指派的用户(Assigned Users)。它的形式化表述为:

$$-\forall (r_s,n)\in \text{SSD}, \forall t\in r_s: |t|\geqslant n \Rightarrow \bigcap_{r\in t} \text{authorized\_users}(r)=\varnothing$$

基于角色的拥有授权的用户和基于角色直接指派的用户是不同的。一个拥有角色授权的用户,是说这个用户可以直接行使这个角色拥有的权限;角色直接指派的用户仅说明用户具有扮演这个角色的潜能,是否能够行使角色的权限,还要依限定条件而定。

4.2.4 动态职责分离 RBAC 模型

静态职责分离是通过对用户可被指派的角色集合加以约束以达到减少用户可用权限的目的。动态职责分离 DSD 关系与 SSD 相似,目的也是对用户的可用权限加以限制。但是 DSD 与 SSD 不同的是,SSD 是对一个用户的总的权限空间施加约束,即一个用户可拥有的权限范围是多大。而 DSD 关系则是在一个用户总的权限空间的基础上对用户权限可用性加以限制,即对用户会话期间可激活角色进行约束。动态职责分离 DSD 提供了对最小权限原则的进一步支持,根据当前实施角色情况的不同,用户在不同的时间可能拥有不同等级的权限。这样可以保证在用户履行某一职责的时间之内,有些权限不再有效。

动态职责分离可以为企业提供实际运营上更大的弹性与效率,只要两个角色在单独启动时不会有利益冲突的顾虑,则允许将这两个角色指派给同一使用者。用户虽然被同时指派了具有利益冲突的互斥角色,但是只要不在同时启动这些角色,则利益冲突的矛盾就不会出现。尽管通过静态职责分离同样可以实现,但是 DSD 方式却为企业带来了更大的操作上的灵活性。

动态职责分离 DSD 是基于用户在会话期间激活的角色而所定义的约束,如图 4.7 所示。

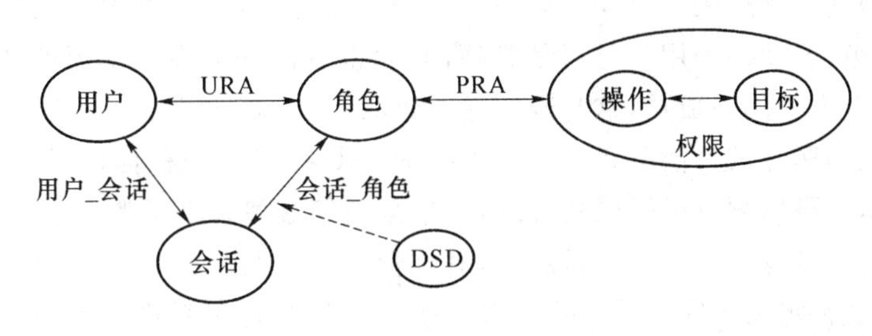

图 4.7 动态职责分离模型

定义 4.5(动态职责分离)

$-\text{DSD}\subseteq(2^{\text{ROLES}}\times N)$,动态职责分离 DSD 关系是一些二元对$(r_s,n)$的集合。其中 r_s 是一个角色子集,n 是一个大于 1 的自然数。对于 DSD 关系中的每一个(r_s,n),其含义是:用户不能同时激活角色集合 r_s 中的 n 个或 n 个以上的角色。形式化定义为

$-\forall r_s\in 2^{\text{ROLES}}, n\in N, (r_s,n)\in \text{DSD}\Rightarrow n\geqslant 2 \wedge |r_s|\geqslant n$ and

$\forall s\in \text{SESSIONS}, \forall r_s\in 2^{\text{ROLES}}, \forall \text{role\_subset}\in 2^{\text{ROLES}}, \forall n\in N, (r_s,n)\in \text{DSD},$

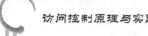

$$role\_subset \subseteq r_s, role\_subset \subseteq session\_roles(s) \Rightarrow |role\_subset| < n$$

4.3 RBAC的管理和特点

4.3.1 RBAC的管理

RBAC中引进了角色的概念，用角色表示访问主体具有的职权和责任，灵活地表达和实现了企业的安全策略，使系统权限管理在企业的组织视图这个较高的抽象集上进行，从而简化了权限设置的管理，从这个角度看，RBAC很好地解决了企业管理信息系统中用户数量多、变动频繁的问题。相比较而言，RBAC是实施面向企业的安全策略的一种有效的访问控制方式，其具有灵活性、方便性和安全性的特点，目前在大型数据库系统的权限管理中得到普遍应用。

角色由系统管理员定义，角色成员的增减也只能由系统管理员来执行，即只有系统管理员有权定义和分配角色。用户与客体无直接联系，他只有通过角色才享有该角色所对应的权限，从而访问相应的客体。因此用户不能自主地将访问权限授给别的用户，这是RBAC与DAC的根本区别所在。RBAC与MAC的区别在于：MAC是基于多级安全需求的，而RBAC则不是。

4.3.2 RBAC的特点

系统管理员负责授予用户各种角色的成员资格或撤销某用户具有的某个角色。例如学校新进一名教师Tchx，那么系统管理员只需将Tchx添加到教师这一角色的成员中即可，而无须对访问控制列表做改动。同一个用户可以是多个角色的成员，即同一个用户可以扮演多种角色，比如一个用户可以是老师，同时也可以作为在职学习的学生。同样，一个角色可以拥有多个用户成员，这与现实是一致的，一个人可以在同一部门中担任多种职务，而且担任相同职务的可能不止一人。因此RBAC提供了一种描述用户和权限之间的多对多关系，角色可以划分成不同的等级，通过角色等级关系来反映一个组织的职权和责任关系，这种关系具有反身性、传递性和非对称性特点，通过继承行为形成了一个偏序关系。RBAC中通常定义不同的约束规则来对模型中的各种关系进行限制，最基本的约束是“相互排斥”约束和“基本限制”约束，分别规定了模型中的互斥角色和一个角色可被分配的最大用户数。

4.2节描述了RBAC的4种模型，通过分析汇总得出基于角色的访问控制有以下5个特点：

1. *以角色作为访问控制的主体*

用户以什么样的角色对资源进行访问，决定了用户拥有的权限以及可执行何种操作。

2. 角色继承

为了提高效率，避免相同权限的重复设置，RBAC 采用了“角色继承”的概念，定义的各类角色，它们都有自己的属性，但可能还继承其他角色的属性和权限。角色继承把角色组织起来，能够很自然地反映组织内部人员之间的职权、责任关系。

角色继承可以用祖先关系来表示，如图 4.8 所示，角色 2 是角色 1 的“父亲”，它包含角色 1 的属性和权限。在角色继承关系图中，处于最上面的角色拥有最大的访问权限，越下端的角色拥有的权限越小。

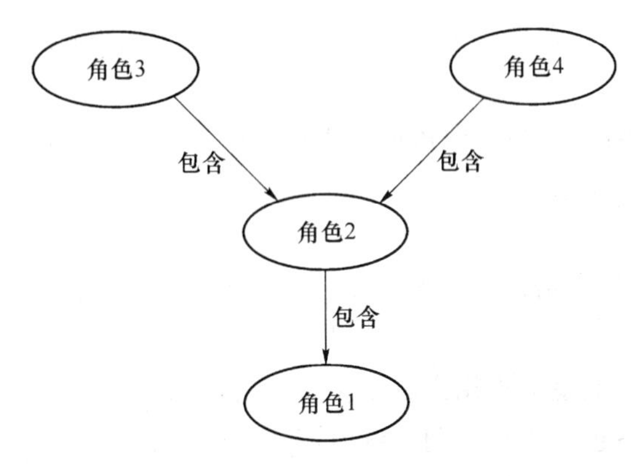

图 4.8 角色继承

3. 最小特权原则

最小特权原则(Least Privilege Theorem)是系统安全中最基本的原则之一。所谓最小特权，是指“在完成某种操作时所赋予网络中每个主体(用户或进程)的必不可少的特权”。最小特权原则则是指“应限定网络中每个主体所必须的最小特权，确保由于可能的事故、错误、网络部件的篡改等原因造成的损失最小”。换句话说，最小特权原则是指用户所拥有的权利不能超过他执行工作时所需的权限。

实现最小权限原则，需分清用户的工作内容，确定执行该项工作的最小权限集，然后将用户限制在这些权限范围之内。在 RBAC 中，可以根据组织内的规章制度、职员的分工等设计拥有不同权限的角色，只将角色执行操作所必须的权限授予角色。当一个主体需访问某资源时，如果该操作不在主体当前所扮演的角色授权操作之内，该访问将被拒绝。

最小特权原则一方面给予主体“必不可少”的特权，这就保证了所有的主体都能在所赋予的特权之下完成所需要完成的任务或操作；另一方面它只给予主体“必不可少”的特权，这就限制了每个主体所能进行的操作。

最小特权原则要求每个用户和程序在操作时应当使用尽可能少的特权，而角色允许主体以参与某特定工作所需要的最小特权去控制系统。特别是被授权拥有高特权角色(Powerful Roles)的主体，不需要动辄使用到其所有的特权，只有在那些特权有实际需求时，主体才会运用它们。如此一来，可减少由于无意的错误或是入侵者假装合法主体所造成的安全事故。另外它还减少了特权程序之间潜在的相互作用，从而尽量避免对特权无意的、没必要的或不适当的使用。这种机制还可以用于计算机程序：只有程序中需要特权的代码才能拥有特权。

4. 职责分离（主体与角色的分离）

对于某些特定的操作集，某一个角色或用户不可能同时独立地完成所有这些操作。职责分离有静态和动态两种实现方式。

（1）静态职责分离：只有当一个角色与用户所属的所有其他角色都彼此不互斥时，这个角色才能授权给该用户。

（2）动态职责分离：只有当一个角色与用户的所有当前活跃角色都不互斥时，该角色才能成为该主体的另一个活跃角色。

5. 角色容量

在创建新的角色时，要指定角色的容量。在一个特定的时间段内，有一些角色只能由一定人数的用户占用。

基于角色的访问控制是根据用户在系统里表现的活动性质而定的，这种活动性质表明用户充当了一定的角色。用户访问系统时，系统必须先检查用户的角色，一个用户可以充当多个角色，一个角色也可以由多个用户担任。

基于角色的访问控制机制有这几个优点：便于授权管理、便于根据工作需要分级、便于赋予最小特权、便于任务分担、便于文件分级管理、便于大规模实现。

基于角色的访问控制是一种有效而灵活的安全措施，目前仍处在广泛应用之中。

4.4 案例1：基于角色的访问控制应用

我国研究人员将注意力集中到RBAC模型实现及应用的研究上，有些文献针对不同的信息系统，提出了相应的实现方案。研究最多的是在C/S和B/S结构的信息系统中，如何实现基于角色的安全访问控制方案以及Web环境下的基于角色安全访问控制机制的实现。

4.4.1 案例需求

某大型企业开发一个ERP系统，有如下要求：

（1）系统包括众多的用户、角色和资源；

（2）一个用户可以拥有一个或多个角色，而一个角色也可以被分配给一个或多个用户；

（3）一个角色可以访问一个或多个资源，而一个资源也可以被一个或多个角色访问；

（4）角色可以根据业务流程的改变而发生变化，可以增加、减少角色，同时一个角色对应的操作权限也允许发生变化。

4.4.2 案例解决方案

基于角色的访问控制与现实世界中的角色相吻合，现在已经被广泛应用于中大型Web信息系统开发中。下面是一个为某大型企业开发系统时的应用案例，这个Web系统采用基于角色的访问控制。基于角色的访问控制部分包括3个模块：模块管理、角色管理和用户管理，采用以角色为中心的安全模型。此模型将系统的模块权限和用户分开，使用角色作为一个中间层。用户和角色的关系是：一个用户可以同时属于一个或多个角色，一个角色也可以同时包含一个或多个用户。同样，角色和模块之间的关系也是多对多的关系，并且可以设置角色对模块具体的操作权限。用户访问模块时，通过其所在的角色对该模块的访问权限来获得访问模块的权限，通过这种分层的管理模式可以实现有效的访问控制。

一个企业由多个部门组成，一个部门可以有多个用户，一个用户可以对应多个角色，而一个角色可以对应多个用户；一个角色可以对应多个模块，而一个模块可以对应多个角色，它们之间的关系如图4.9所示。

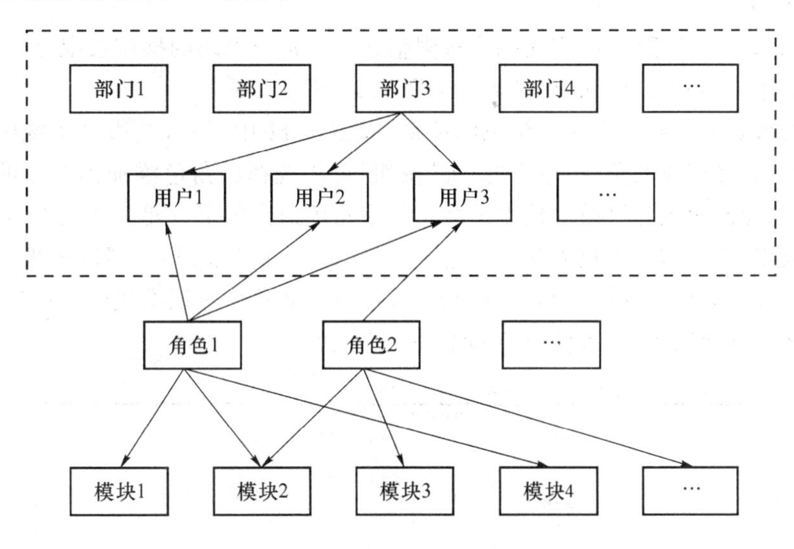

图4.9 用户、角色和模块之间的关系

角色是为系统安全而设计的抽象层，同一角色里的成员具有相同的模块操作权限。但是角色不像机构部门那样有固定成员和组织结构，并非真正的实体，可以根据需求任意地建立和删除角色。通过这种设计思想形成3层安全模型，第1层为用户，第2层为角色，第3层为系统模块。用户和角色之间建立关系，角色和模块权限之间建立关系，而用户和模块权限之间没有直接的关系。这3层之间的数据关系通过5个数据表表示，如图4.10所示。

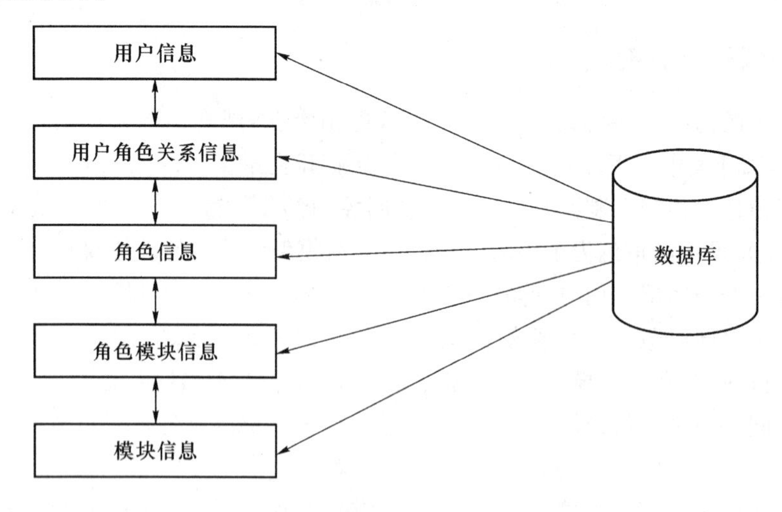

图 4.10　用户、角色和模块之间的数据表关系

下面是 3 个模块需要实现的功能。

1. 模块管理

建立和角色的关系信息，定义基本权限信息。对每个模块的操作权限分为 5 个级别：浏览、查询、添加、修改和删除，软件界面如图 4.11 所示。

模块管理页面可修改模块和角色的关系，如图 4.11 中所示，左边是系统中所有角色的下拉列表，选择相应的角色，单击“添加”按钮，可将选择的角色添加到右边的模块角色关系列表中，使此角色与该模块建立关联。每个角色信息的下方是 5 个选择控件，代表 5 种级别的权限，由于这 5 个权限是向下包含的，因此选择高级别的权限，低级别权限自动被选择。添加之后默认的权限是浏览功能，也可修改此角色对该模块的操作权限。这样，通过添加角色到此列表中，可使角色和模块建立关联。

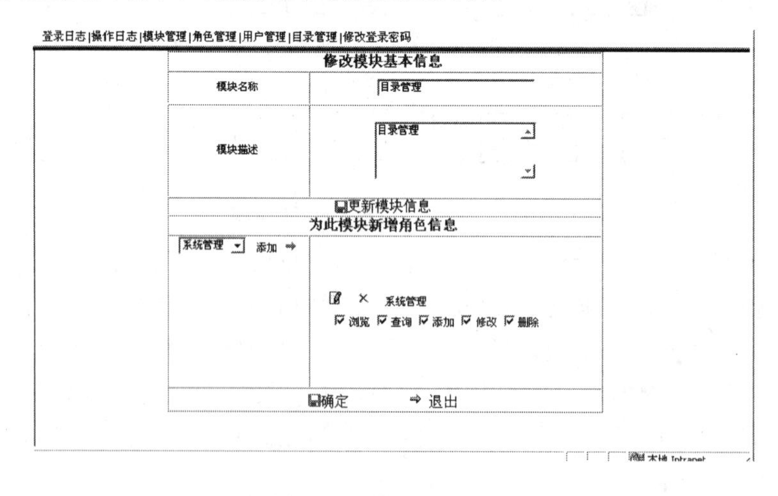

图 4.11　模块管理界面

2. 角色管理

角色管理一是提供对角色的添加、修改和删除功能;二是建立和模块的关系信息;三是建立和用户的关系信息,其操作界面如图 4.12 所示。

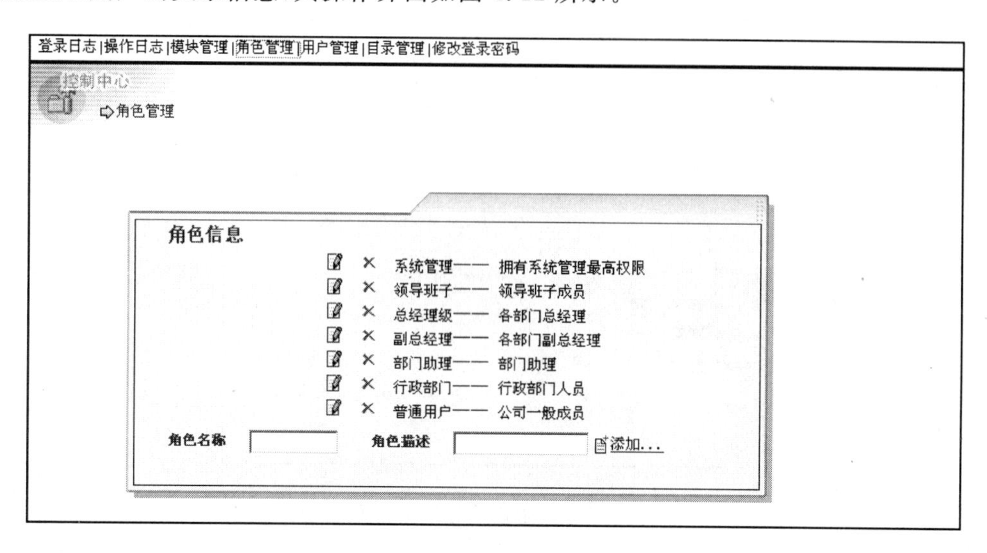

图 4.12 角色管理主界面

从这个页面可以看出,上方是系统所有角色的列表。在每个角色记录的前面都有两个图像按钮,第一个图像按钮的功能是编辑此角色的详细信息,第二个图像按钮的功能是删除此角色。下方两个文本框和一个按钮是实现添加角色的功能。

(1) 编辑:角色信息编辑页面分为 3 个部分,一是修改角色的基本信息,包括角色名称和角色描述,单击"更新角色信息"按钮,可保存修改后角色的基本信息。二是修改角色和模块的权限关系,左边是系统中所有模块的下拉列表,选择相应的模块,单击"添加"按钮,可将选择的模块添加到右边的角色模块关系列表中,使此模块与该角色建立关联。每个模块信息的下方是 5 个选择控件,代表 5 种级别的权限,由于这 5 个权限是向下包含的,因此选择高级别的权限,低级别权限自动被选择。添加之后默认的权限是浏览功能,也可修改此角色对该模块的操作权限。这样,通过添加模块到此列表中,可使角色和模块建立关联。三是修改角色和用户的关系,在用户列表中选择用户后,单击"添加"按钮,可将用户添加到右边的角色用户关系列表中,将此用户与该角色建立关联。单击"全部添加"按钮,可将用户列表中的所有用户全部添加到右边的角色用户关系列表中。操作界面如图 4.13 所示。

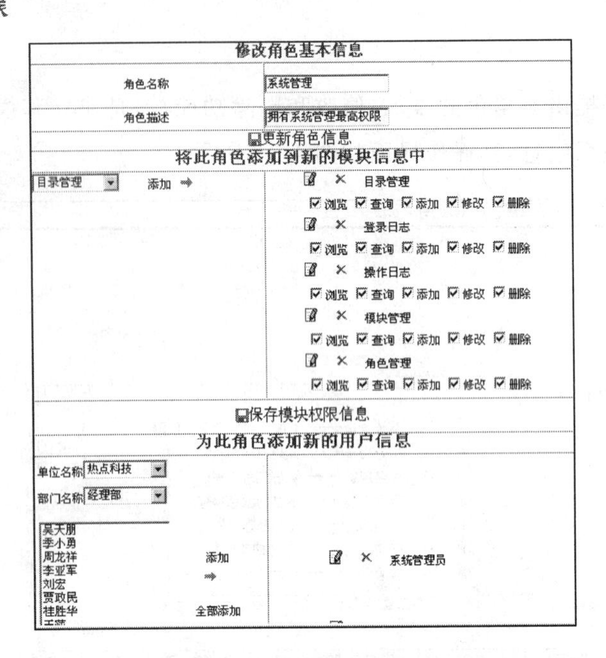

图 4.13　角色信息编辑界面

(2) 删除:单击删除按钮时,将弹出提示框,提示“是否删除此项记录”,单击“确定”按钮后,程序将判断此角色是否还有未删除的关联信息,如果有则弹出“删除失败”的提示框,否则弹出“删除成功”提示框,完成删除操作。

(3) 添加:在主界面下方的两个文本框中分别输入角色名称和角色描述后,单击“添加”按钮可添加此新角色。

3. 用户管理

用户管理一是提供对用户的修改和删除功能;二是建立和角色的关系。软件界面如图 4.14 所示。

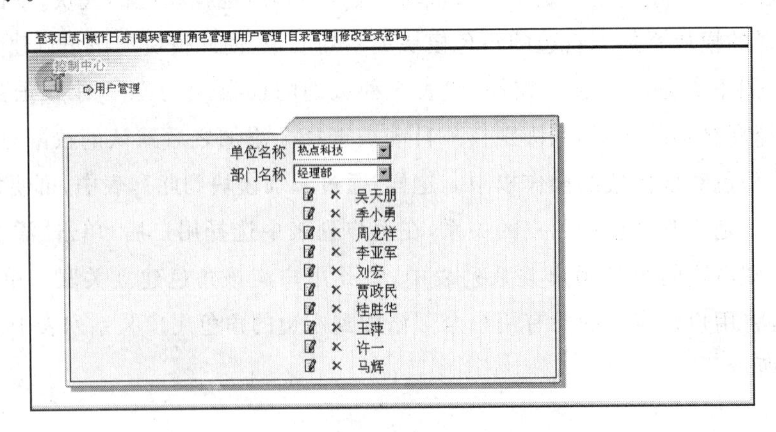

图 4.14　用户管理主界面

页面最上方是所有单位的下拉列表，选择单位后，其下方的部门列表将出现此单位下的所有部门，同样，选择部门后，最下方的用户列表将出现此部门下的所有用户。在每个用户记录的前面都有两个图像按钮，第一个图像按钮的功能是编辑此用户的信息，第二个图像按钮的功能是删除此用户。

(1) 编辑：用户信息编辑页面分为两个部分，一是修改用户的登录账号；二是修改用户和角色的关系。左边是系统中所有角色的下拉列表，选择下拉列表中的角色，单击“添加”按钮，可将选择的角色添加到右边的用户角色关系列表中，使此角色与该用户建立关联。软件界面如图 4.15 所示。

登录日志|操作日志|模块管理|角色管理|用户管理|目录管理|修改登录密码

修改登录帐号

登陆帐号 wtp

更新

将此用户添加到新的角色中

系统管理 添加 ⇒ | × 系统管理 | × 总经理级 | × 普通用户

确定 ⇒ 退出

图 4.15 用户信息编辑界面

在用户角色关系列表中，单击角色记录前的“删除”图像按钮时，可删除此角色与该用户的关联信息；单击角色记录前的“编辑”图像按钮时，将出现此角色的编辑页面。

(2) 删除：单击删除按钮时，将弹出提示框，提示“是否删除此项记录”，单击“确定”按钮后，程序将判断此用户是否还有未删除的关联信息，如果有则弹出“删除失败”的提示框，否则弹出“删除成功”提示框，完成删除操作。

4.5 案例2：基于角色的三权分立管理模型

4.4 节的案例中，仅仅采用了最基本的 RBAC 中的元素，实现了最基本的功能，远远不能满足更高安全管理需求的系统。本节采用三权分立的策略，使系统管理工作更安全。

4.5.1 案例需求

在信息系统中，应保证每个用户访问他对应角色职责范围内的信息，防止越权访问造成信息泄密。但由于具有管理身份的超级用户需要对整个系统进行管理，往往拥有最高的访问权限，他们的操作对系统的影响要远远高于普通用户；同时超级用户可以对自己扮演的管理者的角色赋予任意的权限，对超级用户的权限授予缺乏约束和限制成为信息系统的潜在危害，所以超级用户的权限过大也成为很多信息系统所共有的问题。

为了防止超级用户滥用权限对信息系统造成影响，将对角色划分进行进一步扩展，在角色之间加入适当的约束关系，在保持易用性的同时加强对超级用户权限的约束。除了系统管理员之外，增加安全员和审计员两个角色，系统管理工作由系统管理员、安全员和审计员 3 个角色共同完成。引入这两个新角色后，系统管理员将与安全员和审计员合作管理整个信息系统，他们分别承担不同的系统管理工作，其中，管理员负责信息系统中角色和用户的创建，以及权限的分配工作；审计员拥有审核权利，对管理员的赋权操作进行有效的监督制约和审核；安全员负责设置客体的安全级别，并通过查看系统日志对系统管理员、审计员和一般用户进行监督。这样一来，将超级用户的权限分散化，形成三权分立的管理架构，使超级用户之间的权限相互牵制以达到增强安全性的目的。

4.5.2 基本定义

该模型中涉及访问控制的基本元素沿用 NIST RBAC 模型中的定义，同时，为了详细说明超级用户之间的合作和约束关系，对各元素进行以下扩展定义并引入相应的标记。

定义 4.6（客体类别） 客体通常是可以识别的系统资源，任何一个访问控制机制的目的都是为保护信息或其他资源。为了精确控制权限分配，在此引入客体级别的概念，将客体分为普通客体与高级客体两类。

定义 4.7（角色类别） 角色是系统中一组职责和权限的集合，角色的定义沿用了 NIST RBAC 模型中关于角色的概念。角色的划分涉及组织内部的岗位职责和安全策略的综合考虑。用 S_r 表示角色集合。在该模型中，为了实现对超级用户的权限约束，又将角色分为普通角色集 R_g 和特殊角色集 R_s 两类。

定义 4.8（权限） 权限是对客体资源的操作许可。用 S_p 表示权限集合。

在本模型中，系统管理员、安全员和审计员等超级用户同属特殊角色集 R_s。管理员在创建角色后，根据该角色所访问的客体级别确定该角色所属的角色集合。若角色属于 R_s，则创建角色的操作需要审计员审核。同样，在管理员为用户赋予角色时，也需要判断该角色是属于 R_s 或是 R_g，若属于 R_g，则用户可以立即拥有该角色的权限；若属于 R_s，则需要审计员进行审核后该用户才能获得角色的权限，从而保证只将高级权限赋予适当的用户。

通过这种机制，审计员可以对管理员的赋权操作进行有效的监督制约，管理员即使给自己赋予了修改信息系统等的权限，但由于该权限还需要审计员审核，使得管理员无法对信息系统的资源进行随意修改，从而约束了管理员的行为。

4.5.3 合作管理模型

在信息系统初始化时，设定特殊角色集 S_r 中包括系统管理员角色（R_A，administrator role），审计员角色（R_C，comptroller role）和安全员角色（R_S，security role）3 个角色，这三个角色要分配给不同的用户，分别是管理员 u_A、审计员 u_C 和安全员 u_S。其中 R_A，R_C 与 R_S 之间需要满足 SSD 的限制，即管理员、审计员和安全员这 3 个角色属于互斥的角

色，每个用户只能拥有其中一个角色。通过将这3个角色的权限分散化，使每个超级用户掌握的权限能够相互制约，从而避免单个用户权限过大的问题。由前面的分析可知，通过合理分配这3个角色的权限，可使他们之间的权限满足最小权限原则。其中由管理员、安全员和审计员合作创建角色以及给用户赋予角色的模型如图4.16所示。

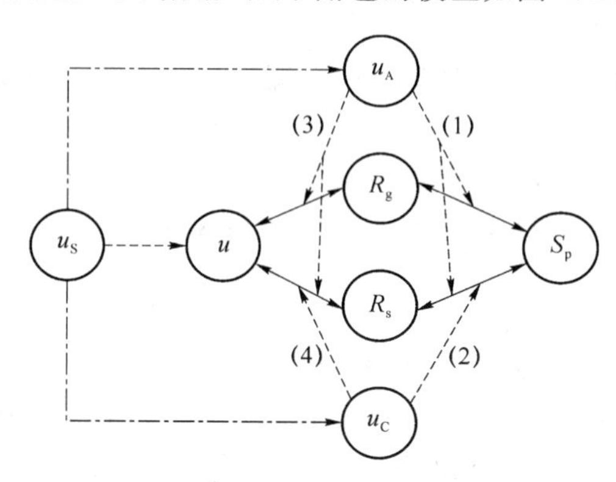

图4.16　合作管理模型

该模型主要包括两大部分，第一部分是管理员与审计员合作创建角色；第二部分是管理员与审计员合作为用户赋予角色。而安全员在模型中对管理员和审计员的操作起宏观监督制约作用。其中模型中的两个主要部分又分别包括两个步骤，具体步骤如下：

第1步：管理员 u_A 建立角色 r 并给 r 赋予权限。通过判断该权限所访问客体的类型，确定 $r \in R_g$ 或者 $r \in R_s$。若 $r \in R_g$，则创建角色 r 生效。若 $r \in R_s$，则说明 u_A 授予 r 的权限还不能生效，必须由审计员 u_C 审核通过后才能生效，此时 u_A 发送审核通知给 u_C，执行第2步。

第2步：u_C 对 r 的权限进行审核。u_C 从 u_A 那里得到审核通知，同时收到需要进行审核的内容列表。若 u_C 对 u_A 的赋权操作没有异议，则审核通过，至此由 u_A 创建的 r 对应的权限开始生效；否则，若审核没通过，r 对应的权限无效。

第3步：u_A 创建用户 u 并指派某角色 r'（r'为已存在的任一角色）。在此步骤中，根据 r'所属角色集的不同决定是否需要 u_C 审核。如果 $r' \in R_g$，则指派给用户 u 的角色立即生效 。如果 $r' \in R_s$，则 u_A 发送审核通知给 u_C，继续执行第4步。

第4步：u_C 接到 u_A 的审核通知后，对创建 u 的操作进行审核。审核通过后，u 即正式拥有 r'的权限，创建用户 u 并赋予的角色生效。

通过以上4个步骤，可以看出由于管理员的部分操作需要审计员审核才能生效，致使管理员不能随意创建用户，也不能随意获得超出工作范围的权限。因此限制了管理员的操作，从而减少了管理员等超级用户对信息系统可能造成的破坏。在上面所提到的模型中，除了 u_C 和 u_A 的相互合作牵制关系之外，安全员 u_S 也对整个信息系统的运行起监督管理作用。首先，安全员负责定义系统中各个资源模块的安全级别（客体类别），是管理员创建角色和用户等操作的基础；其次，通过对系统日志的查看，u_S 可以实时了解 u_C 和 u_A

的工作情况，对他们的操作进行监督；最后，u_S 通过系统日志可对任意用户 u 的操作进行监督；若发现 u 的操作出现异常，可通过停用 u 的账号制止对系统的进一步破坏。

在信息系统运行的初试阶段，u_S、u_A 和 u_C 等超级用户除了拥有管理系统的必要权限外，并不具备使用系统其他各类资源的权限。他们要使用信息系统的其他资源，则需要通过被赋予相应的角色来获得权限。也就是说 u_A 在作为管理员角色中的一员管理信息系统的同时，如果还需要使用信息系统的其他资源，那么 u_A 至少需要再被赋予另一个角色 r，才能在管理信息系统的同时又可以使用信息系统的其他资源。同样，u_C 与 u_S 也需要拥有至少两个角色，分别用于系统管理和使用系统中的一般资源。通过以上分析可以看出，在设置了管理员、审计员和安全员 3 个角色后，超级用户的权限被分成相互牵制的 3 部分，任何一位超级用户都不能随意得到超过自身工作职责的权限，因此本模型在角色和用户创建方面的安全性比以往的 RBAC 模型有了大大提高。

该合作管理模型是对传统意义上的超级用户—系统管理员角色的挑战，使原系统管理员的权限分解、削弱、隔离，也是基于静态职责分离 RBAC 模型的典型应用。当然，对于一些复杂的系统来说，有许多角色都要求静态职责分离，读者可根据具体需求建立多个静态职责分离规则，以更好地满足不同的需求。静态职责分离是分配角色时的约束和限制；类似地，动态职责分离是角色激活后的约束和限制。

4.5.4 三权分立实现方案

为了对超级用户的权限进行约束，需要对原有 RBAC 模型进行扩充。通过在相关的数据表中添加审计标志位等字段，使安全员和审计员能够牵制管理员的权限。由表 4.1～表 4.5 给出在实现过程中所用到的主要数据表及其主要字段。

表 4.1 用户定义表(tab_user)

字段名	类型	说明
UserID	Int(4)	用户编号
LoginID	Varchar(20)	登录名
UserName	Varchar(20)	用户名
Password	Varchar(20)	密码
AllowLogin	Bit(1)	是否允许登录

表 4.2 角色定义表(tab_users)

字段名	类型	说明
RoleID	Int(4)	角色 ID
RoleName	Varchar(20)	角色名称
RoleType	Bit(1)	角色类型，只有两种
Description	Varchar(100)	该角色的相关描述

表 4.3 模块定义表(tab_modules)

字段名	类型	说明
ModuleID	Int(4)	模块编号
ModuleName	Varchar(20)	模块名称
ModuleType	Bit(1)	模块类型,只有两种
Description	Varchar(100)	该模块的相关描述

表 4.4 用户角色关系表(tab_userroles)

字段名	类型	说明
PKID	Int(4)	记录编号
UserID	Int(4)	用户 ID
RoleID	Int(4)	角色 ID
AuditFlag	Bit(1)	审核标志位
IsAudit	Bit(1)	是否已经审核

表 4.5 角色模块权限表(tab_moduleRights)

字段名	类型	说明
PKID	Int(4)	权限规则编号
ModuleID	Int(4)	模块 ID
RoleID	Int(4)	角色 ID
AuditFlag	Bit(1)	审核标志位
IsAudit	Bit(1)	是否已经审核

各表之间的关系如图 4.17 所示。

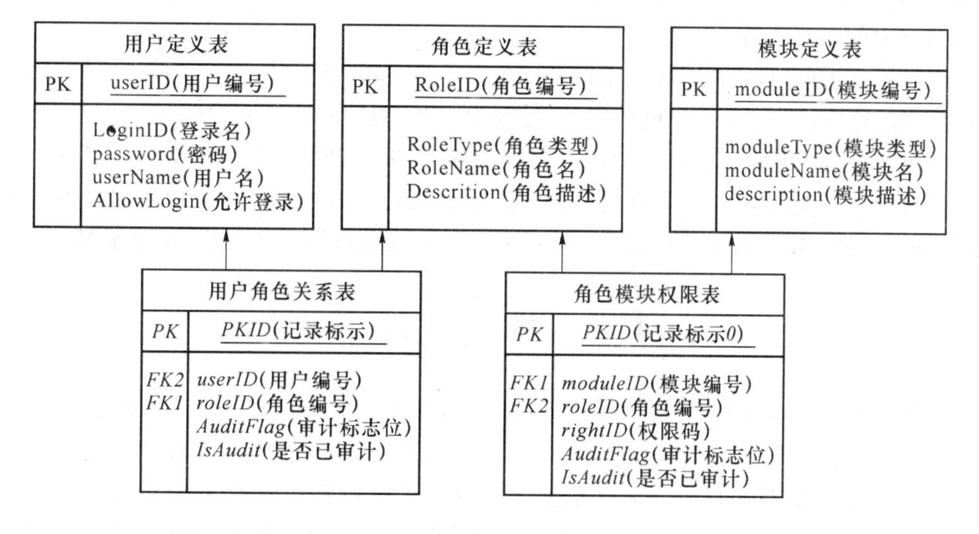

图 4.17 数据表关系图

在系统建立之初，由系统管理员、安全员和审计员联合建立整个系统的模块角色结构及相关用户。首先由安全员负责添加模块并决定模块的安全类型(moduleType)，然后由系统管理员和审计员合作创建角色和用户，具体步骤如下：

第1步：管理员创建角色 R。其中角色 R 的类型默认为 RoleType=0，表示该角色是一个普通角色，即 $R \in R_g$。然后，管理员需要给角色赋予访问模块的权限。对于某一模块 M，先判断 moduelType 的值。若 moduleType=0，说明 M 是一个普通模块；若 moduleType=1，说明 M 是一个高级模块。若需要给角色赋予访问高级模块的权限，则此授权操作需要审计员的审核。也就是说，当 moduleType=1 时，系统将 tab_moduleRights 表中 AuditFlag 标志位置 1，表示需要审计员审核通过后，角色 R 才真正具备访问模块 M 的权限。在管理员给 R 赋予访问 M 的权限的同时，系统将判断 M 的 moduleType 值，若 moduleType=1，则系统置角色 R 的 RoleType=1，表示该角色 $R \in R_s$。

第2步：管理员创建用户 U 并给用户指派角色 R。若 R 的类型 RoleType=0，则为 U 分配角色的操作结束。若 R 的类型 RoleType=1，则系统将 tab_user_role 表中对应记录的 AuidtFlag 标志位置 1，表示为 U 指派 R 的操作尚需要审计员审核。

第3步：由审计员完成需要审核的操作。包括对给角色赋予权限的操作和给用户指派角色的操作的审核。通过查询 tab_moduleRights 表和 tab_userroles 表中的 AuditFlag 标志位，对 AuditFlag=1 的操作进行审核，审核通过后设置 IsAudit=1。该步骤可以和第1步、第2步同步进行。

通过以上3个步骤，管理员、审计员合作建立系统中的各个角色。此后，普通用户可以登录并开始使用系统。当一个用户要求访问系统中某种资源时，首先需要取得该用户所拥有的各个角色。然后判断这些角色中是否拥有访问该资源的权限，如果没有该项权限时，则拒绝该用户的访问。只要其中有一个角色拥有访问该资源的权限，则用户就可以访问系统中的这种资源。

由以上分析可知，通过对超级用户进行进行分解、隔离，使得他们的权限可以相互牵制，可以提高创建用户和分配权限时的安全性，这也是静态约束的一种扩展。系统在超级用户进行操作前先按照既定的约束规则进行相应检查，如果是符合条件的操作，则操作生效，若是可能对系统产生危害的操作，则禁止相应操作的执行。该约束机制着重从超级用户阶层对安全性进行检查，以避免掌握着系统最高权限的超级用户们可能对系统产生危害。

4.6 本章小结

本章主要介绍了 RBAC 的基本概念、NIST RBAC 的4种模型、RBAC 的特点以及相关案例。角色是 RBAC 的核心，它建立了主体与客体之间的桥梁。“角色”的概念不仅能真实的反映现实世界中人所扮演的角色，而且还可以扩展现实世界中角色的范畴。NIST RBAC 的4种模型是：核心 RBAC 模型、层次 RBAC 模型、静态职责分离 RBAC 模型和动态职责分离 RBAC 模型。其中,核心 RBAC 模型是最基本的模型;其他 3 个模型有针对性地进行了功能方面的扩充。

本章通过两个典型案例实现具体的应用。案例一实现了最基本的 RBAC 的功能,适合于简单的基于角色的访问控制;案例二——基于角色的三权分立管理方案,它增加了角色的细化和静态职责分离限制,适合于对系统管理高安全性要求的系统。

习　题　4

1. 角色在基于角色的访问控制中起什么作用?
2. 基于角色的访问控制有哪些特点?
3. 请解释"最小特权原则"的含义。
4. 请解释"角色容量"的含义。
5. 请解释"角色互斥"的含义。
6. "角色继承"在系统开发中有什么意义?
7. 比较 RBAC 中静态职责分离和动态职责分离。
8. 授权与指派的区别是什么?
9. 比较 MAC、DAC、RBAC 的授权管理。
10. 试分别举例说明层次 RBAC 模型、静态职责分离 RBAC 模型和动态职责分离 RBAC 模型的应用,写出相应的解决方案。内容包括:需求分析、相关数据表及它们之间的关联、系统分析等。
11. 将层次 RBAC 模型、静态职责分离 RBAC 模型和动态职责分离 RBAC 模型结合建立一个统一的模型,实现基于角色的层次和动静职责分离的访问控制。
12. 分析三权分立合作管理模型的安全性。

第5章 基于任务的访问控制

数据库、网络和分布式计算的发展，组织任务进一步自动化，这促使人们将安全方面的注意力从独立的计算机系统中静态的主体和客体保护，转移到随着任务的执行而进行动态授权的保护上。当数据在工作流中流动时，执行操作的用户在改变，用户的权限也在改变，这与数据处理的上下文环境相关。

学习目标

- 掌握基于任务访问控制的基本概念
- 理解基于任务访问控制的模型
- 理解基于角色和任务的访问控制的模型
- 掌握基于角色和任务访问控制的应用

5.1 工作流与工作流管理系统

5.1.1 工作流

工作流是为完成某一目标而由多个相关的任务构成的业务流程。工作流所关注的问题是处理过程的自动化，对人和其他资源进行协调管理，从而完成某项工作。工作流的概念起源于生产组织和办公自动化领域，它是针对日常工作中具有固定程序的活动而提出的一个概念。提出的目的是通过将工作分解成定义良好的任务、角色，按照一定的规则和过程来执行这些任务并对它们进行监控，以达到提高办事效率、降低生产成本、提高企业生产经营者管理水平和增强企业竞争力的目标。自从进入工业化时代以来，有关过程的组织管理与流程的优化工作就一直在进行，它是企业管理的主要研究内容之一。在计算机网络技术和分布式数据库技术迅速发展、多机协同工作技术日趋成熟的基础上，工作流技术逐渐被广泛地应用于电子商务和电子政务等领域中。

5.1.2 工作流管理系统

工作流管理系统就是能完整地定义和管理工作流，并按计算机中预先定义好的工作流逻辑规定的次序，以执行软件的方式执行工作流，从而实现过程管理和过程控制。工作流管理系统可以使企业过程流水线化，可以很好地支持流程管理和经营过程重组，通过自动化手段降低业务过程的成本，加速业务过程，给客户提供快速的服务，跟踪和控制业务过程的处理，能和企业其他方面的资源和信息整合，共同实现组织信息管理。

随着工作流技术得到了越来越多的关注，其安全问题也日益突出。工作流管理联盟(WIMC)在它的安全白皮书里提及工作流里的安全服务包括认证、授权、访问控制、审计、数据保密性、数据完整性、不可否认和安全管理。其中授权和访问控制是工作流管理系统中两个最基本的安全问题。

5.1.3 工作流管理系统的应用

工作流管理系统主要应用于企业的业务自动化管理系统。由于整个企业的用户数量以及任务数量都比较大，企业中的业务以及各种规定(约束)千差万别且随时间而动态变化，因此工作流管理系统主要是对企业业务的处理进行尽可能的自动化管理。在工作流管理系统中非常强调任务这个概念，处处以任务为中心。它的最大特点就是将上层任务分成小的任务项，然后由多人分工协作完成，这就需要很好的访问控制机制来对这些人员的访问进行管理控制，既要保证不让用户执行未授权的任务，又要保证授权用户能顺利执行已经授权了的任务。如果系统对这些协作人员的授权控制不够，就不可避免的会出现一些人员利用工作之便进行非法操作的可能。因此，选择合适的访问控制是保证工作流管理系统正常运行的关键。而基于任务的访问控制(TBAC:Task-Based Access Control)是一种以任务为中心 ，并采用动态授权的主动安全模型，是一种适合作为工作流管理系统中的授权控制技术。

5.2 基于任务的访问控制中的概念与模型

基于任务的访问控制模型是从应用和企业层角度来解决安全问题；以面向任务的观点，从任务的角度来建立安全模型和实现安全机制；在任务处理的过程中提供动态实时的安全管理。

5.2.1 TBAC 中的概念

数据库、网络和分布式计算的发展，组织任务进一步自动化，与服务相关的信息进一步计算机化，这促使人们将安全方面的注意力从独立的计算机系统中静态的主体和客体保护，转移到随着任务的执行而进行动态授权的保护上。此外，自主访问控制、强制访问控制、基于角色的访问控制不能记录主体对客体权限的使用次数，权限没有时间限制，只要主体拥有对客体的访问权限,主体就可以无数次地执行该权限。考虑到上述原因,引入工作流的概念加以阐述。当数据在工作流中流动时,执行操作的用户在改变,用户的权限也在改变,这与数据处理的上下文环境相关。传统的 DAC 和 MAC 访问控制技术,难以实现工作流控制,我们讲过的 RBAC 模型,也需要频繁地更换角色,且不适合工作流程的运转。这就迫使我们必须考虑新的模型机制,也就是基于任务的访问控制模型。

在 TBAC 中,对象的访问权限控制并不是静止不变的,而是随着执行任务的上下文环境发生变化。TBAC 首要考虑的是在工作流的环境中对信息的保护问题:在工作流环境中,数据的处理与上一次的处理相关联,相应的访问控制也如此,因而 TBAC 是一种上下文相关的访问控制模型。其次,TBAC 不仅能对不同工作流实行不同的访问控制策略,而且还能对同一工作流的不同任务实例实行不同的访问控制策略。从这个意义上说,TBAC 是基于任务的,这也表明,TBAC 是一种基于实例(instance-based)的访问控制模型。涉及的基本概念如下:

1. 任务

任务(Task)是工作流系统中的一个逻辑单元,完成某种特定的功能。它包含的信息:开始和结束条件、可参与到此环节中的用户、完成此任务所需的应用程序或数据、以及关于此任务应如何完成的一些限制条件(如时间上的限制等)。任务是一个可区分的动作,可能与多个用户相关,也可以包括几个子任务。例如,一个支票处理流程包括 3 个任务:准备支票、批准支票和提交支票。而在工作流管理系统中,任务是某些操作的集合,完成工作流中的一部分功能,由用户预先定义。任务可以由人来执行,也可以由工作流管理系统自动激活。

2. 授权步

授权步(Authorization Step)是指在一个工作流程中对处理对象(如办公流程中的原文档)的一次处理过程。它是任务在计算机中进行控制的一个实例,任务中的每个子任务对应于一个授权步。授权步表示一个基本的授权处理步骤,类似于办公流程中的一次签字。授权步是访问控制所能控制的最小单元,由受托人集(trustee-set)、执行委托者(executor)执行许可集(permissions-set)、激活许可集(enabled-permissions)和保护态(protection-state)组成,如图 5.1 所示。

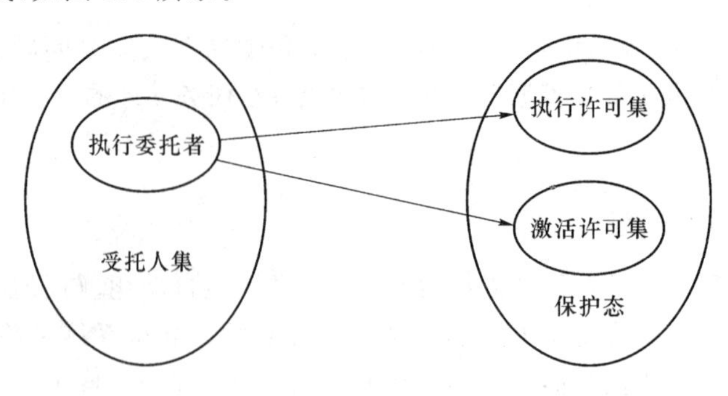

图 5.1　授权步

在办公流程中，一组工作人员可能都默认拥有某项签字权。例如，所有的销售人员都可以签署销售订单。然而，针对某一次特定的签署活动，只有唯一的一个销售人员执行。同样，在 TBAC 中，一个授权步与一组受托人联系在一起，这一组受托人就被称为受托人集。当授权步初始化以后，一个来自受托人集中的成员将被授予授权步，称这个受托人为授权步的执行委托者。该受托人执行授权步所需要的权限组成的集合被称为执行许可集。在办公流程中，一次签字往往意味着某些特定权限开始生效。与此类似，在 TBAC 中对一个授权步的处理可以激活一组其他权限，这一组权限被称为激活许可集。执行者许可集和激活许可集一起称为授权步的保护态。像每次通过签字得到的授权都有一个有效期限一样，每个授权步也有它的有效期和生命周期。

授权步不是静态的，而是随着处理的进行动态地改变内部状态。对一个授权步的内部状态，可以用一个状态迁移图来表示，如图 5.2 所示。授权步的状态变化一般自我管理，依据执行的条件而自动变迁。授权步在生命期中一般要经历 5 个状态，分别是睡眠状态、激活状态、有效状态、无效状态和挂起状态。授权步在没有被激活前处于睡眠状态。一旦被激活，授权步生成并等待被处理。如果处理成功，授权步进入有效状态，处理不成功则进入无效状态。当授权步处在有效状态时，所有与之相关的权限都是活跃的，因此也是可用的。从进入有效状态开始，授权步经过进一步的处理最终达到生命期的终点然后进入无效状态。然而，处在有效状态的授权步也可能被暂时的挂起。当授权步处于挂起状态时，与该授权步相关的权限将不可用，直到该授权步从挂起状态中恢复到有效状态。最后，当一个授权步变成无效状态时，表示该授权步已经没有存在的必要，可以从系统中删除。

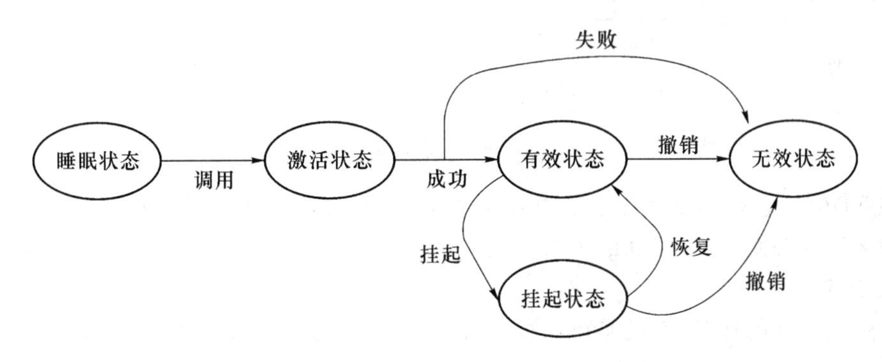

图 5.2　授权步的状态转换图

3. 授权单元

授权单元(Authorization Unit)是由一个或多个授权步骤组成的单元，它们在逻辑上是相互联系的。授权单元分为一般授权单元和复合授权单元。一般授权单元内的授权步骤按顺序依次执行，复合授权单元内部的每个授权步骤紧密联系，其中任何一个授权步骤失败都会导致整个单元的失败。

4. 依赖

依赖(Dependency)是指授权步骤之间或授权单元之间的相互关系,包括顺序依赖、失败依赖、分权依赖和代理依赖。依赖反映了基于任务的访问控制的原则。

5.2.2 TBAC模型

在TBAC中,对客体的访问控制并不是静止不变的,而是随着执行任务的上下文环境发生变化。在工作流环境中,对数据的处理与上一次的处理结果相关联,相应的访问控制也是如此,TBAC模型如图5.3所示。当工作流程中的某个任务A1被触发后(Activate),进入保护态(Portection State)执行。当任务A1被撤销时,则退出保护态(Deactivate)。

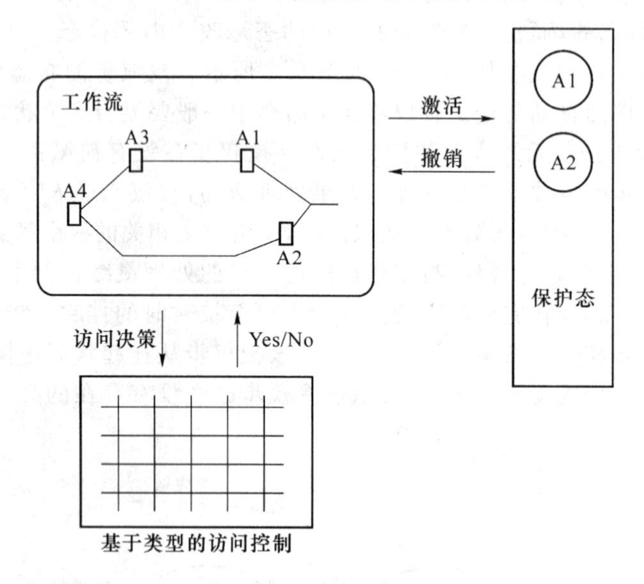

图5.3 TBAC模型

在TBAC模型中,某个任务是否有权限执行,要看此任务与其他相关的任务之间维持着怎么样的关系,任务之间的关系包括:

1. 任务顺序限制

在企业内部的任务,有的是可以被并行处理,有些任务却必须有前后顺序,此为任务顺序的限制。

2. 任务相依限制

两个任务若具有执行的相关性,例如同一个任务内的多个子任务之间,必须依循某种相互影响的关系,即具有任务的相依性。比如验收任务的授权指派,就需要考虑该任务的执行者是否与购买任务的执行者具有相同的专业知识背景,也就表示验收任务和购买任务间具有任务相依性。

TBAC模型的特色是在执行时依据任务之间的相互关系来决定使用者拥有的权限。

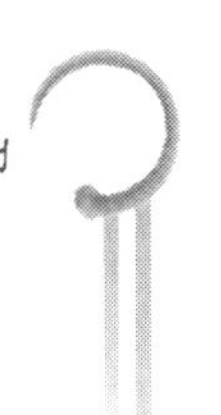

当任务可能违反任务之间的约束时，透过隶属于这个任务的授权步，逐步检查授权限制与其他相关任务的关系，来决定该任务是否可以继续执行。例如任务A1与A2可能因任务流程的结合而产生违反上述的一些限制时，此时A1、A2进入保护态(Protection States)。在此状态下，TBAC模型记录下使用者、任务和权限，然后对两个任务相互之间的角色、操作方式(Type)等一些既定的限制条件进行检查，决定哪一个任务可以(或两者同时)持续运作下去。

TBAC着重于任务流程和任务生命周期的管理。可以在任务执行时期动态的得到每个任务进行的情况，以方便控制每一个任务流程的细节，并据此管理该任务与其他任务的相互关系。

在TBAC访问控制模型中，授权需要用5元组(U,O,P,L,As)来表示。其中U表示用户，O表示客体(指需要进行访问控制的对象)，As表示授权步，P表示授权步As的执行许可集，L表示授权步As的存活期限。在授权步As被激活之前，它的保护态是无效的，其中包含的权限不可用。当授权步As被激活后，它所拥有的许可集中的权限被激活，同时它的生存期开始倒记时，在授权步存活期间，五元组有效。当生存期终止，即授权步As无效时，五元组失效，用户所拥有的权限也被收回。在TBAC访问控制模型中，访问控制策略包含在As-As,As-U,As-P的关系中。授权步(As-As)之间的关系决定了一个工作流的执行过程，授权步与用户之间的联系As-U以及授权步与权限之间的联系As-P组合决定了一个授权步的运行。它们之间的关系由系统管理员根据需要保护的具体业务流程和系统访问控制策略进行直接管理。

工作流系统访问控制的主要目标是保护工作流应用数据不被非法用户浏览或修改。为了实现这一目标，工作流系统访问控制机制应当能够满足两方面的需求：一是用户选择，即能够在一个授权步被激活后选择合适的用户来执行任务；二是实现授权步与用户权限的同步，当一个用户试图完成工作列表中的某项工作时，能够判断该用户是否为合法用户，为合法用户分配必要的权限，并在工作完成后收回分配的权限。通过授权步的动态权限管理，TBAC支持最小特权原则和最小泄漏原则，在执行任务时只给用户分配所需的权限，未执行任务或任务终止后用户不再拥有所分配的权限；而且在执行任务过程中，当某一权限不再使用时，系统自动将该权限回收。

5.2.3 TBAC模型的分析

TBAC从工作流中的任务角度建模，可以依据任务和任务状态的不同，对权限进行动态管理。因此，TBAC比较适合分布式计算和多点访问控制的信息处理控制，以及在工作流、分布式处理和事务管理系统中的决策制定。然而，以任务为核心的工作流模型并不适合大型企业的应用，因为如果将工作流管理系统应用于大型企业的流程自动化管理，那么该系统的访问控制就会不可避免的牵涉到许多任务以及用户的权限分配问题，而TBAC只是简单的引入受托人集合来表示任务的执行者，而没有论及怎样在一个企业环境中确

定这样的受托人集。这样的系统虽然可以运作起来，也达到了基于任务授权、提高安全性的目的，但是这种情况就像 RBAC 出现之前应用两层访问控制结构(这种模型直接指定主体对客体访问操作)的情况一样，都能运行，却存在配置过于烦琐的缺点。所以，有必要对这种机制进行改进，比如在模型中引入角色的概念简化其安全控管工作。

5.3 基于角色和任务的访问控制模型

当前基于角色的访问控制比较成熟，是使用最广泛的一种安全访问控制模型，该模型实现较简单，安全管理上也很便利，但是由于它的 3 层访问控制结构限制了对任务执行时权限的动态控制，其权限的静态分配不能很好地满足实际需求。角色是个静态、长期的概念，而任务的执行是动态的。TBAC 中任务的提出比较符合工作流系统的动态性，但是却没有考虑工作流系统中的静态元素。在工作流系统中，“静”与“动”是共同存在、相互依赖的。因此可考虑将 RBAC 和 TBAC 结合形成(R-TBAC)模型，并应用在工作流中。这个基于角色和任务的访问控制(R-TBAC)模型，结合了 RBAC 和 TBAC 各自的优点，实现了一定程度的动静结合的访问控制，比单纯的基于任务的访问控制更适用于目前的工作流管理系统。

5.3.1 R-TBAC 模型描述

在具体的包含工作流技术的系统中，往往希望能够使用 RBAC 中的一些抽象手段来划分或描述系统中一些与访问控制有关的实体；同时，又希望使用 TBAC 中的一些描述手段，来描述工作流系统中访问控制的动态特性。在 RBAC 模型中，角色具有等级的特性，而在 TBAC 模型中，一个任务也可以被分割成多个子任务，因此经过适当的分割，可以将角色与任务相互对应。如图 5.4 所示，一项工作可以被分割成 Ja、Jb、Jc 3 个流程，其中 Ja 可再被分割成两个子任务 J1 和 J2，J2 又可再分成 J5、J6 等子任务，而其中的子任务 J5，可以与角色层次中的 R5 相互对应。

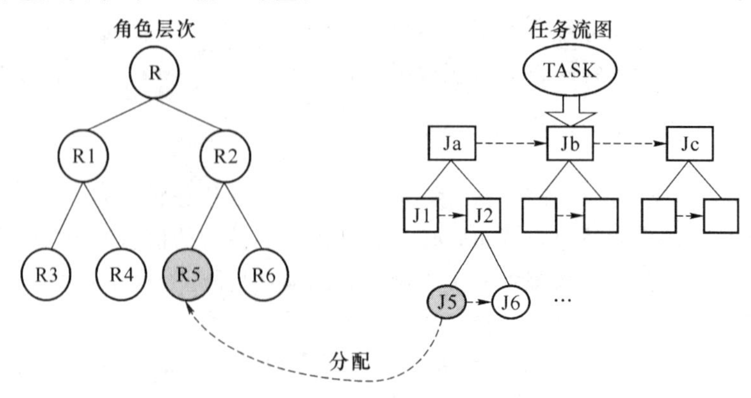

图 5.4 角色和任务对应关系

由此可以将 TBAC 模型中的受托人集(Trustee-set)说明为 RBAC 中的角色集,将授权分成静态授权和动态授权。将静态授权与角色相联系,动态授权与任务相联系,可以实现 RBAC 和 TBAC 两个模型的有机结合,将传统 RBAC 模型的 3 层访问控制结构改成 4 层访问控制结构,得到基于任务和角色的访问控制模型(R-TBAC),图 5.5 给出了该模型的一个简化结构图。

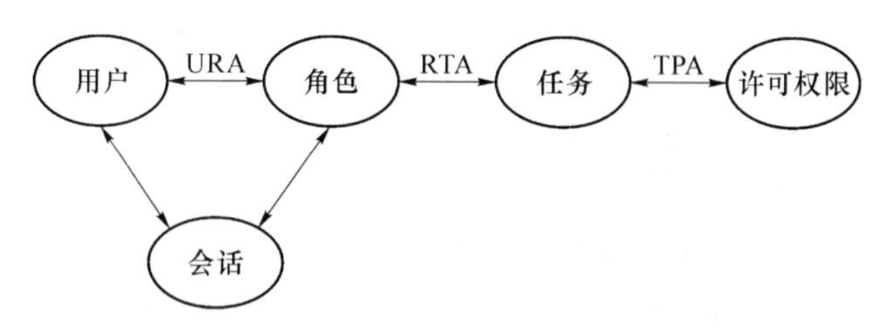

图 5.5　R-TBAC 的简化模型

在 R-TBAC 模型中,整个工作流系统中的用户都被赋予特定的角色,再规定每个角色可以执行哪些任务以及每个任务的最小访问权限。该模型中,权限不再直接与角色相关,而必须通过任务才能与角色关联起来,这时的权限集合单纯的表示为对数据资源的访问操作集合。如此一来,权限可以作为任务的属性来实现,而不必建立类似于传统 RBAC 模型中的二元组权限,方便了管理员的安全控管工作。

在该模型中,用户登录系统后,得到管理员预先分配给他的角色,但此时用户并不具有访问资源的权限。用户必须在执行系统分配的任务实例的过程中,才能通过任务得到相应的资源访问权限,这样就自然地实现了权限的动态分配和撤销,提高了工作流系统的动态适应性。其次,由于权限直接与任务相关,用户只有在执行某任务实例的情况下才拥有该任务所对应的访问权限,所以,最小权限约束可以进一步细化到任务一级。

下面给出该模型的形式化描述:

-USERS、SESSIONS、ROLES、PRMS、TASKS 分别表示用户集、会话集、角色集、许可集、任务集。其中用户集、会话集、角色集沿用 RBAC 模型的定义,许可集、任务集沿用 TBAC 模型的定义。

-$URA \subseteq USERS \times ROLES$,用户与角色之间多对多的指派关系。

-assigned_users(r:ROLES)$\rightarrow 2^{UESRS}$,角色 r 到一个用户集合的映射。形式化表示为:assigned_users(r)$=\{u \in USERS \mid (u,r) \in URA\}$。

-$RTA \subseteq ROLES \times TASKS$,角色与任务之间多对多的指派关系。

-assigned_roles(t:TASKS)$\rightarrow 2^{ROLES}$,任务 t 到一个角色集合的映射。形式化表示为:assigned_roles(t)$=\{r \in ROLES \mid (r,t) \in RTA\}$。

-$TPA \subseteq TASKS \times PRMS$,任务与权限之间多对多的指派关系。

-assigned_permissions(t:TASKS)$\rightarrow 2^{PRMS}$,任务 t 到一个权限集合的映射。形式化表示为:assigned_permissions(t)$=\{p \in PRMS \mid (t,p) \in TPA\}$。

-SESSIONS，会话的集合。

-user_sessions(u:USERS)→2^{SESSIONS}，用户 u 到一个会话集合的映射。

-session_roles(s:SESSIONS)→2^{ROLES}，会话 s 到一个角色集合的映射。形式化表示为：session_roles(s)=$\{r \in \text{ROLES} \mid (\text{session\_users}(s), r) \in \text{URA}\}$。

-avail_session_tasks(s:SESSIONS)→2^{TASKS}，在一个会话中当前用户可执行任务的集合。即 $\bigcup_{r \in \text{session\_roles}(s)} \{t \in \text{TASKS} \mid (r,t) \in \text{RTA}\}$。

5.3.2 R-TBAC 中的层次模型

在传统的 RBAC 模型中，角色之间通过继承形成层次关系，通过分层可以方便有效地表示企业之间的人员组成结构。而在 TBAC 模型中，任务也需要进行分解，将一个大任务可以分解成多个小任务，进而由不同的人员去完成。因此，可以采取某种措施，将任务划分为一种层次结构，使之可以与角色层次相对应，从而可以进一步简化安全管理。在 R-TBAC 模型中，角色分层仍然沿用了 NIST RBAC 中角色继承中的相关定义。上级角色自动继承得到下级角色的所有任务执行权，也就是说，上级角色可以做系统分配给下级角色的所有任务而不需要管理员再另外指定。这样就简化了管理员的管理工作。

为了便于对任务划分进行描述，在该模型中我们将任务分成复合任务和原子任务两类。复合任务可以被分解成多个子任务，而原子任务表示不可再被分解的任务。为了与角色层次对应，我们引入任务层次(Task Hierarchies)的概念。任务层次定义为任务集上的偏序关系，具有与角色层次类似的性质。上级任务只能是复合任务，下级任务可以是复合任务也可以是原子任务。下级任务又称为上级任务的子任务。在权限分配时，对于复合任务来说，权限是针对它所包含的原子任务进行分配，而不是将运行复合任务所需要的权限一次性分配给复合任务本身。因此，对用户的权限指派实际上也就细化到了原子任务这一级别。在实际应用时，也可能会出现直接指派用户去完成一个复合任务，此时系统不是将该任务中所有的原子任务所需的资源访问权限都一次性的授予给这个用户对应的角色，而是当用户启动一个原子任务的时候，系统将该原子任务所对应的权限授予该用户对应的角色，当该原子任务结束之后系统就动态地将这些权限收回，当用户启动下一个原子任务时再把相应的权限授予该用户对应的角色，从而实现动态的访问控制。

R-TBAC 中的层次关系可以被形式化描述如下：

-USERS、SESSIONS、ROLES、PRMS、TASKS 分别表示用户集、会话集、角色集、许可集、任务集，与之前简化模型的定义保持一致。URA、RTA、TPA 与 5.3.1 节中的规定一样。

-RH⊆ROLES×ROLES，RH 表示角色层次关系，是角色集合上的一个偏序关系，记为≥。若角色 $r_1 \geq r_2$，表示角色 r_2 的所有权限同时也被角色 r_1 所拥有，r_1 的所有用户同

时也是 r_2 的用户。

-TH⊆TASKS×TASKS，表示任务层次关系 TH，是任务集合上的一个偏序关系，记为≥。任务 $t_1 \geqslant t_2$，表示 t_2 是 t_1 的子任务。

-assigned_roles(t:TASKS)→2^{ROLES}，表示任务到角色集合的映射。根据任务层次关系，对于任意任务 $t \in$ TASKS，可以执行任务 t 的角色集可形式化表示为：assigned_roles(t)= $\{r \in \text{ROLES} \mid t' \in \text{TASKS}, t' \geqslant t, (r,t) \in \text{RTA}\}$。

-authorized_users(r:ROLES)→2^{UESRS}，表示根据角色层次关系，拥有角色 r 的用户的集合。形式化表示为：

authorized_user(r)= $\{u \in \text{USERS} \mid r' \in \text{ROLES}, r' \geqslant r, (u,r') \in \text{URA}\}$。

-avail_session_tasks(s:SESSIONS)→2^{TASKS}，表示在一个会话中当前用户可执行任务的集合。形式化表示为：

$$-\bigcup_{r \in \text{session\_roles}(s)} \{t \in \text{TASKS} \mid t' \in \text{TAKS}, r' \in \text{ROLES}, (t \geqslant t') \wedge (r \geqslant r') \wedge ((r', t') \in \text{RTA})\}$$

-execut(t:TASKS)→2^{USERS}，执行任务 t 所需要的用户集合，可表示为

$$\text{execut}(t) = \left\{ \begin{array}{l} u \in \text{USERS} \mid (t, t' \in \text{TAKS}) \wedge (r, r' \in \text{ROLES}) \wedge (t \geqslant t') \wedge (r \geqslant r') \wedge ((r', t') \in \text{RTA}) \wedge \\ ((u, r) \in \text{URA}) \end{array} \right\}$$

包含层次关系的 R-TBAC 模型如图 5.6 所示。

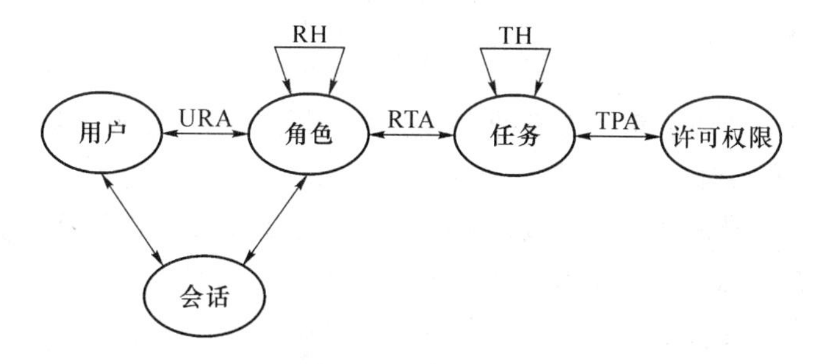

图 5.6 包含层次关系的 R-TBAC 模型

5.3.3 R-TBAC 中的约束研究

对于访问控制模型中的各个元素需有必要的约束机制来避免冲突。冲突的含义是如果在授权过程中不加约束则将增加商业欺诈的风险。例如，NIST RBAC 模型定义了静态职责分离和动态职责分离两种约束。静态职责分离是在时间上对最小特权原则的扩展，它用于解决角色系统中潜在的利益冲突，强化了对用户角色分配的限制，使得一个用户不能分配给两个互斥的角色。而动态职责分离用于在用户会话中对可激活的当前角色进行限制，用户可被赋予多个角色，但它们不能在同一会话期中被激活。在 RBAC 模型

中加入的这些约束条件对实施安全的访问控制起到了重要作用。同样,在一个工作流系统中,权限、角色、任务和用户也都存在发生冲突的可能性。因此在 R-TBAC 模型中也需要引入相关的约束以提高访问系统的安全性。

1. 冲突的类型

由于工作流管理系统对权限的动态性要求,因而在对模型中各个元素的约束方面跟单纯的基于角色的访问控制系统有不同之处。本节中将对工作流管理系统中所需要的约束进行描述,并给出相关的形式化定义。对于 R-TBAC 模型中定义的 4 种基本元素,分别存在以下 4 种类型的冲突:

(1) 权限冲突:若同一用户执行两个操作存在商业欺诈的可能性,则称这两个操作存在许可冲突,如开支票与支票审核操作。工作流环境中经常会出现多个活动具有相同操作的情况,例如在图 5.7 所示的例子中同一支票需要由 3 个不同人员进行审核,同一用户通常不允许对同一数据对象多次执行相同操作。因此,我们规定权限冲突具有自反性,即任何操作与自身存在许可冲突。

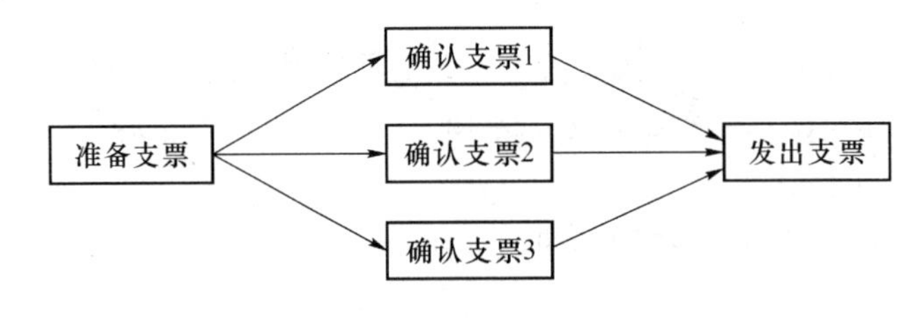

图 5.7　支票处理任务

(2) 角色冲突:若两个角色拥有冲突的权限,则称这两个角色冲突。如出纳(拥有开支票操作的许可)与会计(拥有支票审核操作的许可)。

(3) 任务冲突:若一个工作流过程中的两个任务需要完成的操作存在权限冲突,则称这两个任务冲突。如支付过程中的开支票与支票审核活动。

(4) 用户冲突:若两个用户有可能合谋进行商业欺诈,则称这两个用户冲突。例如,出纳和会计应当避免由同一家庭中的两个成员担任。

因为工作流系统可能出现的各种冲突,所以为了避免解决工作流系统中可能存在的信息泄漏、商业欺诈等安全问题,需要在基本的 R-TBAC 模型基础上定义各种约束。在工作流系统中,任务可能处于不同状态,任务之间还可能存在各种关联,在进行动态授权时应该充分考虑这些因素。例如图 5.7 所示的支票处理应用中,支票处理流程包括 3 个任务:职员准备支票、审核员确认支票和职员签发支票。若负责准备支票的职员不在时,则可以由某一审核员代替职员准备支票,但这一审核员就不能再确认自己准备的支票。这种在工作流执行过程中确定的职责分离属于动态职责分离的范畴。

2. 与授权约束的相关定义

在 R-TBAC 模型中,个别任务是否有权限执行,还需要看该任务与其他相关任务之

间需要维持着怎样的关联。任务之间的关联沿用 TBAC 中给出的说明，常见的如任务间的依赖约束。任务依赖限制约束指某任务需等待它之前的一个或几个任务完成后才能被执行，例如在如图 5.7 所示的一个支票应用中，一名雇员负责准备支票并且指定账户，然后由 3 个彼此独立的审查者对该支票和账户进行确认，最后由另外一名雇员将该支票发出。这是一个典型的复合任务，由准备支票、发出支票、确认支票 3 个子任务组成，其中发出支票这个子任务依赖于前面 3 个确认支票的子任务，只有当确认支票这 3 个子任务都顺利执行完毕后，发出支票这个任务才可以被执行。

由此可见，在 R-TBAC 模型中用户的权限不是静止不变的，根据任务的执行状态权限在不断变化。为了描述这种权限随着任务执行状态变化的情况，我们引入任务上下文和用户上下文的概念。任务上下文是对任务是否能被执行所加的各种约束条件，包括与该任务互斥的任务、执行时间、地点以及管理员自定义的与该任务有关的约束。任务上下文包含了执行某一特定任务的实例时所需要的系统环境，而用户上下文提供了用户执行任务实例时的环境，包括用户当前拥有的角色，已经执行的任务和即将执行的任务信息。在用户要启动某个任务的时候，系统检查这两个上下文是否满足约束。有了任务上下文和用户上下文，就能够保证某一权限只能在某特定的时间段内、特定的地点、在约束条件满足的情况下由具有特定角色的用户所拥有。需要说明的是，用户只能执行系统分配给他的任务。即使用户具有执行某个任务 t 的权限，但是，如果系统没有将这个任务 t 分配给该用户，那么他也无法执行这个任务，当然也没有这个任务所对应的访问权限。下面给出 R-TBAC 模型中一些与授权约束相关的定义。

ROLES、USERS、TASKS、PRMS 分别代表角色集、用户集、任务集、权限集。

定义 1 角色间关系

(1) 角色相容。如果 $R_1, R_2 \in$ ROLES，$U_1 \in$ USERS，若用户 U_1 在任务运行中可以同时拥有 R_1 与 R_2 这两个角色，则称角色 R_1 与 R_2 相容。

(2) 角色相斥。如果 $R_1, R_2 \in$ ROLES，$U_1 \in$ USERS，若用户 U_1 在任务运行中不能同时拥有角色 R_1 和 R_2，则称 R_1 与 R_2 角色互斥。

定义 2 任务间关系

(1) 任务相容。如果 $T_1, T_2 \in$ TASKS，$R_1 \in$ ROLES，若在工作流中 R_1 能同时执行 T_1 与 T_2，则称任务 T_1 与 T_2 相容。

(2) 任务相斥。如果 $T_1, T_2 \in$ TASKS，$R_1 \in$ ROLES，若在工作流中 R_1 不能同时执行 T_1 与 T_2，则称任务 T_1 与 T_2 相斥。

(3) 任务相依。如果 $T_1, T_2 \in$ TASKS，R_1、$R_2 \in$ ROLES，若在同一工作流中必须在 R_1 执行 T_1 结束后 R_2 才能执行 T_2，则称 T_1 与 T_2 任务相依。

定义 3 权限间关系

(1) 权限相容。如果 $P_1, P_2 \in$ PRMS，$T_1 \in$ TASKS，若 T_1 能同时拥有 P_1 与 P_2，则称权限 P_1 与 P_2 相容。

(2) 权限相斥。如果 $P_1, P_2 \in$ PRMS, $T_1 \in$ TASKS,若 T_1 不能同时拥有 P_1 与 P_2,则称权限 P_1 与 P_2 相斥。

工作流系统中存在的各种冲突可以通过授权约束规则进行描述,与 RBAC 模型中的约束类似,在针对工作流的访问控制模型中授权约束也可分为静态约束和动态约束两种类型。静态约束主要存在于角色－任务、用户－角色和任务－权限的分配过程中,即在创建时进行冲突检查,动态约束则依赖于任务的执行历史,在运行时进行冲突检查。根据上述讨论对 R-TBAC 模型中需要的约束给出形式化定义如下,其中 USERS, ROLES, TASKS 分别表示用户集、角色集、任务集,与之前简化模型的定义保持一致。

-assigned_roles(t:TASKS)→2^{ROLES},任务 t 到一个角色集合的映射。形式化表示为: assigned_roles(t)=$\{r \in \text{ROLES} \mid (r,t) \in \text{RTA}\}$。

assigned_users(r:ROLES)→2^{UESRS},角色 r 到一个用户集合的映射。形式化表示为: assigned_users(r)=$\{u \in \text{USERS} \mid (u,r) \in \text{URA}\}$。

任务相斥关系定义为一些二元对(t_s, n)的集合。其中 t_s 是一个任务子集,n 是一个大于 1 的自然数。对于任务相斥关系中的每一个(t_s, n),其含义是:任务集合 t_s 中的 n 或 n 个以上个任务不能分配给同一个角色执行。形式化表示为:

$$-\forall t \in t_s : |t_s| \geqslant n \Rightarrow \bigcap_{t \in t_s} \text{assigned\_roles}(t) = \varnothing$$

角色相斥关系定义为二元对(r_s,n)的集合。其中 r_s 是一个角色子集,n 是一个大于 1 的自然数,对于角色互斥关系中的每一个(r_s, n),其含义是:角色集合 r_s 中的 n 个或 n 个以上的角色不能分配给同一个用户。形式化表示为:

$$\forall r \in r_s : |r_s| \geqslant n \Rightarrow \bigcap_{t \in t_s} \text{assigned\_users}(r) = \varnothing$$

角色所拥有的最大用户数量不能超过角色的容量,形式化表示为:

$\forall r \in$ ROLES: |assigned_users(r)| $\leqslant$ account(r), account(r)表示角色的容量。

引入约束之后的 R-TBAC 模型如图 5.8 所示。

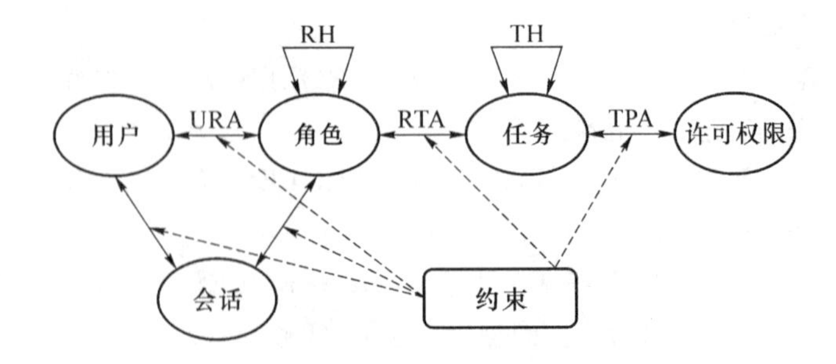

图 5.8 完整的 R-TBAC 模型

5.4 案例:R-TBAC模型应用

根据工作流联盟所提出的工作流系统参考模型,工作流管理系统的功能主要包括3个方面:工作流设计功能、工作流运行和控制功能以及同用户和应用的交互功能。工作流设计功能即利用工作流建模工具,将企业的实际经营过程转化为计算机可处理的工作流模型;工作流运行和控制功能即通过工作流引擎解析工作流模型,进行工作流任务分发和流程调度,完成工作流的执行和控制。与用户和应用交互功能即通过工作流任务管理器完成与工作流用户和应用软件的人机交互和数据传递。在本节中,将给出R-TBAC模型在实际应用中的一个实现框架。

5.4.1 数据库设计

访问控制模型的数据库设计可以分为权限分配模块和动态约束模块两大模块。其中权限分配模块有包含了3个部分,即用户-角色分配部分、权限定义部分和任务信息定义部分。用户-角色分配部分实现用户到角色之间的对应关系。权限定义部分定义系统中存在的对不同客体的操作权限。任务信息部分定义任务信息的详细定义,包括任务分解以及给任务分配权限等。权限分配模块中的这3个部分紧密相连,实现了系统中相关权限的静态分配。而对于任务执行过程中权限的动态分配与回收则由动态约束模块来完成。动态约束模块的功能包括对各种冲突的定义、任务间运行次序的定义、各种约束规则的定义等。其主要目标是根据任务的执行进程,动态的控制执行任务所需的权限的变化。使权限只有在任务执行到相应的阶段时才会被激活,任务结束后权限就会随之失效。下面对权限分配模块中所使用到的相关数据表做详细介绍。

1. 用户表

用户表中主要存储工作流系统中关于用户的相关信息,包括用户ID、用户登录名和登录口令字等字段。

表5.1 T_Users(用户表)

字段名	类型	说明
UserID	Varchar(20)	用户编号
LoginID	Varchar(20)	登录名
UserName	Varchar(20)	用户名
Password	Varchar(20)	密码
LoginTimes	Datetime(8)	登录次数
…	…	…

2. 角色表

角色表存放系统中关于角色的相关信息,包括角色ID、角色名称以及角色职责等说明。

表 5.2 T_Roles(角色表)

字段名	类型	说明
RoleID	Varchar(20)	角色 ID
RoleName	Varchar(20)	角色名称
Description	Varchar(100)	该角色的相关描述
RoleNum	Int(4)	该角色允许的最大用户数目
RoleType	Bit(1)	角色类型

3. 角色层次信息表

角色层次信息表中存放角色继承的相关信息,在 T_Roles 表中角色类型 RoleType 字段标示该角色是否继承自其他角色。若 RoleType 字段为 1,表示该角色是高层角色,继承了低层角色的权限。若某个角色 A 继承自角色 B,则在角色层次信息表中填入相关的记录,表示角色间的继承关系。

表 5.3 T_Roles_Hierarchy(角色层次信息表)

字段名	类型	说明
PKID	Int(4)	记录编号
RoleID	Varchar(20)	角色 ID
subRoleID	Varchar(20)	子角色 ID

4. 用户角色对应表

用户角色对应表描述了角色和用户之间的对应关系。

表 5.4 T_User_Role(用户角色对应表)

字段名	类型	说明
PKID	Int(4)	记录编号
UserID	Varchar(20)	用户 ID
RoleID	Varchar(20)	角色 ID

表 5.1、表 5.2、表 5.3、表 5.4 构成了数据库模型中的用户-角色分配部分。该部分主要用来反映系统中的人事组织关系。系统管理员对用户信息的管理,以及增删改角色信息等操作都是针对这 4 个表中的内容。在用户登录时,通过查找数据库里的相关信息验证登录用户是否是合法用户,并取得该用户所拥有角色的列表。

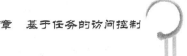

5. 模块表

在模块表模型的实现框架中，模块是个抽象的概念，是对其添加各种访问权限的客体。对于不同的系统，模块可以代表不同的客体。例如，在基于 Web 的信息系统中，模块可能是一个个 Web 页面，而对页面的访问权限可以有允许访问和不允许访问两种。在以文件处理为主的业务流程中，模块可以代表需要处理的文件，对模块的访问权限可以表示对文件的阅览、审批等权利。

表 5.5　T_module（模块表）

字段名	类型	说明
ModuleID	Varchar(20)	模块编号
ModuleName	Varchar(20)	模块名称
Description	Varchar(50)	模块描述

6. 权限表

表 5.6　T_Right（权限表）

字段名	类型	说明
RightID	Varchar(20)	权限编号
RightType	Varchar(50)	权限说明

7. 授权规则表

表 5.7　T_moduleRight（授权规则表）

字段名	类型	说明
PRMID	Int(4)	授权规则编号
ModuleID	Varchar(20)	模块 ID
RightID	Varchar(20)	权限编号
Description	Varchar(50)	授权说明

表 5.5、表 5.6、表 5.7 构成了权限定义部分。在这个模型中模块是个抽象的概念，同样权限在这里也是个抽象的概念，模型中权限的具体含义取决于待授权的客体。因此，我们采用单独的数据表来存放对权限的定义，由管理层用户根据所访问模块的不同来定义不同的权限。在授权规则表中存放的是对具体模块的具体操作规则。例如，要表示对某类文件有读取权限这条规则。需要在 T_module 表中将这类文件抽象定义成一个模块，设为 M1。然后在 T_Right 表中加入一种权限，设为 Read。最后在 T_moduleRight 中形成一条完整的授权规则，表示对 M1 的 READ 权限。

8. 任务信息表

任务信息表存放任务的相关信息，包括任务的开始时间、任务状态、任务生存期、执行该任务的角色等。此外，任务间的层次关系也保存在该表中，用 Is_Sub 字段来标示该任务是否是其他任务的子任务。若 Is_Sub 字段为 0，表示该任务是其他任务的子任务，将该任务的上层任务编号填入 F_Task 字段。

表 5.8 T_TaskInf（任务信息表）

字段名	类型	说明
PKID	Int(4)	记录编号
TaskID	Varchar(20)	任务编号
TaskName	Varchar(20)	任务名称
RoleID	Varchar(20)	角色 ID
Description	Varchar(20)	任务描述
Is_Sub	Bit(1)	是否有上层任务
F_Task	Varchar(20)	上层任务编号
State	Varchar(20)	任务状态
StartTime	Datetime(4)	启动时间
LifeTime	Datetime(4)	生命周期

9. 任务权限表

表 5.9 T_Task_Right（任务权限表）

字段名	类型	说明
PKID	Int(4)	记录编号
TaskID	Varchar(20)	任务单元编号
PRMID	Varchar(20)	授权规则编号
Description	Varchar(20)	任务授权描述

表 5.8、表 5.9 主要存放关于任务定义以及执行任务所需权限的相关信息。随着任务状态变迁，所需要访问的模块也跟着发生变化，对应的执行任务的角色所拥有的权限也随之改变。当任务状态为无效状态时，虽然在任务权限表中仍然存有该任务拥有的权限，但此时的权限并不生效。通过将大任务进行划分，实现访问控制的细粒度化，对模块的操作权限细化到原子任务一级。权限分配模块所涉及的各个数据表之间的关系如图 5.9 所示。

对于动态约束模块的数据库设计，则需要根据具体应用设计相应的数据库。根据在 5.3 节中对于约束的研究可知，在约束模块中包括角色冲突（约束）、用户冲突、权限冲突和任务冲突等。其中，对于工作流的定义，因为与任务之间的顺序约束有关，所以也放在这一部分进行定义。表 5.10 是一个工作流定义表，其中包括定义一个工作流所需要包含的基本字段。

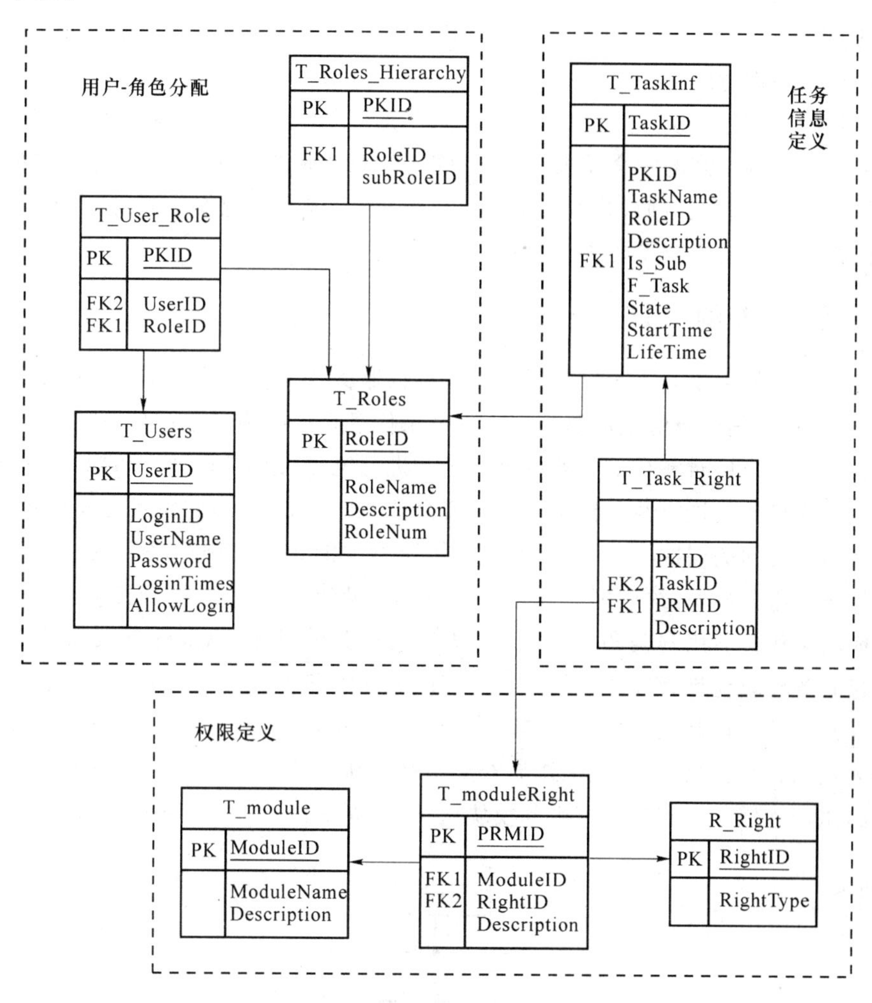

图 5.9　权限分配数据表关系图

表 5.10　T_WorkFlow(工作流定义表)

字段名	类型	说明
PKID	Int(4)	记录编号
WorkID	Varchar(20)	工作流编号
Description	Varchar(100)	该工作流的相关描述
F_Task	Varchar(20)	前一任务
N_Task	Varchar(20)	后一任务

工作流一般由多个任务组成，对于一个完整的工作流程的定义，除了对该工作流中包含的单个任务信息进行定义外，还需要对工作流中各个任务之间的先后次序进行定义。其中，对单个任务信息的定义放在 T_TaskInf(任务信息表)中，而任务之间的先后次序关系则由 T_WorkFlow(工作流定义表)中的 F_Task 字段和 N_Task 字段表示，以此来对任务的执行顺序进行约束。

对于具体的应用系统，还可以根据安全需要加入相应的角色约束表、用户约束表、权限约束表等以实现更高的安全需求。但是，随着约束规则的增加，在系统运行时对数据库的查询等操作也将大大增加，会增加系统运行负担，造成运行效率下降，因此约束规则的制定应该根据系统的安全需要进行，并不是越多越好。

5.4.2 系统实施的安全框架

系统安全框架主要包括身份验证、审计、授权服务和约束 4 个模块，它们之间的关系如图 5.10 所示。其中身份验证模块对所有登录信息系统的用户进行身份验证，以防非法用户进入。审计模块对整个工作流系统的运行进行监控，记录用户所做的所有操作，监视系统有无违规操作。授权服务模块是系统安全框架的核心部分，它负责定义和管理用户、角色以及角色之间的层次关系，并配置与工作流相关的访问控制策略。授权服务模块要同工作流执行服务模块、约束模块进行交互，对工作流的执行提供授权支持。授权服务模块要完成的工作包括用户与角色的指派、角色与任务的指派，以及任务授权的颁发与撤销。授权服务模块允许管理员查询、创建、修改和删除角色、用户、权限、任务权限等信息。约束管理模块负责控制工作流安全策略中涉及的约束，它允许用户根据组织和业务特点定制约束规则，然后解释和实施工作流安全策略中涉及的约束。另外，它还提供了默认约束规则的添加和修改。它和授权服务模块协作，共同支持系统安全策略。

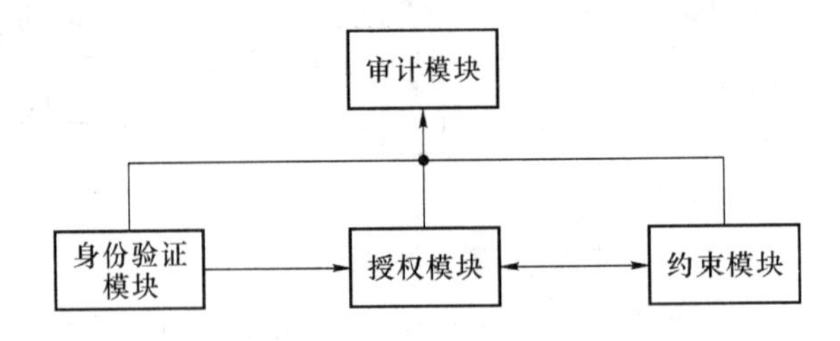

图 5.10　系统安全框架图

用户在进入系统之前必须首先通过身份验证，通过调用身份验证模块对用户进行身份验证，如图 5.11 所示。身份验证采用窗口验证方式。用户输入登录名和对应的密码后，系统判断用户是否合法。如果不合法，给出具体的提示信息，是“不存在此用户”还是“密码错误”，便于用户判断。如果登录信息无误，则进入系统主页面。在该模块中，可以对用户登陆失败的次数进行限制，防止非法用户采用多次尝试猜测密码的方式闯入系统，例如，如果用户连续3次登录失败，该模块将在一定时间内拒绝该用户的登录请求。不管登录是否成功，系统都调用审计模块，将相关信息写入对应数据库。

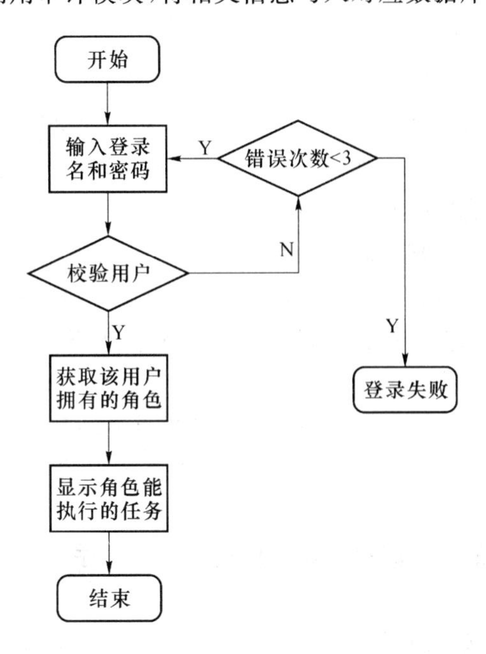

图5.11　登录流程图

在这个系统安全框架所包含的4个模块中，身份验证模块与审计模块属于传统安全部分，不是本章的研究重点，本章将重点研究工作流的授权与约束问题，下面将对系统的访问控制流程做详细介绍。

在工作流管理系统中，首先用户需要通过系统所提供的工作流定义工具，定义工作流、任务、任务执行的操作、任务间依赖等信息。完成对工作流的定义后，由工作流管理系统对工作流定义进行解释和分析，判断所定义的工作流的完整性和可达性。如果有问题，则反馈给用户进行进一步的修改，否则，可以将任务分配给用户，开始任务的执行。

整个系统的运行可以分为静态定义与动态授权两个部分。静态定义包括创建系统中的用户和角色，给用户分配角色，为角色分配任务，为任务分配权限，并指定角色之间的层次结构等。静态定义流程如下：

(1) 建立使用信息系统的用户的相关信息。

(2) 根据企业的人员组织结构建立对应的角色和角色间的继承关系。

(3) 根据每个用户在企业中担当的职位，为用户分配适当的角色。

(4) 根据系统中的模块以及对模块所要进行的具体操作，定义相关的操作权限。

(5) 建立工作流程，定义工作流程中的相关任务信息、任务执行顺序。如果一个任务需要分解成多个子任务由不同用户执行，还需定义任务的分解信息。

(6) 为每个任务分配完成任务所需要的权限，关于权限的分配，既可以分配原子任务，也可以分配复合任务。若直接给某个复合任务分配权限，则由该复合任务分解得来的子任务将直接继承该复合任务的权限。为了提高系统的安全性，加强访问粒度的控制，应该将权限分配到原子任务一级。然而，对于某些安全性要求不高的任务，可以直接对复合任务进行权限分配，从而简化权限管理过程。

通过上面 6 个步骤，完成静态权限的分配工作。在上面涉及的定义权限以及定义任务信息等工作不一定要由管理员一人完成，一般先有管理员为相应的管理任务建立工作流程，然后建立相应的管理角色，再为用户分配管理角色，形成一个管理用户组来共同维护系统运行。

对于工作流管理系统，除了静态的权限分配，更重要的是要根据任务的运行状态实现权限的动态分配和回收，这样才能实现动态访问控制的目的。下面对工作流执行中的动态访问控制流程做介绍：

(1) 根据已经定义的工作流程中各个任务之间的顺序关系，按次序激活相应的任务或者子任务。

(2) 对于处于执行状态的任务，系统查找执行该任务所需要的操作权限，并激活完成该任务需要的相应权限。

(3) 对于处于执行状态的任务，系统查找执行该任务的角色，然后从拥有该角色的用户中选择一位作为该任务的执行者，同时，将执行任务所需要的权限赋予该执行者。

(4) 拥有相应权限的用户对子任务进行处理，执行完毕后，系统收回对该子任务的执行权限，任务状态发生改变，变成无效状态，根据工作流程触发下一子任务，即系统根据任务次序激活下一个任务，开始新一轮循环。

(5) 当一个工作流程的所有子任务都按顺序执行完毕，系统结束该任务的生命周期，此时任务执行完毕，与该任务相关的权限也被收回。

5.5 安全性分析

传统的 RBAC 模型是一种中性策略，它直接支持著名的安全三原则：最少特权原则、指责分离原则和数据抽象原则。最少特权原则是指提供给用户完成工作时刚好足够的权限即可，不过度分配给用户其并不需要的权限。它的优点是最大限度地限制了主体对客体的操作行为，可以避免由于突发事件导致未授权主体对客体进行错误操作的危险。也就是说，为了达到一定目的，主体必须执行一定操作，但它只能做它所被允许做的，不具有多余的权限。权责分离是指避免权责相互冲突的角色分配给同一个用户使用。数据抽象

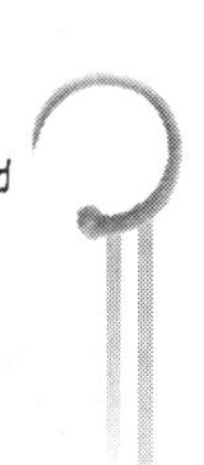

原则指支持设置抽象权限，而不仅仅是传统操作系统中提供的读、写、执行等权限。在本章提出的 R-TBAC 模型，除了对以上的安全三原则提供支持外，通过采用四层结构，将权限的分配细化到任务一层，同时在此基础上引入各种约束机制，使安全性得到进一步提高。下面将对 R-TBAC 模型的安全性进行详细分析。

5.5.1 最小特权原则

在 TBAC 模型中，由于权限直接与任务相关，用户只有在执行某具体任务，并且该任务处于特定执行状态时，用户才拥有这个任务对应的访问权限，所以，最小特权原则自然就细化到了原子任务一级。由于执行任务所需要的访问权限是按最小特权原则来指定的，所以，只要给用户分配了这个任务，那就应该允许该用户能拥有任务所需要的所有数据的访问权限，否则用户就无法完成这个任务，而当任务处于完成状态、暂停状态或进入中断状态，访问数据的权限便被系统撤销。这样，TBAC 模型确保了权限只有在需要时才获得，实时满足最小特权原则，同时实现权限赋予和撤销的动态性。

同样地，在 R-TBAC 模型中，用户与角色对应，而角色又与任务对应，并且只有当任务处于特定执行状态时，被分配任务的角色才拥有这个任务对应的访问权限，所以，同样支持最小特权原则。

与传统 RBAC 模型相比，R-TBAC 模型在角色的维护方面更加方便。传统的 RBAC 模型需要修改角色的权限来适应不同工作流，而在 R-TBAC 模型中由于角色在工作流中不需要单独授权，即可适应任务工作流，保证了角色的相对稳定性，从而防止了由于修改角色而影响角色下的所有人员，使得对角色的操作更加简单、方便。

5.5.2 职责分离原则

职责分离原则沿用 NIST RBAC 模型中的定义，也分为静态职责分离和动态职责分离两种。静态职责分离是在建模时就确定的约束，动态职责分离是在工作流运行中确定的约束，根据任务的执行状态和约束规则，实时判断用户权限的合理性。在职责分离的应用中，静态职责分离不如动态职责分离灵活，而动态职责分离则增加了系统其他方面的压力（例如实现的复杂度、运行时的负载等），不管是静态职责分离，还是动态职责分离都是为了达到用户职责的安全控管目的，实际应用中往往需要两者的共同协作来完成职责的安全分配。

5.5.3 数据抽象原则

由 5.4 节给出的数据库模型可知 R-TBAC 对数据抽象原则提供了很好的支持。在权限定义部分中将模块表（T_module）与权限表（T_Right）分别定义，并通过授权规则表（T_moduleRight）将二者联系起来，从而可以根据需要访问的客体性质定义不同的权限。

既可以定义传统操作系统中的读、写、执行等权限，也可以根据任务要访问的客体性质定义特定权限。例如，对于公文处理一类的任务，所访问模块定义成等待处理的公文，相应的权限可以定义为阅览、审批等。

通过以上分析可知 R-TBAC 是一种主动安全的模型，能够把实际应用中的工作流和访问控制所需的各种关系整体地结合在一起，能够清晰地表达复杂工作流的控制机制，可以应用于各类工作流管理系统中。

5.6 本章小结

本章主要介绍了 TBAC 和 R-TBAC。TBAC 首要考虑的是在工作流的环境中对信息的保护问题，是一种上下文相关的访问控制模型。它不仅能对不同工作流实行不同的访问控制策略，而且还能对同一工作流的不同任务实例实行不同的访问控制策略；它是一种基于实例的访问控制模型，实现了动态访问控制。TBAC 牵涉到许多任务以及用户的权限分配问题，而它只是简单的引入受托人集合来表示任务的执行者，而没有论及怎样在一个企业环境中确定这样的受托人集，存在配置过于烦琐的缺点。

RBAC 比较成熟，是使用最广泛的一种安全访问控制模型，该模型实现较简单，安全管理上也很便利，但是由于它的三层访问控制结构限制了对任务执行时权限的动态控制，其权限的静态分配不能很好的满足实际需求。

结合 RBAC 和 TBAC 各自的优点提出的 R-TBAC 模型，实现了主动和被动相结合的访问控制，比单纯的基于任务的访问控制更适用于目前的工作流管理系统。

工作流管理系统的功能主要包括三个方面，即工作流设计功能、工作流运行和控制功能、以及同用户和应用的交互功能。在本章中，给出了 R-TBAC 模型在实际应用中的一个实现框架。

在本章提出的 R-TBAC 模型，除了对安全三原则（最少特权原则、权责分离原则和数据抽象原则）提供支持外，还通过采用四层结构，将权限的分配细化到任务一层，同时在此基础上引入各种约束机制，使安全性得到进一步提高。

习题 5

1. 工作流系统的特点是什么？
2. 工作流系统是否适应静态访问控制？为什么？
3. 请解释任务、授权步、授权单元、依赖等概念。
4. 什么是原子任务和复合任务？
5. 任务分层和角色分层是一一对应的？请解释。
6. R-TBAC 模型中，角色间、任务间和权限间都有什么样的关系？

7. 在 TBAC 模型中，某个任务是否有权限执行，要看此任务与其他相关的任务之间维持着怎么样的关系，这种任务之间是什么关系？
8. R-TBAC 模型中，存在哪四种类型的冲突？
9. 在 TBAC 模型中，请解释最少特权原则、权责分离原则和数据抽象原则是如何体现的。
10. 针对具体的应用系统，结合 5.4 节的应用，根据安全需要加入相应的角色约束表、用户约束表、权限约束表等以实现更高的安全需求，请在数据库里截取添加了三个表之后的数据表之间的关系图。

第6章 使用控制

在使用过程中进行连续性控制以及属性的可变性需求，是现代访问控制的要求；授权、责任和条件是权利实施的3个不可或缺的因素；动静结合的访问控制也是实际应用系统的需求；将传统的访问控制、信任管理和数字版权管理统一的访问控制模型，为数字资源的存储、访问、传输和使用等各个环节提供安全保障。这些需求是新一代访问控制的综合需求。本章讨论的使用控制将满足以上这些需求。

学习目标

- 了解现代访问控制的需求
- 掌握使用控制核心模型
- 理解使用决策模型的形式化描述
- 理解应用监控器的作用
- 学会在实际中应用UCON

6.1 简　介

计算机网络技术的革新极大地方便了数据信息的使用，带来了新的商业模型和生活方式。由此，数据信息不再只存储在计算机中，它广泛地存储于多种可移动设备中(如个人数字助理、手机、MP3等)，用于各类家用电器中(电冰箱、微波炉等)，还存在于CD、DVD、内存卡、局域网、因特网等。这一切对数据资源访问使用的合理控制提出了新的挑战。

数据资源的使用控制问题可通过多种途径解决。下面将讨论这些途径及它们各自的特点。首先，从传统访问控制的角度来讨论；再从现代访问控制和数字版权管理角度研究；最后探讨其实现途径。

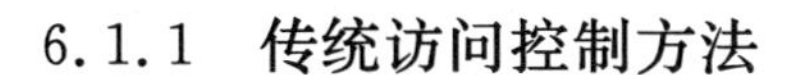

6.1.1　传统访问控制方法

在计算机信息安全史上，实现数据资源使用的可信控制一直是人们努力的目标。最早的方法是传统访问控制，如DAC、MAC和RBAC。现今访问控制仍是计算机信息安全领域的一个重要挑战。数据资源或服务的提供商需要做出判断，决定谁可以访问资源、以何种方式访问何种资源，这是访问控制要实现的关键问题。

过去的30年里，在访问控制的研究和应用方面已经取得了很大进步，但核心思想仍局限于访问控制矩阵上。在访问控制矩阵中，权利被明确地授予主体，主体可通过某种方式访问客体，如读或写的方式。不管目前主体是否正在访问客体，这种权利的授予都是持久性的，即主体可以重复性地访问客体，直至这种访问权利被撤销。尽管在TBAC中实现了动态访问控制，但是在某一权利正在实施的过程中也不能实现即时控制。很多访问控制模型，如DAC、MAC和RBAC，被应用于实际的访问控制策略中。从一定程度上讲，虽然访问控制的实际应用表面上背离了访问控制矩阵，但其核心思想仍停留在主体对客体访问权的判断之上。

近几年来，许多研究者对涉及主客体及权利的传统访问控制矩阵概念进行了不同程度的扩展，但这些扩展大都针对特定的目标问题，不具有通用性。在分布式系统中，主体标识及访问控制列表等概念不再像早期分时系统中那样简单。而且传统访问控制关注于封闭式系统中信息资源的保护，访问控制的实施主要基于已知用户的身份和属性，通过使用引用监控器和特定的授权规则来实现。而在现今网络互联、高动态、分布式计算环境中，数据资源可能在任意地点被未知用户使用和存储，因此需要实现针对任意地点未知用户的资源访问控制。电子图书系统和音乐文件分发系统就是未知用户访问资源的实例。

6.1.2　现代访问控制和数字版权管理方法

随着公钥基础设施的问世，近来对未知用户授权的研究日益受到人们关注。在面向未知用户的可信管理中，使用数字证书确定未知用户的身份从而进行授权。与传统访问控制一样，信任管理实现服务器端的资源保护，不涉及客户端的资源访问控制。而目前的数字版权管理(DRM：Digital Right Management)领域，通过使用客户端引用监控器，实现已分发数据资源在客户端的使用控制，对访问控制领域的发展具有启发意义，但客户端访问控制的实现并非易事。

DRM技术出现在19世纪90年代中期，近来受到广泛关注。它被公认为改变世界的十大技术之一。DRM技术具有商业上的应用价值，目前的DRM方案多专注于基于支付策略的智能版权保护，但它的基础技术也可用于基于支付无关型策略的访问控制中，如用于控制敏感信息的使用。在过去几年里，许多公司开发了DRM实施技术方案，运用了一些基础技术像数字水印、访问控制技术等。一些权利表示语言也被提出。目前许多研究者认为DRM和访问控制在根本上是可以统一的，DRM技术可与访问控制策略结合使用，为可信安全的计算环境奠定了基础。

现在,人们已逐渐意识到传统访问控制在现实应用中的不足,于是很多新的访问授权概念被提出。临时授权的概念指的是,只有当访问主体履行了某些行为要求,权利才被临时授予,不满足条件时将被及时撤销。基于任务授权的概念将所有权利看作可消耗和实时的,权利是一次性(或限定次数)的,并非传统访问控制中授予的权利是静态持久的。这种可消耗权利的行使还可触发其他主客体权利的行使。在现今分布式系统中,访问控制策略可看作多种应用策略之一。在医疗领域,需要综合考虑多种利益团体,其策略的复杂性对访问控制提出了挑战。

6.1.3 使用控制研究范围

上面讨论的访问控制方面的研究都针对特定的目标,缺乏系统的解决方法。如传统访问控制、信任管理和DRM三个领域的研究都专注于各自的目标、联系性很少。传统访问控制在解决现今数字环境下的复杂安全问题时显出其不足之处,急需改进、发展和完善。在DRM领域,虽然已解除了封闭式系统的局限,但缺少有效的访问控制策略的实施;而可信管理只针对服务器端的访问控制,缺乏客户端资源的使用控制;再者,目前隐私保护问题急需解决,是这些领域独自力所不及的。

系统安全主要是指与计算机硬件和软件等资源安全相关的技术手段,主要保护的对象包括数据资源、计算机系统资源和网络资源。使用控制模型用一个统一的大框架涵盖了传统访问控制、信任管理和数字版权保护三大领域,是解决开放式网络环境中权限控制问题的一种切实可行的方法。在使用控制(UCON:Usage Control)系统中不仅可以保护服务器端的数据资源,对于下载的客户端的数字资源也可以起到保护作用,比如控制其使用期限、使用次数和防拷贝等。

图6.1展示了UCON所涵盖的范围及其与其他研究领域的关系。就客体资源而言,敏感信息保护一直是传统访问控制的重要目标之一,近来的访问控制研究也关注智能版权保护和隐私问题,敏感信息的使用控制要求对重要信息资源进行保护。

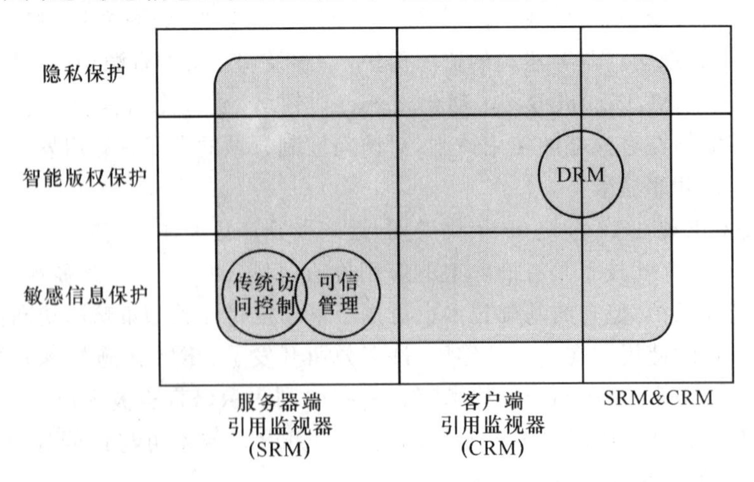

图6.1 UCON所涵盖的范围及其与其他研究领域的关系

UCON有两重含义。在DRM中,它指资源提供者对存储于客户端的资源进行控制;在隐私保护中,情况正好相反,终端用户将其个人信息提供给服务提供商,对其个人信息的使用情况应具有一定控制权。有时,个人隐私信息由第三方提供(如医疗信息提供者),这时,个人也需对其信息拥有一定的使用控制权。UCON也有持续的含义,对资源的访问过程进行持续控制。在传统访问控制中,访问一旦被授权之后,在整个访问过程中是不加控制的,这适用于过去的信息系统,但不能解决目前电子商务的安全访问问题。

在UCON中,客体与使用者、提供者和标识者三种访问主体相关。使用者访问提供者提供的信息资源,这些资源可能含有某主体的隐私信息。提供隐私信息的主体就是标识者,它对该资源客体拥有一定的控制权。使用决策的判断基于这些不同主体间的关系之上。理论上,这些主体间的关系并非单向的,不是简单的提供者决定使用者资源访问权的关系。实现这种多方控制需在决策过程中动态考虑这三方主体。

6.1.4 UCON模型的新特性

UCON模型引入了两种新的重要特征,即"连续性"和"可变性"。在传统的访问控制中,授权决策是在访问操作执行之前进行判断的,而在现代访问控制中,有相对长期持续的资源使用或立即撤销资源使用权限的应用要求,这些都要求在整个资源的使用过程(Ongoing)中对访问请求进行实时监控,这一特征称为"连续性"。连续性控制可以发生在访问资源之前,也可以发生在访问资源过程中,但却不能发生在访问资源之后,因为此时对客体资源访问操作已经完全结束,访问控制对本次访问也就没有任何意义可言。

在使用过程中执行的权限判断可以是基于时间(规定时间间隔、周期性的执行权限检测),也可以是基于事件(特定的事件或上下文情景特征触发权限检测谓词的执行)。在传统的访问控制中,属性只能通过管理行为才能被修改。然而,在许多应用中,这些属性不得不因为主体的行为而被修改。例如,一个主体的银行账户余额必须随着主体的支取或者存入而改变,这种改变也必将影响到主体的下一次或本次的访问权限检测。这种属性的可变性在传统的访问控制中很少被讨论。

对于可变属性的更新可能发生在使用资源之前,或发生在使用的过程中,也可能发生在资源使用完成之后。在UCON模型中一般将属性分为不变属性(管理控制属性)和可变属性(系统控制属性)两类。不变属性必须由管理员通过管理行为进行确定或修改,也就是说不能在系统的运行过程中自动的改变,例如用户的安全证书、工作组等属性。而变动属性是在系统权限决策前、使用中或者是使用后改变属性值,并对本次或是下次的权限决策起重要支持作用。

6.2节将介绍建立在三大决策因素之上的使用控制核心模型($UCON_{ABC}$:Usage Control Authorizations, Obligations, Conditions)。$UCON_{ABC}$模型将为下一代访问控制和可信DRM的实现奠定基础。

在 $UCON_{ABC}$ 模型中,假定不变属性先被分配给主体和客体并且被相应的管理行为管理。换句话说,在 $UCON_{ABC}$ 模型中,应用给不变属性分配的那些约束假定已经实行。虽然可以通过在模型中包含约束属性使 $UCON_{ABC}$ 模型更复杂来实施静态 SoD,但是对主体和客体分配不变属性还是一个管理问题。考虑 UCON 的核心问题并且保持核心模型尽可能地简单。通过简化 $UCON_{ABC}$ 模型中属性的不变方面,将讨论集中在属性的可变方面。可变性是基于历史策略(例如动态 SoD,ChineseWall)的核心属性而且策略需要消耗属性(例如大多数商业 B2C DRM 策略)。可变属性作为主体行为的结果是可修改的,不需要任何更新的管理行为。因此,在 $UCON_{ABC}$ 模型中,需要可变属性的策略在核心模型中实施不被认为是管理方面的问题。而大多数访问控制模型集中力量在不变属性的管理上。$UCON_{ABC}$ 模型从管理问题中分离出核心模型只处理可变属性。

6.2 $UCON_{ABC}$ 模型

使用控制核心模型 ABC 阐述了使用控制中最基本的问题,它只考虑 UCON 的关键因素,没有涉及模型的管理、委托授权及应用实现等问题。针对动态、开放的现代网络环境,使用控制模型基于授权、责任、条件三大决策因素及主客体属性实现动态授权策略。使用控制模型的两大创新就是权限控制具有过程连续性和属性可变性 。

6.2.1 $UCON_{ABC}$ 模型的组成

$UCON_{ABC}$ 模型是使用控制的核心模型,它抓住了使用控制的本质,由如下 8 部分构成:主体、主体属性、客体、客体属性、权利、授权、责任和条件 (见图 6.2)。

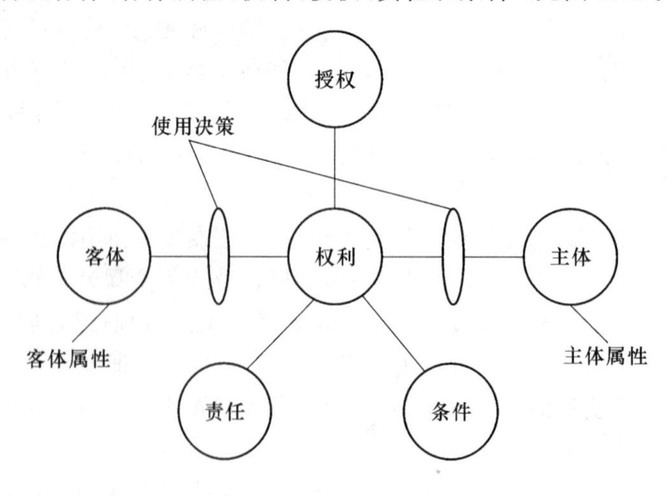

图 6.2 UCON 核心模型

对组成 $UCON_{ABC}$ 模型的各个元素分述如下:

1. 主体、客体及权利

主体和客体来自传统访问控制，是较为熟悉的概念，以相似的方式应用于 $UCON_{ABC}$ 模型。权利指一个主体以特定的方式(如读或写)访问一个客体资源的权限。从这个意义上讲，$UCON_{ABC}$ 模型的权利概念在本质上与传统访问控制的权利相似。它们之间的微妙区别是：$UCON_{ABC}$ 模型的权利不再把权利看成独立于主体的访问控制矩阵的元素，在 $UCON_{ABC}$ 模型中，权利并非独立于主体行为，静态存储于访问控制矩阵中的，而是当主体试图访问客体时才确定并存在。图 6.1 所示的使用决策函数基于主客体属性、授权、责任及条件作出判断，允许之后，权利才可存在。使用决策函数在请求使用资源的时刻作出这个授权决定，该决定依赖于主体属性、客体属性、授权、职责和条件。

2. 主体属性与客体属性

主体和客体属性是指主客体可以用于使用决策判断的性质。实际上，最重要的主体属性之一是主体的身份标识。授权可以基于用户的身份标识实现，也可以允许匿名方式。若采用匿名方式，授权可基于各种属性来实现，如预付信用金额等。主体属性包括身份、组名、角色、成员关系、预付的信用、账户余额和能力列表等。客体的属性包括安全标签、所有关系、种类和访问控制列表等。如在信息资源分发中，价格列表可以作为客体资源属性，例如可以规定对一篇电子文章支付 20 元具有阅读权限，支付 35 元具有分发权限。$UCON_{ABC}$ 模型的一个重要创新是主体和客体的属性是可变的。传统的访问控制很少讨论属性的易变性，属性仅能由管理员进行修改。$UCON_{ABC}$ 模型通过可变属性来实现属性在访问过程中根据主体行为等情况被修改，极大地丰富了访问控制的动作和范围。可变属性会随着主体访问客体的结果而改变，然而不可变的属性仅能通过管理行为改变。需要限制主体访问客体次数和根据访问的时间实时减少账户余额都可方便地利用可变属性。更常见的，各种可消费的授权都可以用这种方式建模。可变属性的引入是 $UCON_{ABC}$ 模型与其他访问控制模型的最大差别之一。

3. 授权、责任和条件

授权、责任和条件(可分别用 A、B、C 表示)是使用决策函数决定主体是否能以特定权利访问客体资源的决定因素。授权是基于主、客体属性以及所请求的权利进行的。与传统访问控制仅在访问前进行授权判断相比，$UCON_{ABC}$ 模型综合考虑授权、责任、条件及主客体属性等多种因素，使控制更加精确化。它实现的过程访问控制，控制资源访问的整个过程。此期间若某权利被撤销，可即时终止相关访问主体的访问行为，这就是 $UCON_{ABC}$ 的过程控制连续性。例如，在资源分发过程中，访问主体的权利可能需要周期性地被检查，如果其父分发商某时刻撤销了该主体的访问权利，那么该主体的访问将立即被终止。这十分符合现代信息资源访问的需求，如对于那些主体访问时间相对较长的信息资源而言，过程访问控制就显得尤为重要。授权也可能更改主体或客体的属性。这些更新可在访问之前、访问中或在访问结束之后进行。例如，按时间计费的系统需要使用结束之后计算使用时间。使用按时间计费的交费信用卡需要在使用过程中周期性的更新信用卡的余额，当余额为0时，访问就被迫终止。责任是主体必须在访问之前或者在访问过程中应完成的行为。一个预先责任例子是：一个用户必须提供合同信息或个人信息才被允许访问公司的技术资料。要求用户必须使某个广告窗口处于打开状态，他才能享受某个服务，是访问过程中控制的例子，属过程责任。条件是与主体或客体属性无关的系统因素，如系统不同的时间段，或系统的负荷。它们也可能包含系统的安全状态，例如正常、告警、被攻击状态等。条件并不被某些个别主体直接控制，条件的评估并不改变任何主体或客体的属性。

使用控制基于授权、责任和条件3个因素进行决策判断，决策判断具有过程连续性及属性可变性两大特性。①过程连续性：指在主体使用客体权利之前及使用权利过程中，系统不断地检查和决定主体是否具有继续使用客体的权利。②属性可变性：指在权利的使用过程中，主客体属性可因访问行为而发生改变，称为属性的更新。属性更新的方式可以是在主体访问客体前，即使用前更新；可以是在主体访问客体过程中，即使用中更新；还可以是在访问结束后，即使用后更新。

6.2.2 $UCON_{ABC}$细化模型

基于上面讨论的 $UCON_{ABC}$ 8个组成部分，以下给出一系列ABC细化模型。该ABC模型是基于授权、责任、条件、连续性控制和可变属性五大因素进行划分的。连续性控制分为预先控制和过程控制两类，可变属性分访问前更新、过程中更新和访问后更新三种。根据连续性控制的类别及属性更新的时间不同，ABC模型的16种核心模型如表6.1所示。假如属性是不可变的，属性不能因主体访问行为而改变，更新就不会发生，这种情况用0来代替；对于可变属性，分别用1、2、3来表示访问前更新、过程中更新和访问后更新。对于可能性不现实的情况用"N"表示。对于预先决策(pre)，属性更新可能仅发生在权利被实施之前或权利实施之后，因为没有使用过程中的决策判断，使用过程中的更新仅能影响将来的请求，因此更新可能在使用结束之后发生。也就是说，对于预先责任或授权而言，过程中的属性更新仅能影响将来的决策判断，对本次访问过程没有影响，因此更新应放在访问之后，preA、preB的属性过程中更新情形标记为N。例如，某用户播放音乐需每小时交费1元，在每首歌播放完之后，使用时间这个属性需要被更新，这就是预先授权，属性访问后改变的例子。对于过程决策(ongoing)，属性更新可能发生在使用之前、使用过程中或使用之后。对于条件因素模式，条件的判断不能更新属性值，因为它只能简单地检查现在的环境和系统状态。符合实际情形的模型共有16种，A模型和B模型各有7种，C模型有2种。在实际应用中，可对这些模型进行综合使用。

ABC的核心模型家族如图6.3所示。其中图(a)展示了ABC模型的组合及其相互关系，以A、B、C(授权、责任、条件)作为组合的基础，在图中将它们置于最底端。在(b)(c)(d)中，A,B,C根据属性更新的时间被分成若干情况。

表 6.1　16 种 $UCON_{ABC}$ 核心模型

存在与否 属性 / 授权方式	0 （属性不可变）	1 （属性访问前更新）	2 （属性过程更新）	3 （属性访问后更新）
预先授权	Y	Y	N	Y
过程授权	Y	Y	Y	Y
预先责任	Y	Y	N	Y
过程责任	Y	Y	Y	Y
预先条件	Y	N	N	N
过程条件	Y	N	N	N

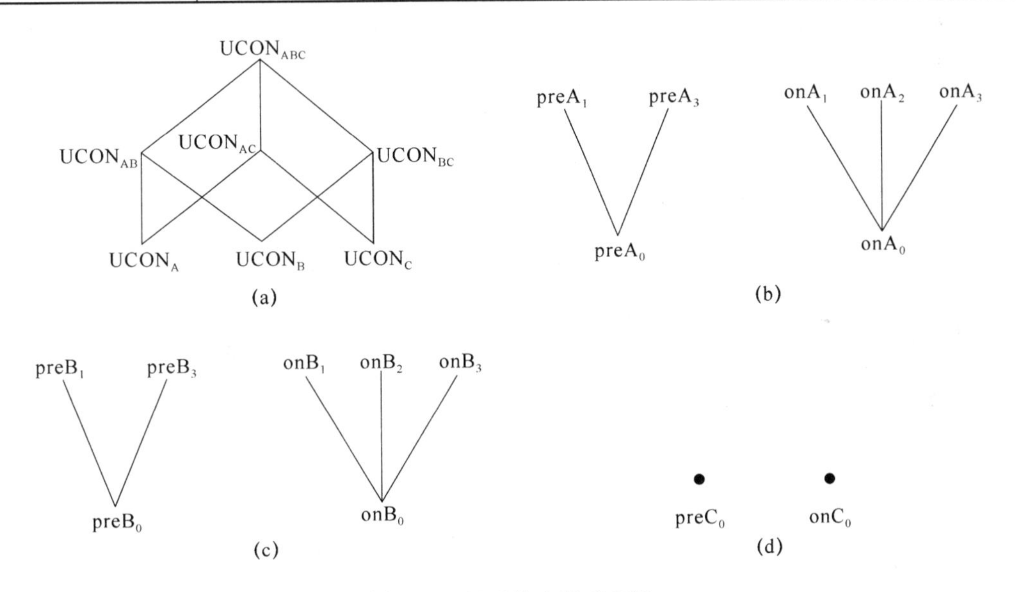

图 6.3　ABC 核心模型家族

6.3　使用决策模型的形式化描述

$UCON_{ABC}$的细化模型符合实际需求的有 16 种，共分成 6 类，它们是预先授权、过程授权、预先责任、过程责任、预先条件、过程条件。

本节将给出不同使用决策模型的形式化描述。根据决策发生在访问前和访问过程中，将核心模型分预先决策模型和过程决策模型两大类型，具体实现时可根据实际情况将两大类模型进行拆分和组合。

6.3.1 预先决策模型

预先决策(UCONpreApreBpreC)模型中使用决策判断发生在资源使用前，该模型不考虑资源使用过程中的情况。UCONpreApreBpreC 模型可分解成 UCONpreA 模型、UCONpreB 模型和 UCONpreC 模型 3 个子模型，每一个子模型又可根据属性更新的时间进行分类组合，如 UCONpreA 可分为：$UCONpreA_0$、$UCONpreA_1$ 和 $UCONpreA_3$，代表属性无更新、属性使用前更新、属性使用后更新模型。下面以 $UCONpreA_0preB_0preC_0$ 模型为例给出形式化描述。

1. $UCONpreA_0preB_0preC_0$ 模型

S,O,R 分别表示主体、客体、权利，ATT(S)、ATT(O)表示主、客体属性，OBS、OBO 和 OB 分别表示责任主体、责任客体和责任操作；

-preOBL$\subseteq$OBS×OBO×OB；　　　　　//预先责任由责任主客体及责任行为组成；

-getPreOBL:S×O×R→2^{preOBL}；　　　　//获取应履行责任函数

-preFulfilled: OBS×OBO×OB→{true,false}；　//检查责任履行函数

-preB(s,o,r) =$\bigwedge_{(obsi,oboi,obi)\in getpreOBL(s,o,r)}$ preFulfilled(obs_i,obo_i,ob_i)；

　　　　　　　　　　//符号"∧"右下角的式子是整个等式成立的必要条件

-preCON；　　　　　　　　　　　　//客体使用前检查的条件约束的集合

-getPreCON:S×O×R→2^{preCON}；　　　　//获取相应条件约束函数

-preConChecked: preCON→{true,false}；　//检查条件满足函数

-preC(s,o,r) =$\bigwedge_{preCONi\in getPreCON(s,o,r)}$ PreCONChecked(PreCONi)；

-allowed(s,o,r) =>preA(ATT(s),ATT(o),r)；

-allowed(s,o,r) =>preB(s,o,r)；

-allowed(s,o,r) =>preC(s,o,r)；

式子中符号"=>"代表符号右边式子是符号左边式子的必要条件。

对以上形式化语言描述，说明如下：

(1) 使用决策进行预先授权判断时，preA(ATT(s),ATT(o),r)表示预先授权仲裁函数，根据主客体属性及请求的权限是否满足授权规则作出授权判断，只有满足要求才允许主体 s 对客体 o 行使权利 r:allowed(s,o,r)。

(2) 使用决策进行预先责任判断时，preOBL 定义了权利使用前需要检查的主体对客体的所有义务的集合；preFulfilled 函数返回权利使用前义务完成的结果，true 表示主体成功完成了义务，false 表示义务没有完成；getPreOBL 是资源使用之前检查各个义务的选择函数，选择检查各个义务是否都已完成，这里被选中检查的义务(obs_i,obo_i,ob_i)是根据主体、客体和主体请求的权利进行区分的；preB(s,o,r)表示预先责任仲裁函数，只有主体 s 完成了指定的义务才允许主体 s 对客体行使权利 r:allowed(s,o,r)。

(3) 使用决策进行预先条件判断时，preConChecked 函数返回资源访问前条件约束的检查结果，以 true 或 false 表示；getPreCON 是资源使用前检查的各个条件约束的选择函数，选择检查各个条件约束是否都已满足；preC(s,o,r)是预先条件仲裁函数，只有资源使用前的系统状态满足条件的要求才允许主体 s 对客体 o 行使权利 r：allowed(s,o,r)。

以上预先决策模型讨论了主客体属性不发生变化的情况。

2. UCONpreA_1 preB_0 preC_0 模型

针对预先授权策略，当存在资源使用前属性更新时，UCONpreA_1 preB_0 preC_0 模型与 UCONpreA_0 preB_0 preC_0 模型相比，增加了 preUpdate 进程：preUpdate(ATT(s))和 preUpdate(ATT(o))，它们分别代表对主体属性和客体属性进行资源使用前更新操作的函数。

3. UCONpreA_3 preB_0 preC_0 模型

当存在资源使用后属性更新时，UCONpreA_3 preB_0 preC_0 模型与 UCONpreA_0 preB_0 preC_0 模型相比，增加了 postUpdate 进程：postUpdate(ATT(s))和 postUpdate(ATT(o))，它们分别代表对主体属性和客体属性进行资源使用后更新操作的函数。

4. UCONpreA_0 preB_1 preC_0 模型

同样，针对预先责任策略，当存在资源使用前属性更新时，UCONpreA_0 preB_1 preC_0 模型与 UCONpreA_0 preB_0 preC_0 模型相比，增加了 preUpdate 进程。

5. UCONpreA_0 preB_3 preC_0 模型

当存在资源使用后属性更新时，UCONpreA_0 preB_3 preC_0 模型与 UCONpreA_0 preB_0 preC_0 模型相比，增加了 postUpdate 进程。

6.3.2 过程决策模型

过程决策(UCONonAonBonC)模型中使用决策判断发生在资源使用过程中，在资源使用过程中不断检查主体是否满足约束限制，而在资源使用前不加任何约束，任何主体都可获得初始资源使用权。UCONonAonBonC 模型可分解成 UCONonA 模型、UCONonB 模型、UCONonC 模型 3 个子模型，每一个子模型又可根据属性更新的时间进行分类组合，如 UCONonA 可分为：UCONonA_0(属性无更新)、UCONonA_1(属性使用前更新)、UCONonA_2(属性过程中更新)和 UCONonA_3(属性使用后更新模型)。下面以 UCONonA_0 onB_0 onC_0 模型为例给出形式化描述。

1. UCONonA_0 onB_0 onC_0 模型

S、O、R 分别表示主体、客体、权利，ATT(S)、ATT(O)表示主客体属性，OBS、OBO 和 OB 分别表示责任主体、责任客体和责任操作；T 是时间或事件的集合。

-onOBL $\subseteq$ OBS × OBO × OB × T；　　//过程责任

-getOnOBL：S × O × R → 2^{onOBL}；　　//获取应履行过程责任的函数

```
-onFulfilled:OBS×OBO×OB×T→ (true,false); //检查过程责任履行函数
-onB(s,o,r) =∧_(obsi,oboi,obi,t) ∈ getOnOBL(s,o,r) onFulfilled(obs_i,obo_i,ob_i,t);
                              //符号"∧"右下角的式子是整个等式成立的必要条件
-onCON                                  //是资源使用过程中检查的条件约束的集合
-getOnCON: S×O×R→2^onCON;               //获取相应过程条件约束函数
-onConChecked: onCON→{true,false}; //检查过程条件满足函数
-onC(s,o,r) =∧_onCONi∈getOnCON(s,o,r) OnCONChecked(OnCON_i);
-allowed(s,o,r) =>true;
-stopped(s,o,r)<= onA(ATT(s), ATT(o),r);
-stopped(s,o,r)<= onB(s,o,r);
-stopped(s,o,r)<= onC(s,o,r);
```

式子中符号"<="代表符号右边式子是符号左边式子的充分条件。

UCONonA_0onB_0onC_0 模型采用过程授权、过程责任、过程条件策略，在资源使用过程中进行使用决策判断，对不满足决策约束限制的主体及时撤销其权限。过程授权、过程责任、过程条件策略分述如下：

(1) 使用决策进行过程授权判断时，onA(ATT(s)，ATT(o)，r)表示过程授权仲裁函数，根据主客体属性及正在使用的权限是否满足授权规则作出授权判断，若不满足要求则立即终止主体 s 对客体 o 行使权利 r：stopped(s，o，r)。

(2) 使用决策进行过程责任判断时，onOBL 定义了权利使用过程中需要检查的主体对客体的所有义务的集合；onFulfilled 函数返回权利使用过程中义务完成的结果，true 表示主体成功完成了义务，false 表示义务没有完成；getOnOBL 是资源使用过程中检查各个义务的选择函数，选择检查各个义务是否都已完成，这里被选中检查的义务(obs_i，obo_i，ob_i，t)是根据主体、客体和主体使用的权利及时间因素进行区分的；onB(s，o，r)表示过程责任仲裁函数，若不满足要求则立即终止主体 s 对客体 o 行使权利 r：stopped(s，o，r)。

(3) 使用决策进行过程条件判断时，onConChecked 函数返回资源使用过程中条件约束的检查结果，以 true 或 false 表示；getOnCON 是资源使用过程中检查的各个条件约束的选择函数，选择检查各个条件约束是否都已满足；onC(s，o，r)是过程条件仲裁函数，若不满足要求则立即终止主体 s 对客体 o 行使权利 r：stopped(s，o，r)。

2. UCONonA_1onB_0onC_0 模型

上面过程决策模型讨论了主客体属性不发生变化的情况，针对过程授权策略，当存在资源使用过程中属性更新时，UCONonA_1onB_0onC_0 模型与 UCONonA_0onB_0onC_0 模型相比，增加了 preUpdate 进程：preUpdate(ATT(s))和 preUpdate(ATT(o))，它们分别代表对主体属性和客体属性进行资源使用前更新操作的函数。

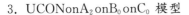

3. $UCONonA_2onB_0onC_0$ 模型

当存在资源使用中属性更新时，$UCONonA_2onB_0onC_0$ 模型与 $UCONonA_0onB_0onC_0$ 模型相比，增加了 onUpdate 进程：onUpdate(ATT(s))和 onUpdate(ATT(o))，它们分别代表对主体属性和客体属性进行资源使用中更新操作的函数。

4. $UCONonA_3onB_0onC_0$ 模型

当存在资源使用后属性更新时，$UCONonA_3onB_0onC_0$ 模型与 $UCONonA_0onB_0onC_0$ 模型相比，增加了 postUpdate 进程：postUpdate(ATT(s))和 postUpdate(ATT(o))，它们分别代表对主体属性和客体属性进行资源使用后更新操作的函数。

5. $UCONonA_0onB_2onC_0$ 模型

同样，针对过程责任策略，当存在资源使用前属性更新时，$UCONonA_0onB_1onC_0$ 模型与 $UCONonA_0onB_0onC_0$ 模型相比，增加了 preUpdate 进程。

6. $UCONonA_0onB_2onC_0$ 模型

当存在资源使用中属性更新时，$UCONonA_0onB_2onC_0$ 模型与 $UCONonA_0onB_0onC_0$ 模型相比，增加了 onUpdate 进程。

7. $UCONonA_0onB_3onC_0$ 模型

当存在资源使用后属性更新时，$UCONonA_0onB_3onC_0$ 模型与 $UCONonA_0onB_0onC_0$ 模型相比，增加了 postUpdate 进程。

在实际应用时，可以根据实际需求对前面介绍的模型进行拆分和组合。

6.4 UCON 模型的引用监控器

访问控制模型的体系结构是访问控制模型实现的关键。传统的访问控制模型实现的关键因素是引用监控器。

6.4.1 引用监控器

引用监控器(Reference Monitor)是一个抽象的概念，所有的访问都是在那些访问控制数据库信息的基础上被授权的，这些访问都是从主体到客体的。

引用监控器思想是为了解决用户程序的运行控制问题而引入的，其目的是在用户(程序)与系统资源之间实施一种授权的访问关系。J. P. Anderson 把引用监控器的职能定义为：以主体(用户等)所获得的引用权限为基准，验证运行中的程序(对程序、数据、设备等)的所有引用。引用监控器在 ISO/IEC 17799 的访问控制框架标准中进行了详细的说明。根据标准，引用监控器由两部分组成，即访问控制执行单元(AEF：Access Enforcement Facility)和访问控制决策单元(ADF：Access Decision Facility)，其作用是验证访问主体的权限、控制受保护的目标客体，如图 6.4 所示。

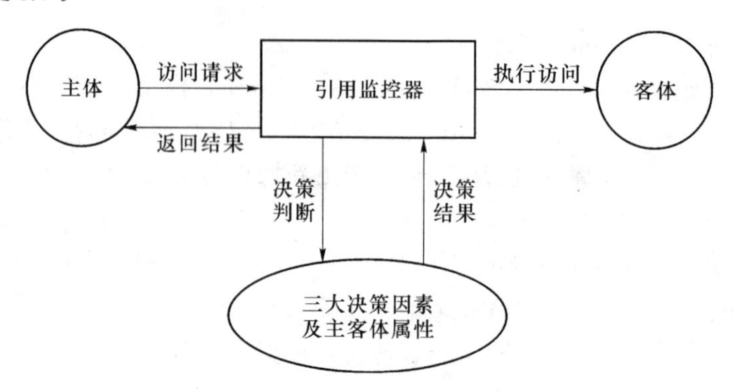

图 6.4 引用监控器

访问主体提出对目标客体的所有访问请求，均被访问控制执行单元（AEF，即是实现访问控制的一段代码、监听程序组件或是硬件器件）截获，执行单元将请求信息和目标信息以决策请求的方式提交给访问控制决策单元（ADF 是一个判断逻辑，如访问控制代码中的判断函数），决策单元根据相关信息返回决策结果，执行单元根据决策结果决定是否执行访问。

访问控制模型根据引用监控器的位置分为基于服务器端的引用监控器（SRM：Server-side Reference Monitor）、基于客户端的引用监控器（CRM：Client-side Reference Monitor）和基于服务器和客户端的引用监控器（SRM & CRM），针对不同的应用需求可以选择相应的引用监控器的实现模式，而采用不同类型的引用监控器也就等同选择了不同体系结构的访问控制模型。3 种引用监控器比较如表 6.2 所示。

表 6.2 3 种引用监控器比较

类型	用户	客体资源位置	访问控制模型	优点	缺点
服务器端引用监控器	任何用户	存储在服务器端	传统的访问控制模型	技术简单成熟、便于综合管理与实现	对已分发数字资源缺乏有效的控制能力
客户端引用监控器	控制域内用户	服务器端或客户端	解决数字版权管理问题的访问控制模型	全面监控分发数字资源的使用时间、方式以及次数	不适合 B2B 电子商务模式
服务器和客户端的引用监控器	任何用户	服务器端和客户端	传统与现代访问控制模型	兼顾 SRM 和 CRM 的优点	

6.4.2 UCON 模型的引用监控器

UCON 模型的引用监控器是在传统的引用监控器的基础上添加了“条件模块”和“责

任模块”这两个决策因素，并进一步完善了“定制模块”和“更新模块”而实现的，其具体的逻辑结构如图 6.5 所示。

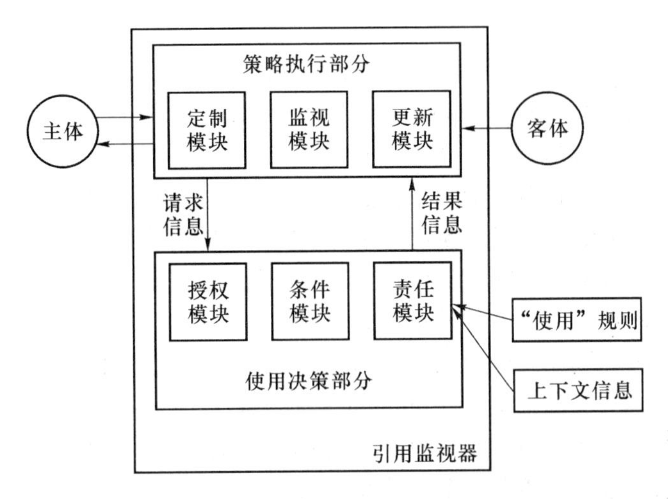

图 6.5 UCON 模型的引用监控器

图 6.5 中 AEF(策略执行部分)始终处于运行状态，其“监视模块”截取每一个访问请求，并将访问请求转给 ADF(使用决策部分)。访问请求信息主要包含的内容有：主体的有关属性、要求访问的客体信息及访问方式。ADF 接收到请求信息后通过“授权模块”、“条件模块”和“义务模块”参照“使用规则”和“上下文信息”得出决策结果反馈给 AEF。决策结果一般可以分为两类：一类为是否允许主体访问客体的信息，常用 yes/no 或有关的标记符表示；另一类是被请求客体允许授权部分的元数据(元数据是关于数据的，它定义了对数据自身有用的各种细节信息)及相应的权限，即客体可以被访问部分的说明信息及访问权限。这些信息返回给 AEF 的“定制模块”，由“定制模块”参照该信息定制客体资源，“定制模块”的主要目的就是既要满足主体的访问需求又要保证避免非必要的信息泄露。此外，访问过程如果需要更改主体或客体的有关属性，则需要触发 AEF 中“更新模块”按照具体的需求在访问前、访问后或是访问过程中修改主、客体的有关属性。

基于 UCON 模型引用监控器中的“监视模块”、“定制模块”与传统引用监控器的相应模块十分类似，只是在功能方面进一步加强。“更新模型”主要体现了 UCON 模型的“可变性”，可以在访问的不同阶段(访问前、访问中、访问后)改变主、客体的有关属性，以影响本次或下次的访问决策。访问控制决策单元体现了 UCON 模型的“连续性”，访问权限的判断可以像传统方式一样发生在使用资源之前，也可以发生在使用资源的过程中。最重要的是 UCON 模型在“授权模块”的基础上又增加了“条件模块”和“义务模块”两个决策因素，更加适应了目前的网络环境和应用需求。此外，“使用规则”和“上下文信息”是权限判断的重要依据，它们一起构成了访问控制集。

6.5 UCON 中的管理

在 $UCON_{ABC}$模型中，主要集中研究主体在客体上的应用。假定授权、职责和条件等应用规则已经给出。主体可以是消费者、供应者或认证者，每一个主体都和其他主体有密切的关系，一个主体可影响其他主体的应用决策。每一主体拥有客体上相应的属于自己的权限，若要行使客体上的权利，可能需要完成某些行使之前、之中或之后的职责。这些职责的行使可以创造其他必须被保护的客体(称为派生客体)。这一系列的关系必须在 UCON 中当作管理问题。这里，简要讨论 UCON 管理的基本问题，相信对 UCON 中管理问题的进一步研究是 UCON 成功的关键。

图 6.6 表明了一个 UCON 决策中的管理三角形，由 3 个主体构成，即识别者主体(Identifiee Subjects)、消费者主体(Consumer Subjects)、提供者主体(Provider Subjects)。这里，消费者主体是一个在供应链中客体内容的最后受益者(最终用户)。如果被提供者许可，一个消费者可以传递客体到另一个消费者，可以控制新的消费者的应用。在这里，最初的消费者成为新的消费者的客体提供者(注意:这个不同于一个消费者传递一个客体或客体副本到另一个代表以前的客体提供者的消费者)。以前的提供者提供分散客体的控制应用。一般情况下，一个消费者对客体的应用可能被一个单一的提供者控制。实际上，虽然可能有多个提供者提供同一客体的副本给一个消费者，但是这些副本被认为是分离的客体，可能具有不同的控制策略。如果一个提供者不是一个客体的产生者，被另一个提供者限制，如果一个客体 o1 包含另外的客体 o2、o3，o1 的一个提供者主体被认为是 o2 和 o3 客体的消费者。此例中，主体 s1 对 o1 的应用能力也被提供者 o2 和 o3 限制。在图 6.6 中，这个应用控制链被称为“连续应用控制”。不像提供者主体，不存在识别者的控制链。识别者主体是各自可识别的信息被包含在客体里的主体。因此具有对客体应用控制的某些权利。

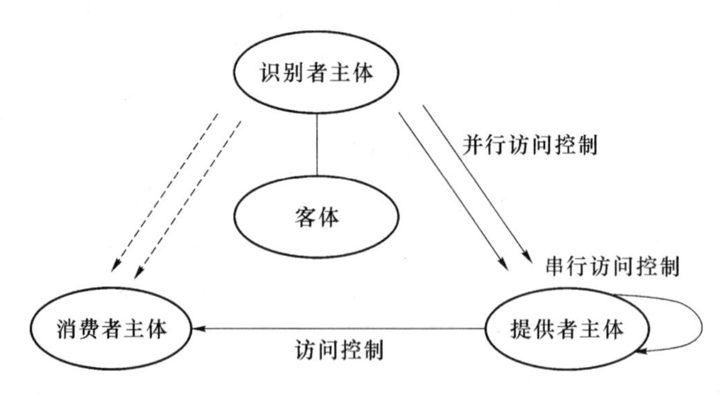

图 6.6 UCON 管理三角形

信用卡信息或者 DNA 信息是个人识别信息的例子。包含多个主体的相关私有信息

的客体的应用在一定程度上被识别主体控制。这些多个应用控制被称为“并行应用控制”。一般来说，识别主体可能限制提供者对客体的应用，控制消费者在私有相关信息上的应用。

总之，UCON 必须被视为一个能够对三个主体方和它们的关系及相互影响进行保护和控制应用的综合方法。在如今的动态分布的数字环境中，传统的单向控制不能再提供足够值得的信任。不像以前的单向（从供应者到消费者）的方法，UCON 的控制决策必须是在可变控制和私有保护方面是多维的。相信这些问题不再只是技术方面的问题。商业规则、法律的和社会的支持也是 UCON 成功的关键。

6.6 访问控制总结

每种访问控制都有各自的特点，表 6.3 列出了主要的几种访问控制的特点。

表 6.3 几种访问控制的主要特点

访问控制模型	主要优点	主要缺点
DAC	基于授权者的访问控制手段，访问控制灵活	安全可靠性低，授权过于灵活
MAC	基于管理的信息流控制原则，支持多级别安全，具有高安全性	授权方式不太灵活，安全级别划分困难
RBAC	角色、继承和约束这些概念与现实世界相吻合，易实现，授权灵活	最小权限约束还不够细化，不具有动态性，不能实现动态的访问控制
TBAC	采用动态授权的主动安全模型，将访问权限与任务相结合实现了动态访问控制，适合工作流系统	只能进行主动的访问控制，对存在的大量非工作流系统不适合
R-TBAC	同时拥有角色与任务两种访问控制的优点，一定程度上实现了工作流系统动静结合的访问控制思想	不适宜用在非工作流系统，不能适应现代信息系统的多样性访问控制需求
$UCON_{ABC}$	将传统访问控制、信任管理和数字版权管理集成一个整体框架，具有连续性控制和属性易变两大特性，丰富和完善了访问控制，适于现代开放式网络环境	是一种抽象的参考性的基本框架，具体实施还存在许多问题，将访问控制、信任管理和数字版权管理真正融合任重而道远

6.7 本章小结

代表新一代访问控制方向的使用控制模型具有各种适合于开放式网络环境的优点。本章介绍了使用控制模型的组成、特点及其形式化描述等，并概述了执行使用决策的引用监控器组成、功能及其分类。

针对动态、开放的现代网络环境，使用控制模型基于授权、责任、条件三大决策因素及主客体属性实现动静结合的授权策略。使用控制模型的两大创新就是权限控制具有过程连续性和属性可变性。$UCON_{ABC}$模型是基于授权、责任、条件、连续性控制和可变属性五大因素进行划分的。连续性控制分为预先控制和过程控制两类，可变属性分访问前更新、过程中更新和访问后更新 3 种。根据连续性控制的类别及属性更新的时间不同，$UCON_{ABC}$模型由 16 种基本模型组成。

引用监控器思想是为了解决用户程序的运行控制问题而引入的，其目的是在用户（程序）与系统资源之间实施一种授权的访问关系。引用监控器由两部分组成：访问控制执行单元和访问控制决策单元，其作用是验证访问主体的权限、控制受保护的目标客体。使用控制能将传统的访问控制、信任管理和数字版权管理统一，为数字资源的存储、访问、传输和使用等各个环节提供安全保障。但使用控制模型定义抽象、实现复杂、不易管理和应用，还需进一步扩展其应用。

习 题 6

1. 请描述使用控制所涉范畴。
2. 使用控制的特点是什么？
3. 表 6.1 中只有 16 种可行的核心模型，请问其他 8 种为什么不可以？
4. 引用监控器的作用是什么？有几种情况？分别是什么？
5. 使用控制中，“连续性”和“可变性“分别代表什么意思？
6. 请举例说明使用控制中授权、责任和条件的含义。
7. 在强制访问控制中，安全标签（安全等级和安全类别）被作为主体属性和客体属性。假如主体属性安全等级的级别高于客体属性安全类别，主体的读请求便被允许。同样，若客体属性安全类别的级别高于主体属性安全等级，写操作便被允许。请采用 $UCONpreA_0$ 实现 MAC 策略。
8. 在自主访问控制中，主体身份和 ACL 表分别是主体属性和客体属性。ACL 列表是主体、权利和客体的映射关系。假如主体的标识名称及所请求的权利存在于 ACL 表中，访问请求被允许。在 RBAC 中，用户角色对应关系和权限角色对应关系被看作主体属性和客体属性，用于授权决策过程中。请采用 $UCONpreA_0$，并利用 ACL 列表实现自主访问控制。
9. 假如主体 s 的余额不少于访问所需费用，则访问请求被允许。一旦请求被允许，主体的余额将被扣除掉所应付的费用。请采用 $UCONpreA_1$，实现 DRM 基于支付型策略。
10. 若主体是会员，则请求被允许，但在访问结束时，该会员的总消费金额应当加上该次访问所支付的费用。请采用 $UCONpreA_3$，实现 DRM 会员支付。

11. 假设只允许 UN 个人同时访问客体资源。当第 UN+1 个人提出访问请求时，前 UN 个人中访问起始时间最早的就要被终止访问。因为是过程授权，所以第 UN+1 人不用经过决策判断就可以进行客体访问。过程授权策略检查目前访问者个数，找出访问起始时间最早的用户进行终止。当然，每个访问者的访问起始时间都需要在访问开始前被记录下来。在每个访问开始或结束时，被访问客体的访问数量属性就要相应地加 1 或减 1。请用 $UCONonA_{13}$ 实现。
12. 假设只允许 UN 个人同时访问客体资源。当第 UN+1 个人提出访问请求时，前 UN 个人中空闲时间最长的就要被终止访问。因为是过程授权，所以第 UN+1 人不用经过决策判断就可以进行客体访问。过程授权策略检查目前访问者个数，找出空闲时间最长的用户进行终止。当然，每个访问者的实际空闲时间都需要被记录下来。请用 $UCONonA_{123}$ 实现。
13. 假设只允许 UN 个人同时访问客体资源。当第 UN+1 个人提出访问请求时，前 UN 个人中总使用时间最长的就要被终止访问。因为是过程授权，所以第 UN+1 人不用经过决策判断就可以进行客体访问。过程授权策略检查目前访问者个数，找出总使用时间最长的用户进行终止。当然，每个访问者的总使用时间都需要被记录下来。请用 $UCONonA_{13}$ 实现。
14. 责任包括责任主体、责任客体和责任行为。责任主体指履行责任的实体，不一定就是访问主体。如小学生要加入某网络社团成为其会员，这要经过父母的允许。这里，父母是履行责任的实体，它不同于访问主体——小学生。责任客体可能是一些不变因素或主客体属性及权利的函数。如用户提交个人信息方可访问数据库，这些个人信息就是一些与主客体无关的不变因素。要求：用抽象函数 getPreOBL 来获取相应的责任，不考虑其如何获取的具体机制，协议责任的履行不涉及任何主客体属性，同意协议责任。请用 $UCONpreB_0$ 实现。
15. 要求：针对不同主体的高低等级需履行不同的协议责任，注意：这里的属性是用于确定该履行何种责任，并非用于决策过程中。请用 $UCONpreB_0$ 实现。
16. 访问主体只需要在登录时履行一次协议责任，因此需要一个主体属性来标记是否已履行责任。请用 $UCONpreB_1$ 实现。
17. 在请求访问时不做任何决策判断，但在访问过程中，要求不同，请根据不同的要求实现形式化的描述。

    (1) 在访问某网站时，要求广告窗口一直保持打开状态，即要求履行过程责任。请用 $UCONonB_0$ 实现。

    (2) 在访问某网站时，前 10 名访问者必须观看 20 分钟的广告。因此每当用户连接到该网站进行访问时，总的访问人数需加 1，以确定此访问者应履行何种责任。请用 $UCONonB_1$ 实现。

    (3) 若访问者在访问过程中，每过 30 分钟需点击观看某广告窗口，因此在访问过程中，上一次点击时间需进行及时更新，请用 UCONonB$_2$ 实现。

(4) 若用户在每个月的访问中，从访问累计 10 小时之后开始点击观看广告窗口，请用 UCONonB$_3$ 实现。

18. 规定 IP 地址的主机方可访问资源，这就是预先条件模型的例子。在访问允许前，检查用户的地址是否符合条件。学生和教员允许的地址是不同的，其条件相应不同，假设一旦访问允许，在访问过程中地址不发生改变。请用 UCONpreC$_0$ 实现。

19. 访问必须在规定时间段内进行。规定白天访问的用户只能在白天(上午 8 点到下午 4 点)访问资源，而规定晚上访问的用户只能在晚上(下午 4 点到 12 点)进行访问。这里的 currentT 指的是当地当时时间，而不是主客体属性。它在访问过程中被周期性地查看，判断其是否在允许的时间段内，结果为否时就终止主体的访问行为。这是预先条件和过程条件结合的模型，因为在请求时，系统就应首先判断访问时间是否在允许范围内。请用 UCONpreC$_0$onC$_0$ 实现。

第7章 身份认证、系统审计和授权管理

现实世界中每个公民都拥有自己的身份，通常用身份证来认证公民的身份。互联网中，用户要经过系统的身份认证，才能获得系统的使用权，身份认证是访问控制的前提。

若要追踪有哪些用户试图进入或使用过 Web 系统，就要做到有迹可循，这是系统审计研究的问题。

访问控制就是控制用户访问资源的权限，向用户和应用程序提供授权管理服务，提供用户身份到应用授权的映射功能，提供与实际应用处理模式相对应的、与具体应用系统开发和管理无关的授权和访问控制机制，简化具体应用系统的开发与维护，是授权管理基础设施要做的事情。

学习目标

- 掌握身份认证的相关知识
- 理解安全审计的相关知识
- 了解授权管理基础设施

7.1 传统身份认证

身份认证即身份识别与鉴别，就是确认实体即为自己所声明的实体，鉴别身份的真伪。

在有安全需求的应用系统中，识别用户的身份是系统的基本要求，身份认证是安全系统中不可缺少的一部分，也是防范入侵的第一道防线。传统的身份认证的方法多种多样，其安全强度也各不相同，具体方法可归结为 3 类：根据用户知道什么、用户拥有什么、用户是什么来进行认证。用户知道什么，一般就是口令、用户标识码(PIN：Personal Identification Number)以及对预先设置的问题的答案；用户拥有什么，通常为令牌或 USB key；用户是什么，这是一种基于生物识别技术的身份认证，分为静态生物认证和动态生物认

证。静态生物认证包括指纹识别、虹膜识别及人脸识别，动态生物认证包括语音识别及笔迹特征识别。

7.1.1 用户名和口令认证

通过用户名和口令进行身份认证是最简单，也是最常见的认证方式，但是认证的安全强度不高。多用户系统、网络服务器、Web 电子商务等系统都要求提供用户名或标识符(ID)，还要求提供口令。系统将用户输入的口令与以前保存在系统中的该用户的口令进行比较，若完全一致则认为认证通过，否则不能通过认证。

根据处理方式的不同，有 3 种方式：口令的明文传送、利用单向散列函数处理口令、利用单向散列函数和随机数处理口令，这 3 种方式的安全强度依次增高，处理复杂度也依次增大。

1. 口令的明文传送

口令以明文形式传送时，没有任何保护，如图 7.1 所示。如果有黑客在客户与验证服务器之间进行窃听，那么很容易知道用户名与口令，从而能对系统进行非法访问。此外，验证服务器存储着全部用户口令的明文，如果不慎泄露，系统将没有任何安全性可言。很多实际的系统都采用这种方式，如远程登录协议 Telnet 就是用明文传输用户名和口令。

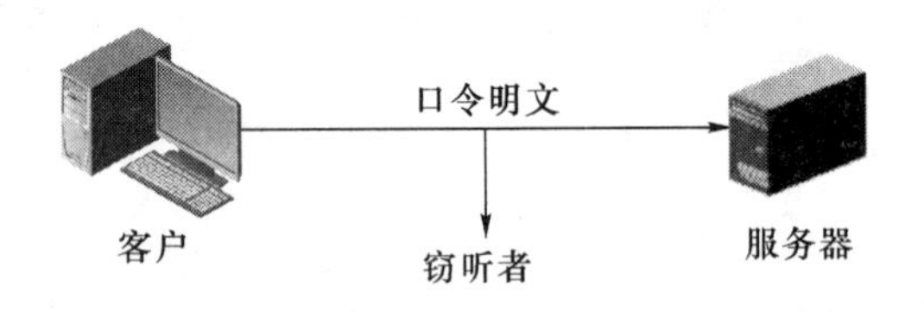

图 7.1 传输口令的明文

2. 利用单向散列函数处理口令

为防止口令被窃听，可用单向散列函数处理口令，传输口令的散列值，而不传输口令本身。用户把口令的散列值传输到验证服务器，验证服务器不存储用户的口令，只存储口令的散列值，比较收到散列值与存储的散列值，若相同就认为有效，若不同就认为无效。这样黑客就窃听不到口令的原文，而且系统管理员都不知道用户的口令，如图 7.2 所示。

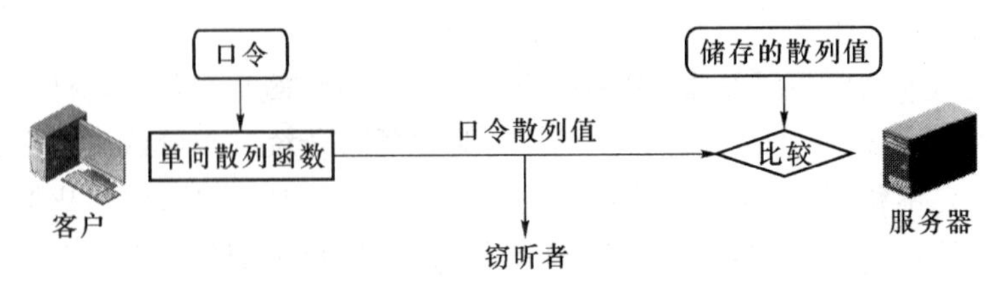

图 7.2 传输口令的散列值

3. 利用单向散列函数和随机数处理口令

传输口令的散列值也存在不安全因素，黑客虽然不知道口令的原文，但是可以截获口令的散列值，直接把散列值发送给验证服务器，也能验证通过，这是一种重放攻击。为解决这个问题，服务器首先生成一个随机数并发给用户，用户把口令散列值与该随机数连接或异或后再用单向散列函数处理一遍，把最后的散列值发给服务器。服务器对存储的口令散列值同样处理，然后与用户传过来的散列值比较，若相同就认为有效，若不同就认为无效。由于每次生成的散列值各不相同，就避免了重放攻击，如图 7.3 所示。

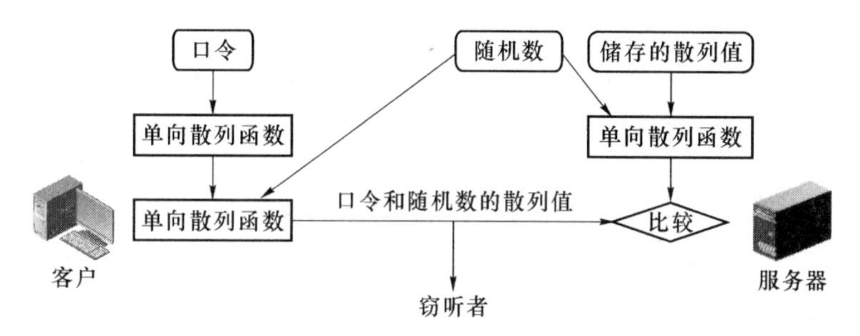

图 7.3 传输口令和随机数的散列值

随机数也可以用时间来代替，服务器不用再给用户发送随机数。对于使用用户名和口令进行身份认证的方法，人本身的记忆力决定了口令的长度和随机性都不是太好，在目前情况下，这种简单的身份认证方法只能用于对安全性要求不高的场合。

7.1.2 令牌和 USB key 认证

在对安全性要求高的场合，可以用数字签名来验证身份，其基本过程是验证服务器向用户发送一个随机数，用户用自己的私钥对其进行数字签名，如果验证服务器能用用户的公钥成功验证签名，那么用户就被认证了。实际的具体实现过程非常复杂，此处不再赘述。这种方法需要重点考虑如何保证私钥的安全，私钥存储在计算机的硬盘中显然是不安全的，必须保存在令牌或 USB key 等密码硬件中。

令牌实际上就是一种智能卡，私钥存储在令牌中，对私钥的访问用口令进行控制。令牌没有物理接口，无法与计算机连接，必须手动把随机数键入令牌，令牌对键入的随机数用私钥进行数字签名，并把签名值的 Base64 编码(一种编码方法，可以把任意二进制位串转化为可打印的 ASCII 码)输出到令牌的显示屏上，用户再键入计算机。如果用时间代替随机数，就不需要用户键入随机数了，更容易使用。在青岛朗讯公司，每位员工都有一个这样的令牌，员工在任何一个地方都可以通过身份认证，安全地登录公司内部网络，大大提高了工作效率。

令牌无法与计算机连接，使用总是不方便，可以用 USB key 代替。USB key 通过 USB 接口直接连接在计算机上，不需要用户手动键入数据，比令牌方便得多。

银行卡是令牌的一种，当我们用银行卡购物消费时需要认证我们的身份。我们在拥有银行卡的同时，还要输入密码，这是基于用户知道什么和拥有什么相结合的身份认证。

7.1.3 生物识别认证

使用生物识别技术的身份认证方法已经广泛使用，主要是根据用户的图像、指纹、气味、声音等作为认证数据。有的公司为了严格职工考勤，购入指纹考勤机，职工上下班时必须按指纹考勤。这避免了以前使用打卡机时职工相互代替打卡的问题，虽然认证是非常严格而且安全了，但职工却有了一种不被信任感，未必是好事。

在安全性要求很高的系统中，可以把这3种认证方法结合起来，达到最高的安全性。

7.2 基于数字证书的识别认证

尽管以上3种认证方式在一定条件下都可以提供相对安全的用户认证，但每一种认证方式都存在这样或那样的缺陷。如非法者可以猜测、盗取或者伪造用户的口令；用户可能丢失令牌或者忘记口令；生物特征的误报、漏报、识别率低、使用成本太高和易用性差等。

7.2.1 数字证书的基本概念

数字证书又称为数字标识或公钥证书，是标志网络用户身份信息的一系列数据。它提供了一种在互联网上身份验证的方式，是用来标志和证明网络通信双方身份的数字信息文件。通俗地讲，数字证书就是个人或单位在互联网的身份证。

数字证书类似于现实生活中的个人身份证。身份证将个人的身份信息(姓名、出生年月日、地址和其他信息)同个人的可识别特征(照片或者指纹)绑定在一起。个人身份证是由国家权威机关(公安部)签发的，该证件的有效性和合法性是由权威机关的签名或签章保障的。因此身份认证可以用来验证持有者的合法身份。同样，数字证书是将证书持有者的身份信息和其所拥有的公钥进行绑定的文件，证书文件还包含签发该证书的权威机构认证中心(CA:Certificate Authority)对该证书的签名。

通过签名保障了证书的合法性和有效性。证书包含的持有者公钥和相关信息的真实性和完整性也是通过CA的签名来保障的。这使得证书发布依赖于对证书本身的信任，也就是说，证书提供了基本的信任机制。证书(和相关的私钥)可以提供诸如身份认证、完整性、机密性和不可否认性等安全服务，证书中的公钥可用于加密数据或者验证对应私钥的签名。

数字证书是由作为第三方的法定数字认证中心中心签发，以数字证书为核心的加密技术可以对网络上传输的信息进行加密和解密、数字签名和签名验证，确保网上传递信息的机密性、完整性，以及交易实体身份的真实性，签名信息的不可否认性，从而保障网络应用的安全性。

如甲乙双方的认证，甲首先要验证乙的证书的真伪，当乙在网上将证书传送给甲时，甲首先要用权威机构CA的公钥解开证书上CA的数字签名，如签名通过验证，证明乙持有的证书是真的；接着甲还要验证乙身份的真伪，乙可以将自己的口令用自己的私钥进行数字签名传送给甲，甲已经从乙的证书中或从证书库中查得了乙的公钥，甲就可以用乙的公钥来验证乙用自己独有的私钥进行的数字签名。如果该签名通过验证，乙在网上的身份就确凿无疑。

数字证书的工作原理是比较复杂的。简单地讲，结合证书主体的私钥，证书在通信时用来出示给对方，证明自己的身份。证书本身是公开的，谁都可以拿到，但私钥（不是密码）只有持证人自己掌握，永远也不会在网络上传播。

例如，在建行网上银行系统中，有3种证书：建行CA认证中心的根证书、建行网银中心的服务器证书、每个网上银行用户在浏览器端的客户证书。有了这3个证书，就可以在浏览器与建行网银服务器之间建立起SSL(Secure Socket Layer)连接。这样，用户的浏览器与建行网银服务器之间就有了一个安全的加密信道。用户的证书可以让与之通信的对方验证其身份（用户确实是用户所声称的那个用户），同样，用户也可以用与之通信的对方的证书验证对方的身份（对方确实是对方所声称的那个对方），而这一验证过程是由系统自动完成的。

目前定义和使用的证书有很多种类，例如X.509证书、WTLS证书(WAP)和PGP证书等。但是大多数证书是X.509公钥证书。

7.2.2　X.509证书

1988年ITU-T发布X.509标准定义了标准证书格式，它首先是作为X.500目录服务系统推荐的一部分出版。1988年标准的证书格式称为v1格式。1993年的版本称为v2格式，它增加了额外的两个字段，以支持目录服务系统的存取控制。1996年6月完成了v3格式的标准化。X.509 v3证书格式在v2基础上通过扩展添加了额外的字段（称为扩展字段），特殊的扩展字段类型可以在标准中或者可以由任何组织定义和注册。

1. X.509证书基本结构

X.509标准用ASN.1语法描述证书如下：

```
Certificate ::= SEQUENCE {
      tbsCertificate          TBSCertificate,
      signatureAlgorithm      AlgorithmIdentifier,
      signature               BIT STRING
      }
TBSCertificate ::= SEQUENCE {
```

```
        version          [0]      Version DEFAULT v1(0),
        serialNumber              CertificateSerialNumber,
        signature                 AlgorithmIdentifier,
        issuer                    Name,
        validity                  Validity,
        subject                   Name,
        subjectPublicKeyInfo      SubjectPublicKeyInfo,
        issuerUniqueID       [1]  IMPLICIT UniqueIdentifier OPTIONAL,
        subjectUniqueID      [2]  IMPLICIT UniqueIdentifier OPTIONAL,
        extensions           [3]  Extensions OPTIONAL
        }
    Version::=INTEGER { v1(0), v2(1), v3(2) }
    CertificateSerialNumber ::=INTEGER
    Validity::=SEQUENCE {
            notBefore  Time,
            notAfter Time }
    Time ::=CHOICE {
            utcTime                UTCTime,
            generalTime            GeneralizedTime }
    UniqueIdentifier ::=BIT STRING
    SubjectPublicKeyInfo ::=SEQUENCE {
            algorithm              AlgorithmIdentifier,
            subjectPublicKey       BIT STRING }
    Extensions ::=SEQUENCE OF Extension
    Extension ::=SEQUENCE {
            extnID          OBJECT IDENTIFIER,
            critical        BOOLEAN DEFAULT FALSE,
            extnValue       OCTET STRING }
```

证书是包含3个字段的组合。这3个字段分别是tbsCertificate,signatureAlgorithm和signature。

(1) signatureAlgorithm

signatureAlgorithm字段是CA签发证书使用的签名算法标识符。由ASN.1结构确定一个算法标识符：

```
    AlgorithmIdentifier::=SEQUENCE{
        algorithm              OBJECT IDENTIFIER,
```

```
    parameters              ANY DEFINED BY algorithm OPTIONAL}
```

算法标识符用于识别出采用的签名算法，可选参数字段的内容决定于具体的算法。算法标识符必须和 tbsCertificate 字段中签名字段的算法标识符相同。

(2) signature

signature 字段是对 tbsCertificate 的 DER 编码的数字签名。tbsCertificate 的 DER 编码将作为签名函数的输入。通过产生数字签名，CA 能证明在 tbsCertificate 字段中信息的有效性。特别是，CA 能够认证在证书中公开密钥和证书的主体(也就是证书持有者)的绑定。

(3) tbsCertificate

这个字段是真正的证书，含有主体(也就是证书持有者)和发行者的名字、与主体联系起来的公开密钥、有效期和其他相关信息，说明如下：

① version：这个字段描述证书的版本。现在广泛使用的是 v3 版本。

② serialNumber：序列号是 CA 给每一个证书分配的一个整数。它是特定 CA 签发的证书唯一代码(即发行者名字和序列号唯一识别一张证书)。对于 CA 签发的证书而言，序列号字段唯一标识了该份证书，这就类似于个人身份证中的身份证号码一样。

③ signature：签名字段含有算法标识符，这个算法是 CA 在证书上签名使用的算法。与 Certificate 中 signatureAlgorithm 字段是相同的。它看起来似乎没有太多的用途，但是实际上可以通过检查签名算法标志来判断 CA 对证书的签名是否符合所声明的算法。这样可以防止某些可能出现的攻击行为。

④ issuer：发行者字段用来标识发行证书的 CA。发行者字段含有一非空的唯一名字(DN：Distinguished Name)。DN 由多个字段构成，含有相当丰富的内容，从国家名、组织名一直到实体名。

⑤ validity：证书有效期是时间间隔，在这期间 CA 保证它将保持关于证书的状况的信息。把该字段描述为级联的两个日期：证书有效期开始(notBefore)和证书有效期结束(notAfter)。notBefore 和 notAfter 可以作为 UTCTime 或者 GeneralizedTime 类型编码。

⑥ subject：主体实际上就是证书持有者。主体字段必须含有一个唯一名 DN。

⑦ subjectPublicKeyInfo：主体公开密钥信息，这个字段包括公开密钥和密钥使用算法的标识符。算法使用 AlgorithmIdentifier 结构来标识。

⑧ extensions：扩展字段仅出现在 v3 中。在一张证书中的每一项扩展可以是关键的或者非关键的(由字段 critical 决定)。如果应用系统遇到一项不能识别的关键扩展，那么必须拒绝接受此证书；但是，如果不能识别的项是非关键扩展，则可以被忽视。对证书至关重要的扩展应标记为关键扩展，不是那么重要的应标记为非关键扩展。应该谨慎采用在证书中的任何关键扩展，这可能阻碍在一般情况下的证书应用。

2. X.509 证书扩展

X.509 证书拥有种类非常多的扩展，这些扩展使得证书结构变得异常复杂。下面简单介绍几种重要的扩展。

(1) 密钥用途扩展

这个字段指出公钥(或与之对应的私钥)的用途，常用的用途有：

① digitalSignature：用于数字签名。但不包括②、⑥和⑦中的那些目的。

② nonRepudiation：在一个提供抗抵赖的服务中用于数字签名，以防止签名的实体在事后否认某些操作。但不包括⑥和⑦中的目的。

③ keyEncipherment：用于加密对称密钥等机密信息。

④ dataEncipherment：用于加密用户数据，但不包括③中的密钥和机密信息。

⑤ keyAgreement：用于密钥协商。

⑥ keyCertSign：用于 CA 对证书的签名。

⑦ cRLSign：用于 CA 对证书吊销列表 CRL(Certificate Revocation List)的签名。

(2) 私钥使用期限扩展

这个字段指出对应于一个认证了的公钥的私钥的使用期限。它只能用于数字签名密钥。私钥的有效使用期限可能与证书的有效期不同。对于数字签名密钥，用于签名的私钥的使用期通常要比用于认证的公钥使用期短。

(3) 基本限制扩展

这个扩展用来区分 CA 证书和一般用户证书。只有 CA 证书才能用来签发证书，而且这个扩展还可以确定 CA 证书签发证书的种类：是只能签发一般用户证书，还是能再签发下一级的 CA 证书，甚至它还可以进一步确定下级 CA 的个数。

(4) CRL 分布点扩展

这个字段标识一个或多个与本证书相关的 CRL 分布点，用户可以从一个可用的分布点获得一个 CRL，来验证该证书是否被撤销。

7.2.3 证书验证方法

在讨论具体的信任模型前，首先应讨论如何验证一个证书。证书验证是确定证书在某一时刻是否有效以及确认它能否符合用户意图的过程，证书只有在验证有效后才能使用，它包括以下内容：

(1) 证书是否包含一个有效的数字签名，以此确定证书内容没有被修改过，保持数据的完整性。这可利用颁发者(CA)的公钥来验证。

(2) 颁发者(CA)的公开密钥是否有效，是否可以用来验证证书上的数字签名。

(3) 当前使用证书的时间是否在证书的有效期内。

(4) 证书(或其对应的密钥)是否用于最初签发它的目的。

(5) 检查证书撤销列表 CRL 或利用 OCSP 协议，验证证书是否被撤销。

只有这些过程全部无误，才说明这张证书是有效的，才可以使用。请注意第(2)条，CA 的公开密钥是否有效。在 CA 的证书里。首先要验证 CA 的证书是否有效，然后再验证本证书是否有效，因此这是一个递归的过程。CA 证书也许是另一个较大的 CA 签发的，那就要验证较大 CA 的证书，较大 CA 的证书也许是另一个更大 CA 签发的，那就要验证更大 CA 的证书，一直进行下去，直到最后一个 CA，它的证书是自己给自己签发的。这种 CA 称为根 CA，它的证书称为自颁发或自签名证书。这样会形成一个证书链。顶端是根 CA 的自签名证书，中间是中级 CA 的证书，最后才是一般用户的证书。要验证证书链中的全部证书。在实际应用中，证书链中的证书一般有 2～5 个。

一般用户的身份由中级 CA 保证，中级 CA 的身份由根 CA 来保证，但是谁能保证根 CA 的身份？谁都无法确定从网上传来的根 CA 证书的真伪。不过，在现实生活中可以去根 CA 的办公地点或其代理机构，复制它的证书。

根 CA 都是实力雄厚的大公司，有很多可靠的途径来分发它的根证书，而且其证书的有效期长达几十年。最简单的办法是，根 CA 的证书已经预装在很多软件(特别是操作系统)中，安装了这个软件的同时也就拥有了根 CA 的证书。比如，Windows 里预装了很多著名根 CA 的证书，“证书管理器”中“受信任的根证书颁发机构”中的证书都是根 CA 的证书，而且这些根 CA 的证书均受到信任，如图 7.4 所示。

图 7.4 Windows 中预装的根 CA 证书

这些证书在安装完 Windows 后就出现在里面了。所谓根 CA 证书被信任，就是指它是有效的，可以用来验证下级 CA 的证书。在 Windows 中，只有导入"受信任的根证书颁发机构"中的根 CA 证书才是被信任的。

7.2.4 数字证书

1. 数字证书的优点

（1）抗抵赖：经电子签名的数据或文件，可证明用户的抵赖行为。

（2）防数据泄露：使用数字证书对信息加密，即使被窃取，也无法查看原文。

（3）验证数据完整：对信息进行电子签名，接收方可通过签名校验数据是否被篡改，验证数据的完整性。

（4）防止木马病毒侵害：传统的"账号＋密码"登录方式存在被木马病毒盗取账户信息的风险，使用存储在安全 USBKEY 中的数字证书登录，拥有 USBKEY 物理介质才可登录应用系统。

（5）验证用户身份真实、有效：服务器端验证用户证书的合法性，只有受系统信任、授权的用户才可访问应用系统。

（6）数字证书不能被篡改或伪造：只有 CA 用自己的私钥签发的数字证书才能得到签名验证。

2. Windows 中的数字证书

在所有的 Windows 系统中都有证书，打开 IE 浏览器，单击"工具"→"Internet 选项"→"内容"→"证书"，即可打开证书管理器，如图 7.5 所示。

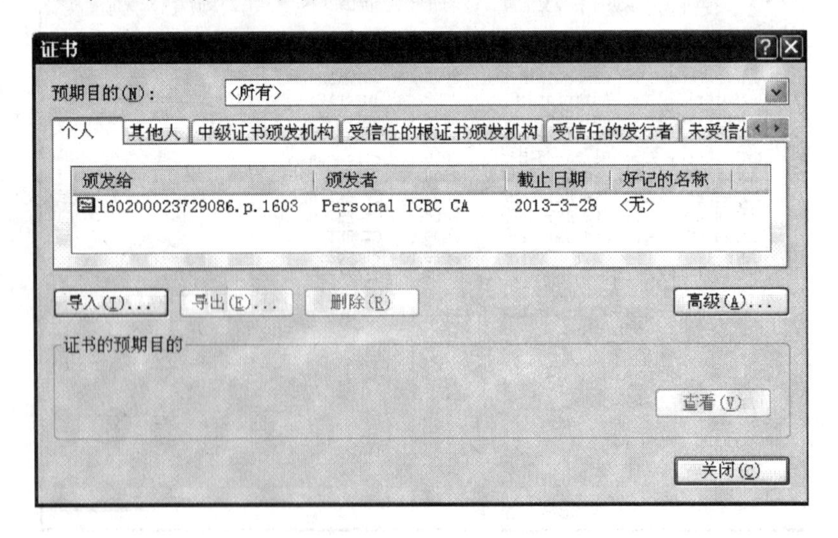

图 7.5 证书管理器

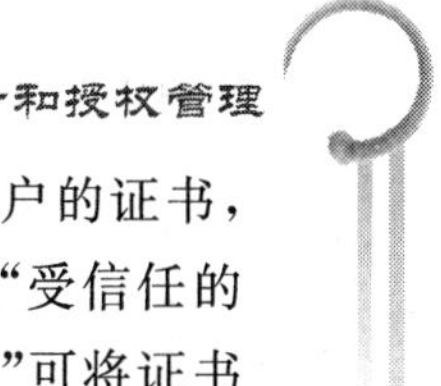

证书管理器将显示系统证书存储区中所有的证书。“个人”指本计算机用户的证书，“其他人”指非本计算机用户的证书，“中级证书颁发机构”指中级 CA 的证书，“受信任的根证书颁发机构”指根 CA 的证书，而且这些根 CA 的证书均受到信任。“导出”可将证书从证书存储区中导出为文件，“导入”可将证书文件导入证书存储区。如果将根 CA 的证书导入证书存储区，则意味着它受到了用户的信任。

选择某一证书，单击“查看”按钮，即可查看其详细信息，如图 7.6 所示。“详细信息”选项卡中显示证书所有字段的信息，“证书路径”选项卡则显示这个证书所在的证书链。如果这个证书有一个对应的私钥，那么将显示“您有一个与该证书对应的私钥。”

图 7.6　证书信息

7.3　系统审计

7.3.1　审计及审计跟踪

审计(Audit)是指产生、记录并检查按时间顺序排列的系统事件记录的过程，它是一个被信任的机制。同时，它也是计算机系统安全机制的一个不可或缺的部分，对于 C2 及其以上安全级别的计算机系统来讲，审计功能是其必备的安全机制。而且，审计是其他安全机制的有力补充，它贯穿计算机安全机制实现的整个过程，从身份认证到访问控制这些都离不开审计。同时，审计还是后来人们研究的入侵检测系统的前提。安全审计系统的基本结构如图 7.7 所示。

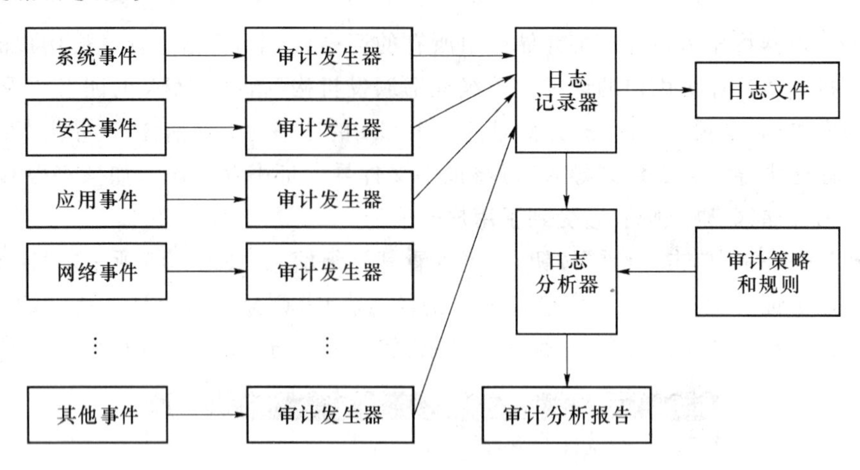

图 7.7　安全审计系统的基本结构

审计跟踪(Audit Trail)是系统活动的记录,这些记录足以重构、评估、审查环境和活动的次序。从这个意义来讲,审计跟踪可用来实现确定和保持系统活动中每个人的责任、重建事件、评估损失、监测系统问题区、提供有效的灾难恢复以及阻止系统的不正当使用等。

作为一种安全机制,计算机系统的审计机制的安全目标有:

- 审查基于每个目标或每个用户的访问模式,并使用系统的保护机制。
- 发现试图绕过保护机制的外部人员和内部人员。
- 发现用户从低等级到高等级的访问权限转移。
- 制止用户企图绕过系统保护机制的尝试。
- 作为另一种机制确保记录并发现用户企图绕过保护的尝试,为损失控制提供足够的信息。

7.3.2　安全审计

审计是记录用户使用计算机网络系统进行所有活动的过程,它是提高安全性的重要工具,经过事后的安全审计可以检测和调查安全漏洞。

1. 价值

(1) 它不仅能够识别谁访问了系统,还能指出系统正被怎样的使用。

(2) 对于确定是否有网络攻击的情况,审计信息对于确定问题和攻击源很重要。

(3) 系统事件的记录能够更迅速和系统地识别问题,并且它是后面阶段事故处理的重要依据。

(4) 通过对安全事件的不断收集与积累并且加以分析,有选择性地对其中的某些站点或用户进行审计跟踪,以提供发现可能产生破坏性行为的有力证据。

2. 目的

安全审计就是对系统的记录与行为进行独立的品评考查，其目的是：

(1) 测试系统的控制是否恰当，保证与既定安全策略和操作能够协调一致。

(2) 有助于作出损害评估。

(3) 对控制、策略与规程中特定的改变作出评价。

3. 考虑方面

安全审计跟踪机制的内容是在安全审计跟踪中记录有关安全的信息，而安全审计管理的内容是分析和报告从安全审计跟踪中得来的信息。安全审计跟踪将考虑：

(1) 要选择记录什么信息。审计记录必须包括网络中任何用户、进程、实体，获得某一级别的安全等级的尝试：包括注册、注销，超级用户的访问，产生的各种票据，其他各种访问状态的改变，并特别注意公共服务器上的匿名或访客账号。

实际收集的数据随站点和访问类型的不同而不同。通常要收集的数据包括：用户名和主机名、权限的变更情况、时间戳、被访问的对象和资源。当然这也依赖于系统的空间(注意：不要收集口令信息)。

(2) 在什么条件下记录信息。

(3) 为了交换安全审计跟踪信息所采用的语法和语义定义。收集审计跟踪的信息，通过列举被记录的安全事件的类别(例如明显违反安全要求的或成功完成操作的)，应能适应各种不同的需要。已知安全审计的存在可对某些潜在的侵犯安全的攻击源起到威慑作用。

审计是系统安全策略的一个重要组成部分，它贯穿整个系统不同安全机制的实现过程，它为其他安全策略的改进和完善提供了必要的信息；它的深入研究为后来的一些安全策略的诞生和发展提供了契机。入侵检测系统就是在审计机制的基础上得到启示而迅速发展起来的。

7.3.3 Web 信息系统的审计信息

Web 信息系统的审计信息一般有登录日志和操作日志组成。登录日志一般比较简单，操作日志可根据系统的安全需求不同而变化。

1. 登录日志

登录日志是提供给系统管理员进行管理使用的，记录所有用户的登录信息，包括登录账号、登录时间、离开时间、登录主机的 IP 地址、登录是否成功、失败原因等信息。除了查看登录信息外，此子模块还提供给系统管理员删除过期日志信息的功能。

图 7.8 是一个 Web 信息系统的登录日志界面 ，在主操作区将出现登录日志信息。

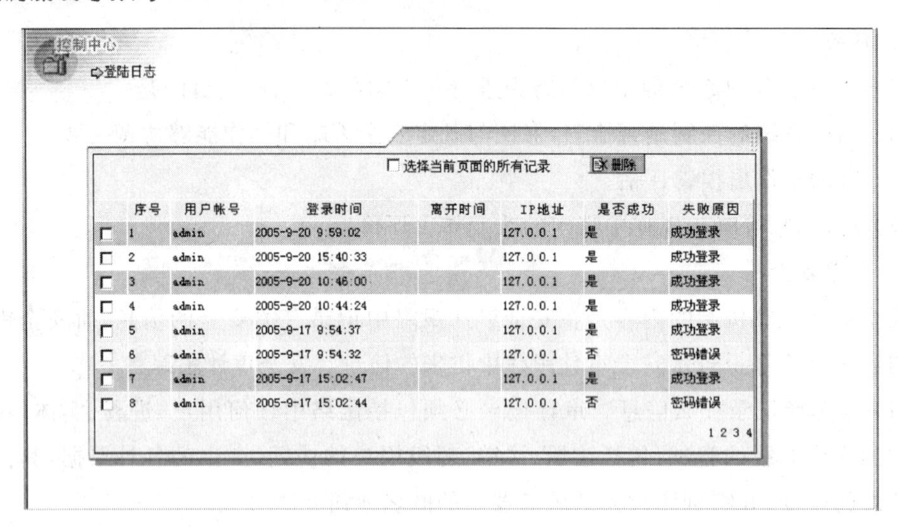

	序号	用户帐号	登录时间	离开时间	IP地址	是否成功	失败原因
□	1	admin	2005-9-20 9:59:02		127.0.0.1	是	成功登录
□	2	admin	2005-9-20 15:40:33		127.0.0.1	是	成功登录
□	3	admin	2005-9-20 10:46:00		127.0.0.1	是	成功登录
□	4	admin	2005-9-20 10:44:24		127.0.0.1	是	成功登录
□	5	admin	2005-9-17 9:54:37		127.0.0.1	是	成功登录
□	6	admin	2005-9-17 9:54:32		127.0.0.1	否	密码错误
□	7	admin	2005-9-17 15:02:47		127.0.0.1	是	成功登录
□	8	admin	2005-9-17 15:02:44		127.0.0.1	否	密码错误

图 7.8　登录日志界面

当登录不成功时原因有两种:用户名错(不存在)或密码错。如果登录日志信息中连续出现多次用户名错,则考虑恶意攻击的可能。

2. 操作日志

操作日志提供对用户重要操作行为的记录,系统管理员可以通过操作日志查看用户对数据库的关键操作,及时发现用户的不合理操作或非法操作,保证系统数据的安全。同时,操作日志也提供给系统后期维护一个很有用的参考。除了查看功能外,操作日志也提供给系统管理员删除过期操作信息的功能。

一个 Web 信息系统的操作日志界面如图 7.9 所示。

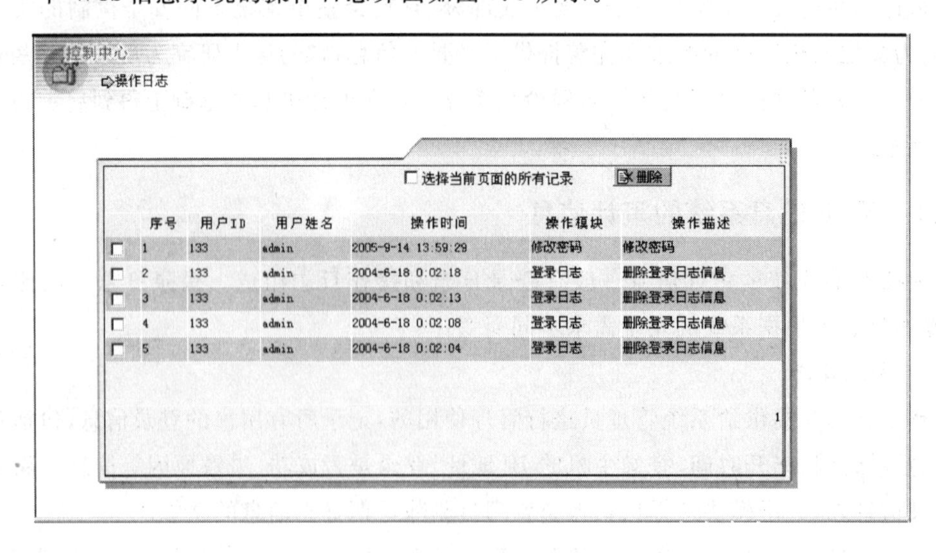

	序号	用户ID	用户姓名	操作时间	操作模块	操作描述
□	1	133	admin	2005-9-14 13:59:29	修改密码	修改密码
□	2	133	admin	2004-6-18 0:02:18	登录日志	删除登录日志信息
□	3	133	admin	2004-6-18 0:02:13	登录日志	删除登录日志信息
□	4	133	admin	2004-6-18 0:02:08	登录日志	删除登录日志信息
□	5	133	admin	2004-6-18 0:02:04	登录日志	删除登录日志信息

图 7.9　操作日志界面

操作日志可以包含很丰富的信息，图7.9仅包含了操作日志的最基本信息，即哪个用户在什么时间对哪个模块进行了哪种方式的操作，这对安全性要求很高的系统是远远不够的。在高安全领域，操作日志信息还应该包括：删除的具体信息、增加的具体信息、将什么样的旧信息替换成了什么样的新信息等。

7.4 授权管理基础设施

访问控制就是控制用户访问资源的权限，如何证明用户所具有的权限正是授权管理基础设施（PMI：Privilege Management Infrastructure）要做的事情。

7.4.1 PMI概述

PMI是国家信息安全基础设施（NISI：National Information Security Infrastructure）的一个重要组成部分，目标是向用户和应用程序提供授权管理服务，提供用户身份到应用授权的映射功能，提供与实际应用处理模式相对应的、与具体应用系统开发和管理无关的授权和访问控制机制，简化具体应用系统的开发与维护。

PMI是一个由属性证书（AC：Attribute Certificate）、属性权威（AA：Attribute Authority）、属性证书库等部件构成的综合系统，用来实现权限和证书的产生、管理、存储、分发和撤销等功能。PMI使用属性证书表示和容纳权限信息，通过管理证书的生命周期实现对权限生命周期的管理。属性证书的申请、签发、撤销、验证流程对应着权限的申请、发放、撤销、使用和验证的过程。而且，使用属性证书进行权限管理使得权限的管理不必依赖某个具体的应用，而且利于权限的安全分布式应用。

授权管理基础设施PMI以资源管理为核心，对资源的访问控制权统一交由授权机构统一处理，即由资源的所有者来进行访问控制。同公钥基础设施（PKI：Public Key Infrastructure）相比，两者主要区别在于：PKI证明用户是谁，而PMI证明这个用户有什么权限，能干什么，而且PMI需要PKI为其提供身份认证。PMI与PKI在结构上是非常相似的。信任的基础都是有关权威机构，由它们决定建立身份认证系统和属性特权机构。在PKI中，由有关部门建立并管理根CA，下设各级CA、RA和其他机构；在PMI中，由有关部门建立权威源点（SOA：Source Of Authority），下设分布式的AA和其他机构。

PMI实际上提出了一个新的信息保护基础设施，能够与PKI和目录服务紧密地集成，并系统地建立起对认可用户的特定授权，对权限管理进行了系统的定义和描述，完整地提供了授权服务所需过程。

7.4.2 PMI技术的授权管理模式及其优点

授权是资源的所有者或者控制者准许他人访问资源，这是实现访问控制的前提。对于简单的个体和不太复杂的群体，可以考虑基于个人和组的授权，即便是这种实现，管理起来也有可能是困难的。当面临的对象是一个大型跨国集团时,如何通过正常的授权以便保证合法的用户使用公司的资源,而不合法的用户不能得到访问控制的权限,这是一个复杂的问题。

授权是指客体授予主体一定的权力,通过这种权力,主体可以对客体执行某种行为,例如登录,查看文件、修改数据、管理账户等。授权行为是指主体履行被客体授予权力的那些活动。因此,访问控制与授权密不可分。

授权服务体系主要是为网络空间提供用户操作授权的管理,即在虚拟网络空间中的用户角色与最终应用系统中用户的操作权限之间建立一种映射关系。授权服务体系一般需要与信任服务体系协同工作,才能完成从特定用户的现实空间身份到特定应用系统中的具体操作权限之间的转换。

目前建立授权服务体系的关键技术主要是 PMI。PMI 技术通过数字证书机制来管理用户的授权信息,并将授权管理功能从传统的应用系统中分离出来,以独立服务的方式面向应用系统提供授权管理服务。由于数字证书机制提供了对授权信息的安全保护功能,因此,作为用户授权信息存放载体的属性证书同样可以通过公开方式对外发布。由于属性证书并不提供对用户身份的鉴别功能,因此,属性证书中将不包含用户的公钥信息。考虑到授权管理体系与信任服务体系之间的紧密关联,属性证书中应标明与之相关联的用户公钥证书,以便将特定的用户角色(对应于操作权限)绑定到对应的用户上。

在 PMI 中主要使用基于角色的访问控制。其中角色提供了间接分配权限的方法。在实际应用中,个人被签发角色分配证书使之具有一个或多个对应的角色,而每个角色具有的权限通过角色定义来说明,而不是将权限放在属性证书中分配给个人。这种间接的权限分配方式使得角色权限更新时,不必撤销每一个属性证书,极大地减小了管理开销。

授权管理体系将授权管理功能从传统的信息应用系统中剥离出来,可以为应用系统的设计、开发和运行管理提供很大的便利。应用系统中与授权处理相关的地方全部改成对授权服务的调用,因此,可以在不改变应用系统的前提下完成对授权模型的转换,进一步增加了授权管理的灵活性。同时,通过采用属性证书的委托机制,授权管理体系可进一步提供授权管理的灵活性。

与信任服务系统中的证书策略机制类似,授权管理系统中也存在安全策略管理的问题。同一授权管理系统中将遵循相同的安全策略提供授权管理服务,不同的授权管理系统之间的互通必须以策略的一致性为前提。

与传统的同应用密切捆绑的授权管理模式相比,基于 PMI 技术的授权管理模式主要存在以下 3 个方面的优势:

1. 授权管理的灵活性

基于 PMI 技术的授权管理模式可以通过属性证书的有效期以及委托授权机制来灵活地进行授权管理,从而实现了传统的访问控制技术领域中的强制访问控制模式与自主访问控制模式的有机结合,其灵活性是传统的授权管理模式无法比拟的。

与传统的授权管理模式相比，采用属性证书机制的授权管理技术对授权管理信息提供了更多的保护功能；而与直接采用公钥证书的授权管理技术相比，则进一步增加了授权管理机制的灵活性，并保持了信任服务体系的相对稳定性。

2. 授权操作与业务操作相分离

基于授权服务体系的授权管理模式将业务管理工作与授权管理工作完全分离，更加明确了业务管理员和安全管理员之间的职责分工，可以有效地避免由于业务管理人员参与到授权管理活动中而可能带来的一些问题。基于PMI技术的授权管理模式还可以通过属性证书的审核机制来提供对授权过程的审核，进一步加强了授权管理的可信度。

3. 多授权模型的灵活支持

基于PMI技术的授权管理模式将整个授权管理体系从应用系统中分离出来，授权管理模块自身的维护和更新操作将与具体的应用系统无关。因此，可以在不影响原有应用系统正常运行的前提下，实现对多授权模型的支持。

7.4.3 PMI系统的架构

PMI授权服务体系以高度集中的方式管理用户和为用户授权，并且采用适当的用户身份信息来实现用户认证，主要是PKI体系下的数字证书，也包括动态口令或者指纹认证技术。安全平台将授权管理功能从应用系统中分离出来，以独立和集中服务的方式面向整个网络，统一为各应用系统提供授权管理服务。

PMI在体系上可以分为3级，分别是SOA中心、AA中心和AA代理点。在实际应用中，这种分级体系可以根据需要进行灵活配置，可以是三级、二级或一级。授权管理系统的总体架构如图7.10所示。

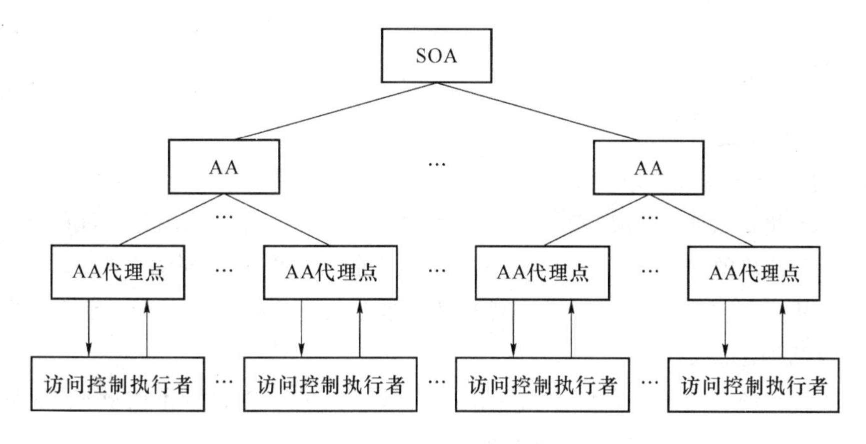

图7.10 授权管理系统的总体架构示意图

1. SOA

SOA是整个授权管理体系的中心业务节点，也是整个PMI的最终信任源和最高管理机构。SOA 中心的职责主要包括：授权管理策略的管理、应用授权受理、AA 中心的设立审核及管理和授权管理体系业务的规范化等。

2. AA

AA 中心是 PMI 的核心服务节点，是对应于具体应用系统的授权管理分系统，由具有设立 AA 中心业务需求的各应用单位负责建设，并与 SOA 中心通过业务协议达成相互的信任关系。AA 中心的职责主要包括：应用授权受理、属性证书的发放和管理，以及 AA 代理点的设立审核和管理等。AA 中心需要为其所发放的所有属性证书维持一个历史记录和更新记录。

3. AA 代理点

AA 代理点是 PMI 的用户代理节点，也称为资源管理中心，是与具体应用用户的接口。是对应 AA 中心的附属机构，接受 AA 中心的直接管理，由各 AA 中心负责建设，报经主管的 SOA 中心同意，并签发相应的证书。AA 代理点的设立和数目由各 AA 中心根据自身的业务发展需求而定。AA 代理点的职责主要包括应用授权服务代理和应用授权审核代理等，负责对具体的用户应用资源进行授权审核，并将属性证书的操作请求提交到 AA 进行处理。

4. 访问控制执行者

访问控制执行者是指用户应用系统中具体对授权验证服务的调用模块，因此，实际上并不属于 PMI，但却是授权管理体系的重要组成部分。访问控制执行者的主要职责是：将最终用户针对特定的操作授权所提交的授权信息（属性证书）连同对应的身份验证信息（公钥证书）一起提交到授权服务代理点，并根据授权服务中心返回的授权结果，进行具体的应用授权处理。

7.4.4 对 PMI 系统的要求及 PMI 的应用

1. 对 PMI 系统的要求

PMI 通过结合授权管理系统和身份认证系统补充了 PKI 的弱点，提供了将 PKI 集成到应用计算环境的模型。PMI 权限管理和授权服务基础平台应该满足下面的要求：

（1）平台策略的定制应该灵活，能够根据不同的情况定制不同的策略。例如，不同级别的政府机关，同一级别的不同部门，策略可能是截然不同的，PMI 应该能够根据这些不同的情况灵活地定制策略。

（2）平台管理功能的操作应该简单。由于管理人员可能属于不同领域，他们在权限管理方面的知识参差不齐，所以管理功能应该尽量简单。

（3）平台应该具有很好的扩展能力。例如，可以随时的增加功能模块，而不必改变原来的程序构架，或改动很小；可以随时增加决策标准；可以针对不同的应用定制实施模块。

（4）平台应该具有较好的效率，避免决策过程明显地影响访问速度。

(5) 平台应该独立于任何应用。

随着信息安全市场的成熟,对访问控制产品的兴趣和认识日益增长,显示出 PMI 系统良好的应用前景。PMI 应用能够有效地增强系统的安全性,改变现有的多种权限管理模型带来权限管理混乱,降低应用系统的开发成本,提高企业的效率。

2. PMI 应用举例

以基于 PKI/PMI 的 IP 宽带城域网安全应用来简要说明 PMI 的应用。

采用 PKI/PMI 体系构建信任与授权服务支撑平台,为 IP 宽带城域网提供信任服务和授权服务。平台通过对用户的公钥证书(包含序列号、IP 地址、MAC(Media Access Control)地址等信息)和用户的属性证书(包含角色、访问控制权限等信息)的认证、授权和管理来建立一个统一的智能化信任与授权基础环境,确立了"一实体一证、统一发证、分布式逐级管理"的 IP 宽带城域网运营管理模式。

"一实体一证"由公钥证书的唯一性准确地标识用户身份。所谓"统一发证"是指:由第三方证书认证中心(CA)负责统一签发 IP 宽带城域网的用户、设备的公钥证书;由信任与授权服务支撑平台提供属性证书的统一签发并实现证书的统一管理。而"分布式逐级管理"是指:网络信任域按实际的责任和管理范围来划分,每个城市或地区的 IP 宽带城域网系统也可以根据用户类型划分成基本信任域(如可区别普通家庭用户、大客户等)。每个基本信任域都有自己的管理系统负责本信任域的管理,该管理系统通过信任与授权服务支撑平台提供信任与授权服务的支持。以此模式构筑一个责任明确、管理方便、覆盖全系统的网络信任域及管理体系。

目前,深圳电信采用了当今先进的网络产品和技术,充分开展各种先进的 IP 网络服务,代表了目前我国各大城市中最新的 IP 宽带城域网网络状况。该项目的关键技术之一是将我国具有自主知识产权的 PKI 和 PMI 等信息安全技术,应用到电信 IP 宽带网中来,构建了信息安全基础设施平台。其中采用了数字证书方式实现电信宽带 IP 网络的用户认证和授权,从而实现了 IP 宽带网的可控制、可管理、可经营。

7.5 本章小结

身份认证是系统的第一道防线,只有经过身份认证,用户才能访问系统。当一个用户有权利访问系统时,一般仅允许他访问系统的部分资源,这需要访问控制来控制主体对客体的访问,访问控制作为安全防御措施的一个重要环节,其作用是举足轻重的。审计系统记录系统中发生的各种事件,如试图访问系统、成功访问系统,这些记录有助于发现入侵者的行为和企图。PMI 利用属性证书将用户与其角色(本质上就是权限)绑定在一起,作为一种安全基础设施,可同时为多个应用提供权限管理服务。

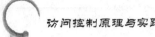

习 题 7

1. 比较各种身份认证的优缺点。
2. 审计的意义是什么?
3. 属性证书有哪些特点?
4. 比较公钥证书和属性证书的不同,包括内容、应用和颁发方法。
5. 说明 PKI 和 PMI 有何差异,它们在信息安全基础设施中是如何共存和相互作用的?
6. 为什么签发数字证书需要可信第三方?
7. 通过什么方式保证数字证书不可篡改或伪造?
8. 淘宝网的数字证书的签发是否存在安全隐患?
9. 综合应用:要求开发一个 Web 信息系统,条件要求如下:

(1) 选择简单易行的安全身份认证;

(2) 系统中的角色很多,并且在系统运行过程中随时有新的角色产生,选择一种访问控制策略;

(3) 规划数据库实现安全高效的访问控制;

(4) 审计信息不但包括成功访问系统的记录,而且还包括试图登录系统但不成功的。

第8章 数据库中的访问控制

数据的机密性离不开访问控制的保护。每当一个主体要对数据库客体进行访问时，访问控制机制就根据一组授权来检查用户的访问权限。一个授权描述一个主体是否对一个数据客体进行一个特定的操作，通常由安全管理员根据访问控制策略定义。数据库的访问控制是具体的，要通过具体的数据库语句来实现。

学习目标

- 掌握关系数据库自主访问控制
- 掌握基于角色的数据库访问控制
- 掌握基于内容的数据库访问控制
- 理解数据库访问控制的授权机制

8.1 关系数据库自主访问控制

关系数据库系统的访问控制模型与操作系统的访问控制模型有不同之处。首先，关系数据库系统的访问控制模型应该用逻辑数据模型来表示，对关系数据库的授权应该用关系、关系属性和记录来表示。其次，在关系数据库系统中，除了基于名称的访问控制以外，还要支持基于内容的访问控制。在基于名称的访问控制中，通过指明客体的名称来实施对客体的保护。在基于内容的访问控制中，系统可以根据数据项的内容决定是否允许对数据项进行访问。借助SQL这样的描述性查询语言，在关系数据库系统中，很容易建立基于内容的访问控制模型。通常，这些访问控制模型是以数据内容的筛选条件的描述为基础的。

在关系数据库管理系统(RDBMS：Relational Database Management System)自主访问控制模型的发展中，System R提供了一个经典的访问控制模型，对商用关系数据库管理系统访问控制模型产生了重大影响。System R的访问控制模型具有以下特性：

(1) 非集中式的授权管理;

(2) 授权的动态分发与回收;

(3) 通过视图支持基于内容的授权。

System R 的访问控制模型中的授权的分发与回收命令,即 GRANT 与 REVOKE 命令,后来得到了 SQL 标准的采纳。在 System R 的基本模型的基础上,关系数据库系统的自主访问控制模型不断得到拓展,新的特性不断丰富,典型的特性有:

(1) 否定式授权;

(2) 基于角色和基于任务的授权;

(3) 基于时态的授权;

(4) 敏感的授权。

自主访问控制模型对于实现数据库系统的访问控制具有广泛的意义,但是,它们存在一定的不足。例如,一旦主体获得授权访问了信息,自主访问控制模型就无法进一步对这些信息的传播和使用进行任何控制。

在关系数据库管理系统的自主访问控制策略中,根据主体的标识和授权的规则控制主体对客体的访问。一个自主访问控制策略的自主性体现在它允许主体自主地把访问客体的权限授予给其他主体。

定义 8.1(授权) 一个授权可以通过以下具有一般性的式子来描述:(S, O, A,P)。其中,S、O、A、P 分别表示主体、客体、访问类型和谓词。该授权所表达的意思是:当谓词 P 为真时,主体 S 有权对客体 O 进行 A 类型的访问。通常,A 可以表示在 O 上的查询、插入、更新或删除等操作。

如果使 P 取空值,则可以得到授权的简单形式:(S, O, A)

它表示主体 S 有权对客体 O 进行 A 类型的访问。如果设 S 为用户 CAROL,O 为表 EMP,A 为 SELECT,则以上授权表示用户 CAROL 具有在表 EMP 上执行 SELECT 操作的权限。

8.1.1 授权的分发与回收

关系数据库管理系统自主访问控制的重要内容是授权的管理,系统中的授权管理指的是系统分发授权和回收授权的功能,该功能负责在访问控制机制中建立授权和撤销授权。

定义 8.2(授权格式) 建立授权的一般操作可以表示为以下形式,它表示把客体 O 上的 A 访问权授权给主体 S:GRANT (S, O, A)

格式:GRANT A1[,A2,…][ON 对象类型 O] TO S1[,S2,…] [WITH GRANT OPTION]

功能:将指定客体对象 O 的指定访问权 A1[,A2,…]授权给指定的主体 S1[,S2,…]。

说明:其中,WITH GRANT OPTION 选项的作用是实现授权委托,允许获得指定访问权的主体把权限再授予其他主体。

定义 8.3(撤销授权格式)　撤销授权的一般操作可以表示为以下形式,它表示撤销主体 S 在客体 O 上的 A 访问权:REVOKE (S, O, A)

格式:REVOKE A1[,A2,…] [ON 对象类型 O] FROM S1[,S2,…];

功能:把已经授予指定主体在指定客体上的指定访问权收回。

常见的授权管理策略有集中式授权管理和基于属主的授权管理。

定义 8.4(集中式授权管理)　集中式授权管理是这样的一种授权管理方式,它只允许一些拥有特权的主体分发和回收授权。

定义 8.5(基于属主的授权管理)　基于属主的授权管理是这样的一种授权管理方式:它由客体的属主来负责分发和回收任意主体对相应客体的访问授权。

通常,基于属主的授权管理提供对委托授权的支持。

定义 8.6(委托授权)　委托授权指的是一个主体把对客体访问授权的分发和回收权传递给另一个主体,使得另一个主体能够分发和回收对相应客体的授权。

设 S1、S2 和 S3 是 3 个主体,O1 是客体,且 S1 是 O1 的属主。那么,在基于属主的授权管理策略中,S1 负责对 O1 的授权进行管理,它可以授权 S2 访问 O1,也可以撤销 S2 对 O1 的访问权;同时,S1 可以委托 S2 对 O1 进行授权管理,这样,S2 可以授权 S3 访问 O1,也可以撤销 S3 对 O1 的访问权。S2 还可以进一步委托 S3 对 O1 进行授权管理,依此类推,不断持续下去。这就是委托授权管理。

显然,委托授权管理是一种非集中式的授权管理,因而,基于属主的授权管理是非集中式的授权管理。

1. 授权的分发与回收方法

利用 SQL 这种描述性语言,很容易实现关系数据库管理系统中基于属主的访问授权管理模型。请看如下几个示例。

例 8.1　用户 SCOTT 是表 EMP 的属主,SCOTT 可以执行以下操作,给用户 BOB 分发在 EMP 上的查询授权,使 TOM 可以查询 EMP 中的记录。使用如下 SQL 语句可完成要求的授权操作:

```
GRANT SELECT ON emp TO tom
```

例 8.2　用户 SCOTT 是表 EMP 的属主, SCOTT 可以执行以下操作,给用户 TOM 分发在 EMP 上的插入授权,使 TOM 可以向 EMP 中插入记录。使用如下 SQL 语句可完成要求的授权操作:

```
GRANT INSERT ON emp TO tom
```

例 8.3　用户 SCOTT 是表 EMP 的属主,SCOIT 可以执行以下操作,回收用户 TOM 在 EMP 上的查询授权,使 TOM 不能查询 EMP 中的记录。使用如下 SQL 语句可完成要求的授权操作：

```
REVOKE SELECT ON emp FROM tom
```

例 8.4 用户 SCOTT 是表 EMP 的属主，SCOTT 可以执行以下操作，给用户 TOM 分发在 EMP 上的查询授权，使 TOM 可以查询 EMP 中的记录，并且，把 EMP 上的查询授权委托给 TOM，使 TOM 可以给其他用户分发在 EMP 上的查询授权，或者回收其他用户在 EMP 上的查询授权。使用如下 SQL 语句可完成要求的授权操作：

```
GRANT SELECT ON emp TO tom WITH GRANT OPTION
```

例 8.5 用户 TOM 已经获得在表 EMP 上的查询授权的委托，TOM 可以执行以下操作，给用户 ALICE 发放在 EMP 上的查询授权，使 ALICE 可以查询 EMP 中的记录。

```
GRANT SELECT ON emp TO alice
```

例 8.6 用户 SCOTT 是表 EMP 的属主，SCOTT 可以执行以下操作，回收用户 TOM 在 EMP 上的查询、插入、更新和删除授权。使用如下 SQL 语句可完成要求的授权操作：

```
REVOKE SELECT, INSERT, UPDATE, DELETE ON emp FROM tom
```

上面的几个例子说明，授权的分发和回收操作是针对某张表的某种访问类型进行工作的。给用户分发了在某张表上的某种访问类型的授权后，该用户就能够对相应的表进行相应的访问了。如例 8.1 给用户 TOM 分发了在表 EMP 上的查询授权后，TOM 就能够对 EMP 进行 SELECT 访问了。回收了用户在某张表上的某种访问类型的授权后，该用户就不能对相应的表进行相应的访问了。如例 8.5 回收了用户 TOM 在 EMP 上的查询授权后，TOM 就不能对 EMP 进行 SELECT 访问了。

2. 委托管理下的授权回收

授权的委托管理会给授权回收操作的语义带来一些新的问题。

如果把某张表上的某个授权的管理权委托给了某个主体，当要回收该主体拥有的相应授权时，该主体很有可能已经把相应的授权分发给了其他主体，这时，只回收该主体的授权也许是不够的。

如例 8.4 中把表 EMP 上的 SELECT 授权的管理权委托给了用户 TOM，例 8.6 要回收 TOM 在 EMP 上的 SELECT 授权。可是，在此之前，在例 8.5 中，TOM 已经把在 EMP 上的 SELECT 授权分发给了用户 ALICE。

从本质上看，ALICE 之所以拥有在 EMP 上的 SELECT 授权，完全是因为把 EMP 上的 SELECT 授权的管理权委托给 TOM 的缘故，所以，回收 TOM 在 EMP 上的 SELECT 授权时，不能不考虑 ALICE 在 EMP 上的 SELECT 授权。

因而，在委托授权管理的环境下，授权回收操作的语义应该定义如下。

定义 8.7(授权回收操作的语义) 主体 S1 回收主体 S2 的 A 授权的操作是成功的，当且仅当，回收操作完成后，只有在 S1 把 A 授权的管理权委托给 S2 前存在的那些授权才是有效的。

以上定义的意思是：S1 回收 S2 的 A 授权后，系统中的授权情况应该与 S1 把 A 授权的管理权委托给 S2 前相同，就好像 S1 从来没有把 A 授权的管理权委托给 S2 一样。这样就实现了授权的级联回收。

通过上面的例子得知：回收 TOM 在 EMP 上的 SELECT 授权后，系统中的授权情况应该与把 EMP 上的 SELECT 授权的管理权委托给用户 TOM 前相同，此时，ALICE 不应该拥有在 EMP 上的 SELECT 授权，可见，在回收 TOM 在 EMP 上的 SELECT 授权时，也应该回收 ALICE 在 EMP 上的 SELECT 授权。

为了满足定义 8.7 中的条件，每当回收某个主体在某张表上的某个授权时，需要进行递归的授权回收操作，以便把因该授权的分发而得以建立的在该表上的所有授权全部撤销。

8.1.2 否定式授权

前面谈到的数据库访问授权都是肯定式授权，也就是说，当给某个主体授予某种权限时，就表示允许该主体对某个客体进行某种访问；反之，当不给主体授权时，就表示不允许该主体对客体进行访问。例如，给用户 TOM 授予在表 EMP 上的 SELECT 权限，就表示允许 TOM 查询 EMP 中的记录；反之，不给 TOM 授予在 EMP 上的 SELECT 权限，就表示不允许 TOM 查询 EMP 中的记录。

在只有肯定式授权的访问控制策略下，当一个主体试图对一个客体进行访问时，如果在系统中能找到相应的访问授权，则访问可以进行；如果在系统中找不到相应的访问授权，则访问就被拒绝。也就是说，没有授权等同于禁止访问。

采取这样的方法来实现禁止访问的需求存在一定的不足。因为，如果想禁止一个主体对一个客体进行访问，唯一的办法就是不给该主体授予访问对应客体的权限。可是，现在不给主体授权，并不能保证该主体将来都不会获得所需的权限。毕竟，所有拥有某个客体的授权管理权的主体，都能够给其他主体授予访问该客体的权限。

例 8.7 用户 TOM 拥有表 EMP 的授权管理权，TOM 要禁止用户 CAROL 查询 EMP 中的记录，TOM 的办法就是不给 CAROL 分发 EMP 上的 SELECT 授权，此刻，CAROL 确实无法查询 EMP 中的记录。用户 ALICE 也拥有 EMP 的授权管理权，她不知道其他用户禁止 CAROL 查询 EMP，因此，她给 CAROL 分发了 EMP 上的 SELECT 授权，这时，CAROL 便能够对 EMP 进行查询操作。至此，TOM 无法达到禁止 CAROL 查询 EMP 中记录的目的。引入否定式授权可以解决访问控制中的这一缺陷。

前面用 A 来描述 A 类型的授权，这是肯定式授权，即给主体 S 分发客体 O 上的一个 A 授权，其意义是授权主体 S 对客体 O 进行 A 类型的访问。

定义 8.8(否定式授权) 设 A 为任意的授权，用 NOA 来标记与 A 授权相关的另一个授权，它的含义是禁止 A 授权，即给主体 S 分发客体 O 上的一个 NOA 授权的含义是：禁止主体 S 对客体 O 进行需要 A 授权才能进行的访问。NOA 称为相对于授权 A 的一个否定式授权，分发 NOA 授权的过程称为进行否定式授权。

例 8.8 设 NODELETE 是与 DELETE 对应的否定式授权，那么，给用户 TOM 分发表 EMP 上的 NODELETE 授权，就表示禁止 TOM 在 EMP 上执行 DELETE 操作，从而禁止 TOM 删除 EMP 中的记录。

在同时支持肯定式授权和否定式授权的系统中，出现授权冲突是避免不了的。如果主体 S 既获得了在客体 O 上的肯定式 A 授权，也获得了在客体 O 上的否定式 NOA 授权，冲突就发生了。在这种情况下，是允许 S 对 O 进行 A 操作还是禁止 S 对 O 进行 A 操作呢？可以采用以下的否定优先原则解答这个问题。

规则 8.1（否定优先原则） 如果一个主体既拥有在某个客体上进行某种操作的肯定式授权，也拥有在该客体上进行同样操作的否定式授权，那么，否定式授权发挥作用，肯定式授权不起作用，就是说否定式授权优先。

注意：只要主体 S 同时拥有在客体 O 上的肯定式 A 授权和否定式 NOA 授权，那么，起控制作用的一定是 NOA 授权，不管 A 授权和 NOA 授权哪个先分发，哪个后分发，系统都禁止 S 对 O 进行 A 类型的访问。这样就解决了例 8.7 中存在的问题。

否定式授权也可应用于在普遍授权环境中临时屏蔽某个主体可能获得的肯定式授权，以实现一些例外情况。

例如，如果想授权某个组中除了某个组员以外的其他所有组员对某张表进行访问，那么，可以给该组分发一个在给定表上的指定访问类型的肯定式授权，然后，再给该组员分发一个在同一张表上的相同访问类型的否定式授权。

前面提到的组、组员、表和访问类型分别是 G1、U1、O1 和 A1 就是想让 G1 中的所有用户都能对 O1 进行 A1 操作，但 U1 是个例外，要禁止它的操作，做法就是给 G1 分发 O1 上的 A1 授权，给 U1 分发 A1 上的 NOA1 授权。

这里涉及组和组员的授权问题，而且授权是冲突的，一个是肯定式授权，另一个是否定式授权。访问控制应该以哪个授权为准呢？采用以下的个体优先原则处理这个问题。

规则 8.2（个体优先原则） 如果某个组及其组中的某个用户都拥有同一个客体上的同一种访问类型的授权，并且，两者所拥有的授权是冲突的，那么，用户拥有的授权发挥作用，组拥有的授权不起作用。

这个规则确定了组与组员间的授权冲突处理办法。当组与组员间存在授权冲突时，总是组员所拥有的授权优先于组所拥有的授权，不管组员所拥有的授权是否定式授权还是肯定式授权。

例 8.9 设用户 TOM 拥有表 EMP 的授权管理权，用户 CAROL 是组 G1 中的成员，TOM 给 G1 分发了 EMP 上的 SELECT 授权。请问，CAROL 能否查询 EMP 中的记录？

解答：CAROL 是 G1 中的成员，G1 拥有 EMP 上的 SELECT 授权，因而 CAROL 也拥有 EMP 上的 SELECT 授权，所以 CAROL 可以查询 EMP 中的记录。

例 8.10 设用户 TOM 拥有表 EMP 的授权管理权，用户 CAROL 是组 G1 中的成员,TOM给G1分发了EMP上的肯定式SELECT授权,给CAROL分发了EMP上的否定式NOSELECT授权。请问,CAROL能否查询EMP中的记录?

解答:G1拥有EMP上的SELECT授权,CAROL拥有EMP上的NOSELECT授权,这两个授权是冲突的,根据个体优先原则,CAROL拥有的NOSELECT授权发挥作用,所以CAROL不能查询EMP中的记录。

例8.11 设用户TOM拥有表EMP的授权管理权,用户CAROL是组G1中的成员,TOM给G1分发了EMP上的否定式NOSELECT授权,给CAROL分发了EMP上的肯定式SELECT授权。请问:CAROL能否查询EMP中的记录?

解答:G1拥有EMP上的NOSELECT授权,CAROL拥有EMP上的SELECT授权,这两个授权是冲突的,根据个体优先原则,CAROL拥有的授权发挥作用,所以CAROL可以查询EMP中的记录。

在例8.9中,并没有给用户CAROL授权,但给组G1授予了查询表EMP的权限,由于CAROL是G1中的成员,所以CAROL也拥有了查询EMP的权限。

在例8.10中,给G1授予了查询EMP的权限,给CAROL授予了禁止查询EMP的权限,结果是CAROL不能查询EMP,否定式授权屏蔽了肯定式授权。

在例8.11中,给G1授予了禁止查询EMP的权限,给CAROL授予了查询EMP的权限,结果是CAROL可以查询EMP,肯定式授权屏蔽了否定式授权。

结合个体优先原则和否定优先原则,授权冲突问题的整体解决方案是:

- 当一个主体既得到组授权又获取了单独的授权时,单独授权屏蔽组的授权;
- 当一个主体获取了单独的多次授权或得到多次组授权时,否定式授权屏蔽肯定式授权。

作为安全数据库管理系统的一个实例,SeaView系统支持否定式授权,它只提供一个否定式权限,即NULL权限。NULL权限禁止主体对客体进行任何类型的访问。

例8.12 设在SeaView系统中,用户TOM和ALICE拥有表EMP的授权管理权,在T1时刻,TOM给用户CAROL分发了EMP上的SELECT、INSERT、UPDATE和DELETE授权,在T2时刻,ALICE给CAROL分发了EMP上的NULL授权。请问:

(1) 在T1时刻之后T2时刻之前,CAROL对EMP拥有什么访问权限?

(2) 在T2时刻之后,CAROL对EMP拥有什么访问权限?

解答:(1) 因为在T1时刻,TOM授权CAROL对EMP进行查询、插入、更新和删除操作,所以,在T1之后T2之前,CAROL对EMP拥有查询、插入、更新和删除访问权限。

(2) 在T2时刻,ALICE给CAROL授予了NULL权限,这是禁止进行任何类型的访问的否定式权限,所以,在T2时刻之后,CAROL被禁止对EMP进行任何访问。

SeaView系统根据以下规则和顺序处理授权的冲突问题:①直接分发给用户的授权屏蔽分发给用户所在组的授权;②分发给一个主体的NULL授权屏蔽分发给该主体的所有其他授权。

SeaView 系统处理授权冲突的这两个规则与规则 8.1（否定优先原则）及规则 8.2（个体优先原则）是一致的。

例 8.13 设在 SeaView 系统中，用户 TOM 拥有表 EMP 的授权管理权，用户 CAROL 是组 G1 中的成员，TOM 给 G1 分发了 EMP 上的 NULL 授权，给 CAROL 分发了 EMP 上的 SELECT 授权。请问：CAROL 能否查询 EMP 中的记录？

解答：虽然 CAROL 在 G1 中，NULL 授权禁止 G1 中的用户对 EMP 进行任何类型的访问，但是 CAROL 直接获得了对 EMP 的 SELECT 访问权，根据 SeaView 系统的授权冲突处理规则，直接分发给用户 CAROL 的授权屏蔽分发给 CAROL 所在组 G1 的授权，所以 CAROL 可以查询 EMP 中的记录。

8.1.3 递归授权回收和非递归授权回收

在允许进行授权的委托管理的情况下，回收授权时，需要考虑授权传递的连带效果。定义 8.7 描述了这种情形下授权回收操作的相关语义。委托管理下的授权传递可以借助图 8.1 进一步说明。

图 8.1 描绘了在委托管理下授权传递的一种情况，其中，S1、S2、S3 和 S4 表示主体，箭头表示授权的分发。最初，S1 给 S2 分发授权 A，并把授权 A 的管理权委托给 S2；后来，S2 给 S3 分发授权 A，并把授权 A 的管理权委托给 S3；最后，S3 把授权 A 分发给 S4。在这个图例中，S1 只把授权 A 分发给了 S2，而实际上，授权 A 传递到了 S4，这是 S2 和 S3 获得授权 A 的委托管理权后分发了授权 A 的结果。

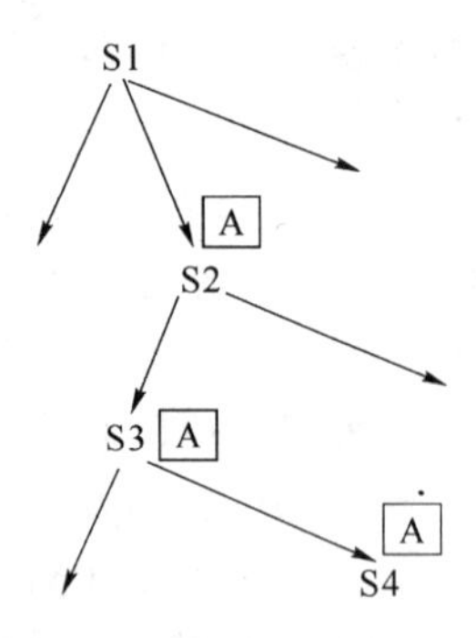

图 8.1　委托管理下的授权传递

按照定义 8.7 的要求，当 S1 要求从 S2 回收授权 A 时，会触发递归的授权回收操作，系统将相继把 S4、S3 和 S2 中的授权 A 都回收，使 S4、S3 和 S2 都失去授权 A，因为该授权是由 S1 分发的，而现在 S1 要回收它，尽管 S3 和 S4 中的授权 A 不是由 S1 直接分发的。

授权的递归回收反映了实际应用中的一类需求，同时也要看到，并非在所有的应用中都应该实行授权的递归回收。

在某些应用中，用户所拥有的授权与其工作岗位和职责有关，当用户调离工作岗位时，系统需要回收其拥有的相应授权，但没有必要回收工作岗位不变的其他用户拥有的授权，哪怕这些用户拥有的授权是由调离岗位的那个用户分发的。

例 8.14　结合图 8.1，设 S1 是某大学的校长，S2 是该大学某学院的院长，S3 是该学院某系的主任，S4 是该系的一位教师；校长 S1 根据工作需要把授权 A 分发给院长 S2，并委托他管理 A 授权，院长 S2 根据工作需要把授权 A 分发给系主任 S3，并委托他管理该授权，系主任 S3 根据工作需要把授权 A 分发给教师 S4。当 S2 调离院长岗位时，校长 S1 要回收他拥有的授权 A，请问：系统是否应该同时回收 S3 和 S4 拥有的授权 A？

解答：虽然 S3、S4 所拥有的授权 A 分别是由 S2、S3 分发的，实际上，S3 和 S4 之所以获得授权 A，是 S1 把授权 A 分发给 S2 并委托他管理所造成的。但是，现在 S1 要回收 S2 拥有的授权 A，是因为他调离了院长岗位。可是，S3 依然是系主任，S4 依然是该系的老师，他们拥有的授权 A 是根据工作需要分发的，由于他们的工作没有变化，所以系统不应该回收他们拥有的授权 A。

考虑到实际应用中两类不同的授权回收需求，关系数据库管理系统可以相应地提供两种类型的授权回收功能，即递归式授权回收功能和非递归式授权回收功能。这里所说的递归式回收也称为级联（Cascade）回收，自然，非递归式回收也称为非级联回收。

定义 8.9（递归式授权回收）　递归式授权回收是指这样的一种授权回收过程：它既要回收指定主体拥有的指定授权，也要回收由该主体直接和间接传递给其他主体的该授权。

定义 8.10（非递归式授权回收）　非递归式授权回收是指这样的一种授权回收过程：它只需回收指定主体拥有的指定授权，无须回收由该主体直接或间接传递给其他主体的该授权。

例 8.15　在图 8.1 中，主体 S1 分别通过递归式授权回收和非递归式授权回收操作从主体 S2 中回收授权 A，请问：回收操作完成后，主体 S3 和 S4 是否拥有授权 A？

解答：(1) 执行递归式授权回收操作时，S3 拥有的授权 A 是通过 S2 直接传递获取的，S4 拥有的授权 A 是通过 S2 的间接传递获取的，S2 直接或间接传递的授权 A，都被回收，所以，回收操作完成后，S3 和 S4 不再拥有授权 A。(2) 执行非递归式授权回收操作时，系统只回收 S2 拥有的授权 A，不回收 S2 传递的授权，所以，回收操作完成后，S3 和 S4 依然拥有授权 A。这时，系统可以把 S3 拥有的授权 A 作为 S1 分发的授权对待。

这里介绍的递归式授权回收和非递归式授权回收是两种可以实现的授权回收方式。不同的系统可能实现不同的授权回收支持。

在 SQL 中，授权回收操作 REVOKE 中的 CASCADE 和 RESTRICT 选项与递归式授权回收相关。CASCADE 选项表示要实施递归回收。RESTRICT 选项表示要禁止实施递归回收。当系统中存在授权传递情形时，RESTRICT 选项禁止回收操作 REVOKE 的执行。

例 8.16 在图 8.1 中，设授权 A 表示表 EMP 上的 SELECT 授权，主体 S1 执行操作：

```
REVOKE SELECT ON emp FROM s1 RESTRICT
```

会得到什么结果？

解答：因为 S2 把授权 A 传递给了 S3 和 S4，系统中存在授权传递情形，RESTRICT 选项禁止 REVOKE 操作执行，所以授权回收不成功。

例 8.17 在图 8.1 中，设授权 A 表示表 EMP 上的 SELECT 授权，主体 S1 执行操作：

```
REVOKE SELECT ON emp FROM s1 CASCADE
```

会得到什么结果？

解答：CASCADE 选项促使系统执行递归回收操作，所以，S2、S3 和 S4 拥有的授权 A 全部被回收。

在大多数关系数据库管理系统中，在默认情况下，REVOKE 操作执行的是递归式授权回收，所以，不指定 CASCADE 选项与指定 CASCADE 选项的效果相同。

一个主体执行的授权回收操作只能回收自己分发的授权，对其他主体分发的授权没有影响。如果两个不同的主体给第三个主体分发了同一个授权，那么，在这两个主体中的其中一个从第三个主体回收了该授权后，第三个主体仍然拥有该授权。多方授权与授权传递如图 8.2 所示，主体 S0 和 S1 都给主体 S2 分发了授权 A；S1 可以回收它给 S2 分发的授权 A，但它回收不了 S0 给 S2 分发的授权 A。

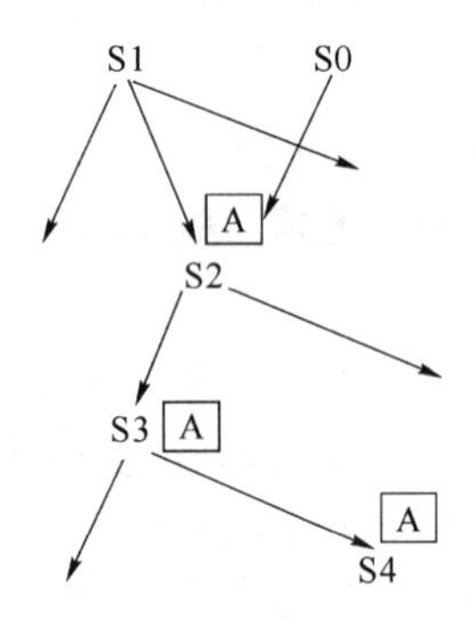

图 8.2 多方授权与授权传递

例 8.18 在图 8.2 中，设授权 A 表示表 EMP 上的 SELECT 授权，主体 S0 和 S1 都给 S2 分发了授权 A，主体 S1 执行操作：

```
REVOKE SELECT ON emp FROM s1 CASCADE
```

请问：操作完成后 S2、S3 和 S4 是否拥有授权 A？

解答：即使 S1 撤销了它分发给 S2 的授权 A，S2 也还拥有 S0 分发给它的授权 A，所以 S2 不会失去授权 A，因而，S3 和 S4 拥有的授权 A 不受影响，所以，REVOKE 操作完成后，S2、S3 和 S4 依然拥有授权 A。

8.1.4　授权的时效性

在前面讨论的有关授权的所有情形中，某个主体一旦获得了某个授权，该授权就永远有效，除非该授权被明确地撤销。

例 8.19　若授权分发操作成功执行后，则主体 S 就获得了在客体 O 上的 A 访问权限，如果没有人撤销该授权，S 将永远有权在 O 上执行 A 操作。授权分发操作如下：

```
GRANT (S, O , A)
```

例 8.20　在例 8.19 的成功授权之后，如果要使主体 S 丧失在客体 O 上的 A 访问权限，可以执行撤销授权的操作如下：

```
REVOKE (S, O , A)
```

当然，例 8.20 中的撤销授权的操作既可以是由某主体发出的，也可以是由某递归式授权回收操作触发的，但不管是哪种情况，归根结底都是因为主体发出了撤销授权的指令。

在实际应用中，有时需要指明授权的时效性，限定授权只能在具体的时间段内有效，在该时间段以外，授权无效。

定义 8.11（授权时效）　为了表示授权的时效特性，可以引入一个时效元素 T，用四元组(S, O, A, T)描述。

四元组(S, O, A, T)表示主体 S 在时段 T 内拥有在客体 O 上执行 A 操作的权限，在时段 T 之外，S 没有在 O 上执行 A 操作的权限。

给授权增加了时效元素 T 之后，主体不需要执行撤销授权的操作，只要在时段 T 之外，系统就自动撤销相应的授权。

例 8.21　设用户 TOM 拥有表 EMP 的授权管理权，用户 ALICE 在 EMP 上没有任何访问权限，TOM 执行以下操作给 ALICE 分发授权：

```
GRANT(ALICE, EMP, SELECT, T)
```

如果用(t_1-t_2)表示 t_1 到 t_2 的时间段，t_1 和 t_2 是形如 yyyymmdd 的日期值，其中，yyyy 是表示年份的四位数，mm 是表示月份的两位数，dd 是表示日子的两位数，T 表示为：

```
(20100715—20100830)
```

另设 TOM 执行以上授权操作的日期是 2010 年 7 月 5 日，请问：

(1) 在 2010 年 7 月 6 日，ALICE 在 EMP 上拥有什么访问权限？

(2) 在 2010 年 8 月 20 日，ALICE 在 EMP 上拥有什么访问权限？

(3) 在 2010 年 10 月 1 日，ALICE 在 EMP 上拥有什么访问权限？

解答：T 的取值确定授权的有效期为 2010 年 7 月 15 日至 2010 年 8 月 30 日，所以

(1) 授权尚未生效，ALICE 在 EMP 上没有任何访问权限；

(2) 授权生效，ALICE 拥有在 EMP 上的 SELECT 访问权限；

(3) 授权已经失效,ALICE 在 EMP 上没有任何访问权限。

为了表示类似例 8.21 中的时间段的值,可以按照以下形式约定日期的表示方法。

约定 8.1 用一个形如 yyyymmdd 的八位数表示一个日期值,其中,yyyy 是表示年份的四位数,mm 是表示月份的两位数,dd 是表示日子的两位数。实际年份、月份或日子的位数不足时,用 0 补足。在年份位上,用 **** 表示任意年份,在月份位上,用 ** 表示任意月份,在日子位上,用 ** 表示任意日子。

显然,根据以上约定,yyyy**** 、****mm** 、******dd 分别单独表示年份、月份和日子。

约定 8.2 用(d_1, d_2,…)的形式表示时效元素 T 的值,其中,d_j 可以是一个日期值或是一个形如 t_1-t_2 的日期范围值。

根据以上约定,以下都是时效元素 T 的有效值:

(20100705);

(20100705, 20100805);

(20100715—20100830);

(20100705, 20100715—20100830, 20101113)。

在考虑授权的时效性时,不但要考虑时间段问题,有时也需要考虑周期性问题。例如,使某个授权在每月的 1~20 日内有效。

例 8.22 设用户 TOM 拥有表 EMP 的授权管理权,用户 ALICE 在 EMP 上没有任何访问权限,为使 ALICE 在每年的第二和第四季度能够查询 EMP 中的信息,请问 TOM 需要执行怎样的授权操作?

解答:TOM 可以执行以下授权操作:

GRANT(ALICE,EMP,SELECT,(****04**—****06**,****10**—****12**))

星期是常用的周期性时效概念,为了利用星期来表示时效元素 T,可以建立以下有关星期的约定。

约定 8.3 用 W1、W2、W3、W4、W5、W6、W7 分别表示星期一、星期二、星期三、星期四、星期五、星期六、星期日,用(d_1,d_2,…)的形式表示时效元素 T 的值,其中,d_i 可以是一个星期值 t_j 或是一个形如 t_1-t_2 的星期范围值。

约定 8.3 给出的是星期型的时效元素值,约定 8.2 给出的是日期型的时效元素值。

例 8.23 用户 TOM 拥有表 EMP 的授权管理权,用户 ALICE 在 EMP 上没有任何访问权限,TOM 执行授权操作:

GRANT (ALICE, EMP, SELECT, (W1—W5))

则授权 ALICE 在工作日内可查询 EMP 中的信息。

例 8.24 用户 TOM 拥有表 EMP 的授权管理权,用户 CAROL 在 EMP 上没有任何访问权限,TOM 若执行授权操作:

```
GRANT (CAROL, EMP, UPDATE, (W6,W7))
```

则授权 CAROL 在星期六和星期日修改可 EMP 中的信息。

为了更灵活地确定授权的时效元素值,可以用已有的时效元素值构造新的时效元素值,为此,可以建立以下约定。

约定 8.4　设 T1 和 T2 是两个时效元素值,可以通过这两个值的 AND 和 OR 运算,构造新的时效元素值,约定如下:

T1 AND T2:等于 T1 时效与 T2 时效的相交时效的值;

T1 OR T2:等于 T1 时效与 T2 时效的相并时效的值。

下面的例子进一步说明 AND 和 OR 运算的含义。

例 8.25　设

T1=(W1, W2);

T2=(W2, W3);

T3=(****03**,****05**);

T4=(****05**,****07**)。

则

T1 AND T2=(W2);

T1 OR T2=(W1, W2, W3);

T3 AND T4=(****05**);

T3 OR T4=(****03**,****05**,****07**);

T1 AND T3=(3 月份的星期一和星期二,5 月份的星期一和星期二)

例 8.26　用户 TOM 拥有表 EMP 的授权管理权,用户 ALICE 在 EMP 上没有任何访问权限,为使 ALICE 在每月 1～20 日的工作日内能够查询 EMP 中的信息,TOM 需要执行怎样的授权操作?

解答:TOM 需要执行授权操作如下:

```
GRANT (ALICE, EMP, SELECT,(******01—******20) AND (W1 - W5))
```

本节介绍了在访问授权中考虑时效因素的基本思想和方法。注意:这里强调的是基本思想和基本方法,访问授权中要求表达的时效元素比这里讨论的要复杂得多。目前大多数的关系数据库管理系统并没有提供拥有时效性的授权支持,这里给出的授权方法也不是 SQL 的授权方法,而仅是原理性的说明,但授权的时效性是现实应用中的一种需求,值得关注。

8.1.5　系统级的访问授权

前面给出的关于访问控制授权问题的讨论是紧紧围绕关系数据库表中数据的访问许可而展开的,其中所涉及的授权是数据库对象级的访问授权。表是关系数据库系统中的典型对象,除了表以外,视图和同义词等也是关系数据库系统的重要对象,这些对象的访问授权与表的访问授权类似。

数据库数据需要保护，数据库模式也需要保护。对数据库模式的访问授权属于系统级的访问授权。访问数据库模式所需要的典型授权为

(1) 创建表的授权(CREATE TABLE)：允许创建表；

(2) 删除表的授权 (DROP TABLE)：允许删除表；

(3) 增加字段的授权(ADD ATTRIBUTE)：允许给表增加字段；

(4) 删除字段的授权(DELETE ATTRIBUTE)：允许删除表中字段。

一般而言，只有数据库模式的属主才能对数据库模式进行修改操作。但是，有的数据库管理系统也提供灵活的数据库模式访问控制授权，例如：

操作授权用户 TOM 的创建表为

```
GRANT CREATE TABLE TO tom
```

操作授权用户 ALICE 的删除表为

```
GRANT DROP TABLE TO alice
```

获得了创建表的授权的用户，在创建新表时，如果想要引用其他表的主键(Primary Key)作为新表的属性(Attribute)。换句话说，想要通过外部键(Foreign Key)来定义新表的属性，还需要获得对相应主键的引用授权。下面是引用外部键定义表的属性的一个例子。

设客户表 CUSTOMERS 是一张已有的表，用户 ALICE 现在想要创建一张订单表 ORDERS，两张表的模式分别如下：

```
CUSTOMERS:cutomer_no, name, phone. address
ORDERS:order_no,cutomer_no, total
```

其中，客户号 cutomer_no 是 CUSTOMERS 的主键，ALICE 想要引用 CUSTOMERS 的这个主键作为 ORDERS 中的属性，因此，ALICE 需要获得对 CUSTOMERS 中的 cutomer_no 的引用授权：

```
GRANT REFERENCES (customer_no) ON CUSTOMERS TO alice
```

ALICE 获得了分发的 REFERENCES 授权后，就可以创建 ORDERS 表了。在数据库系统中，除了有存储应用信息的表以外，还有存储系统信息的表，如果把前者称为应用表的话，则后者就是系统表。系统表是执行系统管理任务所需要的表，系统级的访问授权也包括对系统表的访问控制授权。普通用户没有访问系统表的权限，要想访问系统表，必须获得相应的系统级的访问授权。

表 DBA_SYS_PRIVS 是一张存放系统授权信息的系统表，其中记录着用户拥有哪些访问授权等方面的信息，数据库管理员 DBA 拥有对它的管理权，为使用户 ALICE 能够查询该系统表的信息，DBA 可以进行如下授权：

```
GRANT SELECT ON dba_sys_privs TO alice
```

获得该授权后，ALICE 可以执行如下操作查看系统的授权信息：

```
SELECT DISTINCT PRIVILEGE FROM dba_sys_privs
```

系统级的访问授权有很多，除了上面提到的授权以外，下面这些也是非常典型的：

(1) 创建触发器的授权（CREATE TRIGGER）：允许创建触发器；

(2) 执行存储过程或函数的授权（EXECUTE）：允许执行存储过程或函数；

(3) 建立会话的授权（CREATE SESSION）：允许登录到数据库中；

(4) 改变会话的授权（ALTER SESSION）：允许改变会话环境的参数；

(5) 创建用户的授权（CREATE USER）：允许创建用户；

(6) 删除用户的授权（DROP USER）：允许删除用户；

(7) 系统审计的授权（AUDIT SYSTEM）：允许进行系统审计；

(8) 数据库维护的授权（ALTER DATABASE）：允许对数据库进行维护；

(9) 系统维护的授权（ALTER SYSTEM）：允许对系统进行维护。

以上这些只是系统级访问授权的一个缩影，本书并不打算对数据库系统中所有系统级的访问授权进行全面介绍，实际上，也不可能给出这样的介绍，因为不同的数据库管理系统还会提供具有自身特点的访问授权。但是，希望大家能够建立系统级的访问授权的基本概念，因为这是数据库系统安全中不可忽视的重要内容。

8.2 基于角色的数据库访问控制

在前面有关授权方面的知识的介绍中，授权是直接分发给用户的。为了使用户有权访问数据库系统中的信息，需要一一给每个用户分发合适的访问授权。可想而知，在这样的授权方式下，当用户的数量很大时，授权管理工作的任务是异常繁重的。为了减轻授权管理工作的压力，人们想到了根据岗位职责的角色实行授权管理的方案。

根据角色进行授权，就是把访问控制授权分配到角色，而不是分配给用户个人。谁在某个角色的工作岗位上工作，谁就拥有分配到该角色的授权。当一个用户不再扮演某个角色时，他就自动失去分配给该角色的授权，那么他就不能访问相应的数据库中的数据。

假设 TELLER（出纳）是某银行中的一个角色，MARY 是该银行中的一个职员，TELLER 角色已经获得了在账目表 ACCOUNT 上的 SELECT 访问授权。请问：如何使 MARY 有权查询 ACCOUNT 中的信息？只须让 MARY 担当 TELLER 角色，她就有权查询 ACCOUNT 中的信息。在现实世界中，角色是工作岗位的抽象，一个角色代表着一个岗位的职责及该岗位所要开展的工作。在基于角色的访问控制中，角色是访问控制授权的接受体，一个角色代表着访问控制授权的一个集合。

8.2.1 RDBMS 中的 RBAC

引入角色概念后，关系数据库管理系统的访问控制机制可以通过创建角色、给角色分发授权和给用户分配角色等功能来配合进行访问控制。

例 8.27 创建 TELLER 角色：

```
CREATE ROLE teller
```

以下操作给 TELLER 角色分发 ACCOUNT 表上的 SELECT、INSERT 和 UPDATE 授权：

```
GRANT SELECT,INSERT,UPDATE ON account TO TELLER
```

以下操作给用户 MARY 分配 TELLER 角色：

```
GRANT teller TO MARY
```

请问：用户 MARY 拥有什么样的访问权限？

解答：因为把 TELLER 分配给 MARY 后，MARY 属于 TELLER 的成员，所以她拥有 TELLER 所获得的权限，即在 ACCOUNT 上执行 SELECT、INSERT 和 UPDATE 操作的权限。

从例 8.27 可以看出，给角色分发授权的方法与前面学过的给用户分发授权的方法是类似的，不同之处只是以角色名代替了用户名。实际上，面向用户的各种授权管理方法都可以应用到面向角色的授权管理中，只需在出现用户名的地方换上角色名即可。下面是回收角色授权的一个例子。

例 8.28 在例 8.27 的基础上，执行以下操作回收 TELLER 角色在 ACCOUNT 上的 INSERT 授权：

```
REVOKE INSERT FROM teller
```

请问：用户 MARY 拥有什么样的访问权限？

解答：TELLER 原来拥有在 ACCOUNT 上的 SELECT、INSERT 和 UPDATE 授权，回收了 INSERT 授权，还剩下 SELECT 和 UPDATE 授权，所以，MARY 拥有在 ACCOUNT 上的执行 SELECT 和 UPDATE 操作的权限。

从例 8.27 中还可以看出：给用户分配角色的方法与给用户分发授权的方法是类似的，只是以角色名代替了授权名。分配角色与分发授权相对应，撤销角色与回收授权相对应。联想到角色的含义，这样的对应关系是很自然的，因为角色就是授权的集合。

例 8.29 假设在例 8.27 之前用户 MARY 没有任何访问权限，执行以下授权，撤销用户 MARY 担当的 TELLER 角色：

```
REVOKE teller FROM mary
```

请问：用户 MARY 拥有什么样的访问权限？

解答：MARY 拥有的访问权限是担当 TELLER 角色的结果，现在她不再担当该角色了，因而，她没有任何访问权限。

关系数据库管理系统通常同时支持基于角色的授权和直接给用户授权，因而，一个用户拥有的授权由以下两部分构成：①直接分发给该用户的授权；②分配给该用户的所有角色所拥有的授权。

角色既可以分配给用户，也可以分配给另一个角色，因而，一个角色拥有的授权由以下两部分构成:①直接分发给该角色的授权;②把该角色分配给所有其他角色所拥有的授权。

例 8.30　设 EMPLOYEE、TELLER 和 MANAGER 是 3 个角色,TOM、ALICE 和 CAROL 是 3 个用户,ACCOUNT 是账目信息表,这些角色和用户目前没有任何授权,执行以下操作进行授权分发和角色分配:

```
GRANT SELECT ON ACCOUNT TO EMPLOYEE
GRANT UPDATE ON ACCOUNT TO TELLER
GRANT DELETE ON ACCOUNT TO MANAGER
GRANT EMPLOYEE TO TELLER WITH GRANT OPTION
GRANT TELLER TO MANAGER WITH GRANT OPTION
GRANT EMPLOYEE TO TOM
GRANT TELLER TO ALICE
GRANT MANAGER TO CAROL
GRANT INSERT ON ACCOUNT TO CAROL
```

请问:以上操作成功执行后,TOM、ALICE 和 CAROL 分别拥有 ACCOUNT 上的什么授权?

解答:TOM 拥有 SELECT 授权,ALICE 拥有 SELECT 和 UPDATE 授权,CAROL 拥有 SELECT、INSERT、UPDATE 和 DELETE 授权。

在例 8.30 中,通过把一个角色分配给另一个角色,使角色 EMPLOYEE、TELLER 和 MANAGER 构成了一个角色链,TELLER 继承了 EMPLOYEE 中的授权,MANAGER 继承了 TELLER 中的授权,因而,MANAGER 拥有了分别分发给 3 个角色的所有授权。

8.2.2　角色授权与非递归式授权回收

授权可以由用户分发,也可以由角色分发。在默认情况下,授权操作是由当前会话用户执行的。在例 8.30 中,假设当前会话用户是 SCOTT,那么,例中的授权都是由用户 SCOTT 分发的,例中的角色都是由用户 SCOTT 分配的。

为了能够让某个角色来分发授权,首先必须使该角色成为当前会话角色。通常,当前会话角色是 NULL。

设当前会话用户是 SCOTT,SCOTT 是角色 SYSADM 的成员,执行以下操作可以使 SYSADM 成为当前会话角色:

```
SET ROLE sysadm
```

注意:只有角色中的成员才能使一个角色成为当前会话角色,如果用户 SCOTT 不是角色 SYSADM 中的成员,那么,SET ROLE 操作的执行将以失败告终。

就算当前会话角色不是 NULL,在默认情况下,授权依然由当前会话用户分发,要想由当前会话角色分发授权，还需要在授权操作中给出明确的说明。

例 8.31 设当前会话用户是 CAROL，CAROL 是角色 MANAGER 的成员，现执行以下操作使 MANAGER 成为当前会话角色：

```
SET ROLE MANAGER
```

请问：执行以下两个操作的效果有什么不同？

```
(1) GRANT TELLER To JULIA;            //TELLER 是角色，JULIA 是用户
(2) GRANT TELLER To JULIA GRANTED BY CURRENT_ROLE;
```

解答：(1)操作由用户 CAROL 执行，他把角色 TELLER 分配给用户 JULIA。(2)操作由角色 MANAGER 执行，它把角色 TELLER 分配给用户 JULIA。

如果 JULIA 中的角色 TELLER 是由用户 CAROL 分配的，在撤销 CAROL 中的角色 MANAGER 时，由于递归式撤销效应，也将撤销 JULIA 中的角色 TELLER。即撤销 CAROL 的授权会导致撤销 JULIA 的授权。

如果 JULIA 中的角色 TELLER 是由角色 MANAGER 分配的，在撤销 CAROL 中的角色 MANAGER 时，JULIA 中的角色 TELLER 不受影响。即撤销 CAROL 的授权对 JULIA 的授权没有影响。

可见，通过角色来执行授权操作能为授权的非递归式回收提供有效的支持。

8.3 基于内容的数据库访问控制

8.1 节和 8.2 节介绍了数据库中对象级的访问控制。对象级的访问控制以整个对象为单位来进行访问授权，在这种授权方式中，用户要么可以对整个对象进行访问，要么对整个对象都不能访问。当对象是一张表时，在这样的授权方式中，用户要么可以访问表中的所有内容，要么无法访问表中的任何内容。对象级的访问控制仅仅实现了粗粒度的访问控制需求，不能实现细粒度的访问控制需求。下面将讨论基于内容的细粒度的访问控制。

8.3.1 基于内容的访问控制需求

现实应用常常要求系统根据实际需要允许用户访问表中的一部分内容，而不一定是表中的全部内容，也就是说，要求系统提供基于内容的访问控制。

例如，在对职员信息表实施的访问控制中，允许且只允许项目经理查看那些他参加并负责的项目职员的信息。根据访问控制需求，当一个用户想要查询职员信息表时，如果他是项目经理，那么，他所能查询到的结果取决于表中信息的内容。如果表中的记录信息对应的职员参加了该项目经理所负责的项目，那么，记录信息就出现在查询结果中；否则，记录信息就不出现在查询结果中。

基于内容的访问控制是数据库管理系统的访问控制机制应该满足的一个重要需求。

从本质上说,基于内容的访问控制要求根据数据的内容进行访问控制判定。

关系数据库管理系统中的视图(View)机制可用于提供基于内容的访问控制支持。

8.3.2 基于视图的读访问控制

视图是能够展示数据库对象实例中的字段和记录的子集的动态窗口,它通过查询操作来确定所要展示的字段和记录的子集。

设属主对用户 SCOTT 的职员信息表 EMP 的定义为

EMP:ename,job,deptno,sal,sex,age,phone,address, …

各字段表示的分别是姓名、岗位、部门号、薪水、性别、年龄、电话、地址等。如果访问控制策略要求只允许 CAROL 等用户查询不超过 30 岁的普通职员的姓名、性别、部门号和电话信息,SCOTT 可以通过以下操作创建视图 YOUNG_CLERKS:

```
CREATE VIEW young_clerks AS SELECT ename,sex,deptno,phone FROM emp
WHERE age <= 30 AND job = 'CLERKS';
```

SCOTT 不给 CAROL 分发 EMP 上的访问授权,而给他分发 YOUNG_CLERKS 上的访问授权:

```
GRANT SELECT ON young_clerks TO carol
```

CAROL 可以执行以下操作查询职员信息:

```
SELECT * FROM young_clerks
```

通过视图 YOUNG_CLERKS 对表 EMP 实现了基于内容的访问控制,它只允许用户 CAROL 查询 EMP 中的 ename、sex、deptno 和 phone 字段的信息,这是 EMP 中字段信息的一个子集,而且,它只允许 CAROL 查询 EMP 中年龄不超过 30 岁且岗位为 CLERKS 的记录信息,这则是 EMP 中记录信息的一个子集。视图 YOUNG_CLERKS 就是表 EMP 上的一个窗口,CAROL 通过这个窗口访问到了 EMP 信息的一个子集。

用户 CAROL 对视图 YOUNG_CLERKS 的访问,经过视图合成操作,最终转化为对应于定义该视图的基本表 EMP 的部分信息的访问。对视图的访问最终转化成的访问是:

```
SELECT ename, sex, deptno, phone FROM emp WHERE age <= 30 AND job = 'CLERKS';
```

如果对视图的访问操作中带有 WHERE 条件子句,则该条件子句与定义视图的查询操作中的 WHERE 条件子句通过 AND 布尔连接进行合并,合并后的 WHERE 条件子句对访问的结果进行过滤。

如果 CAROL 执行以下操作查询职员信息:

```
SELECT * FROM young_clerks WHERE deptno != 20;
```

那么,合并后的 WHERE 条件子句是:

```
WHERE deptno != 20 AND age <= 30 AND job = 'CLERKS';
```

对视图的访问最终转化成的访问是:

```
SELECT ename, sex, deptno, phone FROM emp
WHERE deptno ! = 20 AND age <= 30 AND job = 'CLERKS';
```

在对职员信息表实施的访问控制中,允许且只允许项目经理查看那些他参加并负责的项目职员的信息。设属主对用户 SCOTT 的职员信息表 EMP 和项目信息表 PROJECTS 的定义为

```
EMP:ename,job,deptno,sal,sex,age,phone,…
PROJECTS:pname, manager,ename,…
```

PROJECTS 各字段表示的分别是项目名称、经理姓名、参加项目的职员姓名等。SCOTT 通过以下操作创建视图 PROJECTS_ PEOPLE:

```
CREATE VIEW projects_people AS SELECT e. * FROM emp e, projects p
WHERE p.manager = SYS_CONTEXT ('userenv', 'session_user') AND e.ename = p.ename;
```

其中,SYS_CONTEXT 是 Oracle 数据库管理系统提供的系统函数,该函数的以上调用返回当前会话用户的用户名。

如果用户 ALICE 是项目经理,SCOTT 给她分发 PROJECTS_PEOPLE 上的访问授权:

```
GRANT SELECT ON projects_people TO alice
```

ALICE 可以执行以下操作查询职员信息:

```
SELECT * FROM projects_people
```

为了实现最先给出的需求,首先要确定执行查询操作的用户是谁,因为要根据这一点来确定他所负责的项目及参加这些项目的职员,只有这些职员的信息才是该用户可以查看的信息。为此,借用 SYS_CONTEXT 系统函数,它能告诉我们当前会话中的用户是谁,而这个会话用户就是执行查询操作的用户。

SCOTT 授权 ALICE 在视图 PROJECTS_PEOPLE 上执行查询操作, ALICE 可以通过该视图来查询表 EMP 中的信息,但她所查询到的都是参加她所负责的项目的职员的信息,而其他没有参加她负责的项目的职员信息,她是看不到的。

这里用到了当前会话中的会话用户的信息,这属于环境参数信息,所以,这也可以看成是基于环境参数的访问控制的一个例子。

8.3.3 基于视图的写访问控制

把数据库对象上的 SELECT 操作称为读操作,而把 INSERT、UPDATE 和 DELETE 操作称为写操作。8.3.2 节介绍了基于视图的读访问控制,下面将讨论基于视图的写访问控制。

个人信息访问控制策略:允许用户以读和写的方式访问职员信息,但只允许他访问自己的信息,不能访问他人的信息。可以通过视图来实现这个访问控制策略。

设属主对用户 SCOTT 的职员信息表 EMP 的定义为

```
EMP: ename,job. deptna, sal, sex, age, phone…
```

SCOTT 通过以下操作创建视图 EMP_RW：

```
CREATE VIEW emp_rw AS SELECT * FROM emp
WHERE ename = SYS_CONTEXT ('userenv', 'session_user') WITH CHECK OPTION;
```

这个视图过滤掉了 EMP 中除会话用户以外的其他职员的信息。其中的 CHECK 选项确保写操作能满足视图定义中的条件，使通过视图写入的信息一定能够通过视图读出来。

用户 SCOTI 执行以下操作，给用户 TOM、ALICE 和 CAROL 分发视图 EMP_RW 上的访问授权，授权他们执行 SELECT、INSERT、UPDAT 和 DELETE 操作。

```
GRANT SELECT, INSERT, UPDATE, DELETE ON emp_rw TO tom, alice, Carol;
```

个人信息访问控制策略：允许用户以读和写的方式访问职员信息，但只允许他访问自己的信息，不能访问他人的信息。

例 8.32 用户 TOM 执行以下操作来查询职员信息：

```
SELECT ename, sal FROM EMP_RW;
```

请问：查询操作能否成功执行？

解答：查询操作可以成功执行，如果表 EMP 中含有 TOM 的信息，该查询操作将得到类似下面的结果：

ENAME	SAL
TOM	3500

例 8.33 用户 ALICE 执行以下操作，更新职员信息：

```
UPDATE emp_rw SET ename = 'BILL' WHERE ename = 'TONY';
```

请问：更新操作能否成功执行？

解答：更新操作不能成功执行，因为 ALICE 试图更新 TONY 的信息。

例 8.34 用户 CAROL 执行以下操作，删除职员信息：

```
DELETEF FROM emp_rw;
```

请问：删除操作能否成功执行？

解答：删除操作可以成功执行，CAROL 的信息被删除。

例 8.35 用户 CAROL 执行以下操作，删除职员信息。

```
DELETE FROM emp_rw WHERE ename = 'BILL';
```

请问：删除操作能否成功执行？

解答：删除操作不能成功执行，因为 CAROL 试图删除 BILL 的信息。

例 8.36 用户 CAROL 执行以下操作，插入职员信息：

```
INSERTIN TO emp_rw (ename, sex, sal) VALUE ('CAROL', 'MALE', 5000);
```

请问：插入操作能否成功执行？

解答：插入操作可以成功执行。

可见，视图机制除了广泛用于进行 SELECT 访问控制外，也可以用于进行 INSERT、UPDATE 和 DELETE 等访问控制，这样的访问控制可以确保插入后的信息、更新后的信息、删除前的信息一定是能够通过相应视图查询得到的信息。

8.3.4 视图机制的作用和不足

关系数据库管理系统的视图机制在安全方面的主要作用，就是支持基于内容的访问控制，它能够在高层次上以一种与查询语言一致的语言来表示基于内容的访问控制策略，使低层数据与高层策略之间具有一定的独立性。在视图机制中，对数据的修改不会导致对访问控制策略进行修改，相反，如果有满足指定策略的数据插入到数据库对象中，它们就会自动地体现到有关视图的返回数据结果中。

利用关系数据库管理系统的视图机制实现访问控制的主要问题是需要创建的视图比较多，系统的实现和维护比较复杂。这主要表现在以下几个方面：

(1) 对于不同的访问类型，可能需要创建不同的视图；

(2) 对于不同的视图，可能需要分发不同的授权；

(3) 需要确保应用程序能够为指定的访问类型选择正确的视图。

对于不同的用户、不同的访问类型，所要实施的访问控制策略可能是不同的。例如，对于 SELECT 类型的访问，可能是允许用户查询所有记录，对于 INSERT 和 UPDATE 类型的访问，可能是允许用户改动本部门的记录，对于 DELETE 类型的访问，可能是只允许用户删除自己的记录，这样，就需要分别创建相应的 SELECT、INSERT、UPDATE 和 DELETE 视图。

视图也是数据库对象，用户需要获得相应的对象级访问授权，才能使用视图。针对不同的视图，需要分发不同的授权。即针对 SELECT 视图，应该分发 SELECT 授权；针对 DELETE 视图，则应该分发 DELETE 授权。

由于存在多种类型的视图，为了使系统能够正确地工作，必须要有好的措施让应用程序选择正确的视图执行正确的操作。即应该在 SELECT 视图上进行 SELECT 操作，在 DELETE 视图上进行 DELETE 操作，而不应该在 SELECT 视图上进行 DELETE 操作。

8.4 本章小结

本章主要介绍数据库的访问控制机制，包括关系数据库自主访问控制、基于角色的数据库访问控制和基于内容的数据库访问控制。

关系数据库自主访问控制策略，根据主体的标识和授权规则控制主体对客体的访问。关系数据库自主访问控制的重要内容是授权管理，授权管理是系统发放授权和回收授权的功能，该功能负责在访问控制机制中建立授权和撤销授权。授权管理策略包括集中式授权和非集中式授权。数据库的访问授权包括肯定式授权和否定式授权，在同时支持肯

定式授权和否定式授权的系统中,需要解决授权的冲突问题。

与传统的面向用户的授权访问相比,基于角色的数据库访问控制能缓解授权管理工作的压力,一个角色代表访问控制授权的一个集合,通过角色执行授权操作,能为授权的非递归式回收提供有效地支持。

关系数据库中的视图机制支持基于内容的访问控制,基于内容的访问控制要求根据内容进行访问控制判定,可实现查询、更新、插入和删除等访问控制。利用视图机制实现访问控制的主要特点是:需要的视图比较多,系统的实现和维护比较复杂。

习 题 8

1. 什么是否定式授权? 什么是授权冲突? 简要说明授权冲突的基本原则。
2. 什么是授权的委托管理? 简要说明授权的递归回收和非递归回收的基本策略。
3. 利用基于角色访问控制实现授权的非递归回收的基本思想。
4. 设 DEVPS(开发人员)和 SALES(销售人员)是某软件公司中的两个角色,把职员信息表 EMP 上的 SELECT 授权分发给 DEVPS 和 SALES 角色,把软件文档信息表 SOFTDOC 上的 UPDATE 授权分发给 DEVPS 角色,把订单信息表 ORDERS 上的 UPDATE 授权分发给 SALES 角色,请说出授权与角色的对应关系。
5. 用户 SCOTT 是表 EMP 的属主,SCOTT 可以执行以下操作,给用户 TOM 分发在 EMP 上的更新授权,使 TOM 可以更新 EMP 中的记录。使用什么样的 SQL 语句可完成要求的授权操作?
6. 用户 SCOTT 是表 EMP 的属主,SCOTT 可以执行以下操作,给用户 TOM 分发在 EMP 上的删除授权,使 TOM 可以删除 EMP 中的记录。使用什么样的 SQL 语句可完成要求的授权操作?
7. 把对读者信息表(readers)中的列"姓名"修改、查询表的权限授予用户 user1。使用什么样的 SQL 语句可完成要求的授权操作?
8. 把对表 readers、books、 borrowinf 的查询、修改、插入和删除等全部权限授予用户 user1 和用户 user2。使用什么样的 SQL 语句可完成要求的授权操作?
9. 把对表 books 的查询权限授予所有用户。使用什么样的 SQL 语句可完成要求的授权操作?
10. 把在数据库 MyDB 中建立表的权限授予用户 user2。使用什么样的 SQL 语句可完成要求的授权操作?
11. 把用户 user1 修改读者姓名的权限收回。使用什么样的 SQL 语句可完成要求的授权操作?
12. 把对表 readers 的查询权限授予用户 user3,并给用户 user3 有再授予的权限,实现授权委托。使用什么样的 SQL 语句可完成要求的授权操作?

13. 用户 user3 把查询 readers 表的权限授予用户 user4。使用什么样的 SQL 语句可完成要求的授权操作?
14. 把用户 user3 查询 readers 表的权限收回。使用什么样的 SQL 语句可完成要求的授权操作?
15. 用户 SCOTT 是表 EMP 的属主,SCOTT 执行以下操作,给用户 TOM 分发在 EMP 上的查询、插入、更新和删除授权,并把 EMP 上的查询、插入、更新和删除授权委托给 TOM。使用什么样的 SQL 语句可完成要求的授权操作?
16. 设用户 TOM 和 ALICE 都拥有表 EMP 的授权管理权,TOM 在 T1 时刻给 CAROL 分发了 EMP 上的否定式 NOSELECT 授权,在 T1 之后的 T2 时刻,ALICE 给 CAROL 分发了 EMP 上的肯定式 SELECT 授权。请问,CAROL 在 T2 时刻之后能否查询 EMP 中的记录?
17. 设用户 TOM 拥有表 EMP 的授权管理权,用户 ALICE 在 EMP 上没有任何访问权限,TOM 执行以下操作给 ALICE 分发授权:

```
GRANT (ALICE,EMP,SELECT, ( ******01 — ******20))
```

请问:ALICE 何时拥有在 EMP 上的何种访问权?

18. 个人信息访问控制策略:允许用户以读和写的方式访问职员信息,但只允许他访问自己的信息,不能访问他人的信息。用户 ALICE 执行以下操作,更新职员信息。

```
UPDATE emp_rw SET phone = ´62511278´;
```

请问:更新操作能否成功执行?

19. 个人信息访问控制策略:允许用户以读和写的方式访问职员信息,但只允许他访问自己的信息,不能访问他人的信息。用户 CAROL 执行以下操作,插入职员信息:

```
INSERT INTO emp_rw (ename, sex, sal)
VALUE (´MARY´, ´FEMALE´, 5000);
```

请问:插入操作能否成功执行?

第9章 访问控制应用

Windows使用者众，安全问题至关重要，而访问控制又是安全要素中不可或缺的重要组成部分。Windows中查看对象的有效权限和所有权、管理对象的权限、取得文件或文件夹的所有权、安全审核策略设置和授权管理等都是非常重要的。随着代理服务器和防火墙的广泛普及应用，安全设置日益受到关注，安全设置的主要技术手段就是通过访问控制策略来实现。

学习目标

- 掌握Windows Server 2008的访问控制配置
- 掌握基于包过滤的访问控制实现
- 掌握代理服务器的访问控制实现

9.1 Windows Server中的访问控制简介

操作系统现在正呈现三足鼎立之势。在三分天下的状态中，无疑地，Windows具有众多用户；UNIX具有高端用户；而使用Linux的用户正在呈现上升的趋势。关于Unix和Linux的访问控制，在第2章和第3章已探讨了很多，本节主要探讨Windows的访问控制。

Windows操作系统通过将用户账户和组成员身份匹配与其关联的权利、特权和权限，帮助防止在未经授权的情况下使用文件、应用程序和其他资源。本节将介绍如何分配或设置特权和权限以及特权和权限的作用方式，这样可以有效地管理共享资源。了解这些过程还可避免不必要的风险，并解决可能会遇到的任何访问控制问题。这里主要讨论设置对象的访问控制、管理权限、管理对象所有权、管理安全审核、了解用户账户控制、访问控制的资源及使用方法。

使用者必须先将自身标识为操作系统的安全子系统，然后才能获得对象的访问权限。

该身份包含在使用者每次登录时重新创建的访问令牌中。在允许使用者访问对象之前，操作系统将进行检查以确定该使用者的访问令牌是否获得访问对象并完成所需任务的授权。其做法是将访问令牌中的信息与对象的访问控制项（ACE）进行比较。

ACE 可以允许或拒绝许多不同的行为，具体取决于对象的类型。例如，文件对象可以使用的选项包括读取、写入和执行。而对于打印机，可用的 ACE 包括打印、管理打印机和管理文档。

对象的各个 ACE 组合在访问控制列表（ACL）中。安全子系统将检查对象的 ACL 是否存在适用于用户以及用户所属组的 ACE。它会逐一检查每个 ACE，直到找到允许或拒绝用户或用户组中的某个用户访问的 ACE，或者直到检查完 ACE 为止。如果到达 ACL 结尾时仍未找到明确允许或拒绝所需访问的项目，则安全子系统将拒绝访问对象。

访问控制在 Windows Server 2008 中得到了全面的应用，本节以 Windows Server 2008 为例介绍 Windows Server 中的访问控制。

9.1.1 权限

在 Windows 中，权限定义了授予用户或组对某个对象或对象属性的访问类型。例如，Finance 组可以被授予对名为 Payroll.dat 文件的“读取”和“写入”权限。

使用访问控制用户界面，可以设置文件、Active Directory 对象、注册表对象或诸如进程之类的系统对象等的 NTFS 权限。权限可以授予任何用户、组或计算机。将权限分配给组非常有用，因为它可以在验证对象访问时改进系统性能。

对于任何对象，都可以向下列主体授予权限：

(1) 用户、组以及域中包含安全标识符的其他对象。

(2) 该域或任何受信任域中的组和用户。

(3) 对象所在的计算机上的本地组和用户。

附加在对象上的权限取决于对象的类型。例如，附加给文件的权限与附加给注册表项的权限不同。但是，某些权限对于大多数类型的对象都是公用的。这些公用权限有读取、修改、更改和删除。

设置权限时，可以指定组和用户的访问级别。例如，可以允许一个用户读取文件的内容，允许另一个用户修改该文件，同时防止所有其他用户访问该文件。可以在打印机上设置相似的权限，这样某些用户便可以配置打印机而其他用户仅能使用打印机进行打印。

当需要更改文件的权限时，可以运行“Windows 资源管理器”，右键单击文件名，单击“属性”。在“安全”选项卡上，可以更改文件的权限，如图 9.1 所示。有关详细信息，请参阅 9.1.2 节。

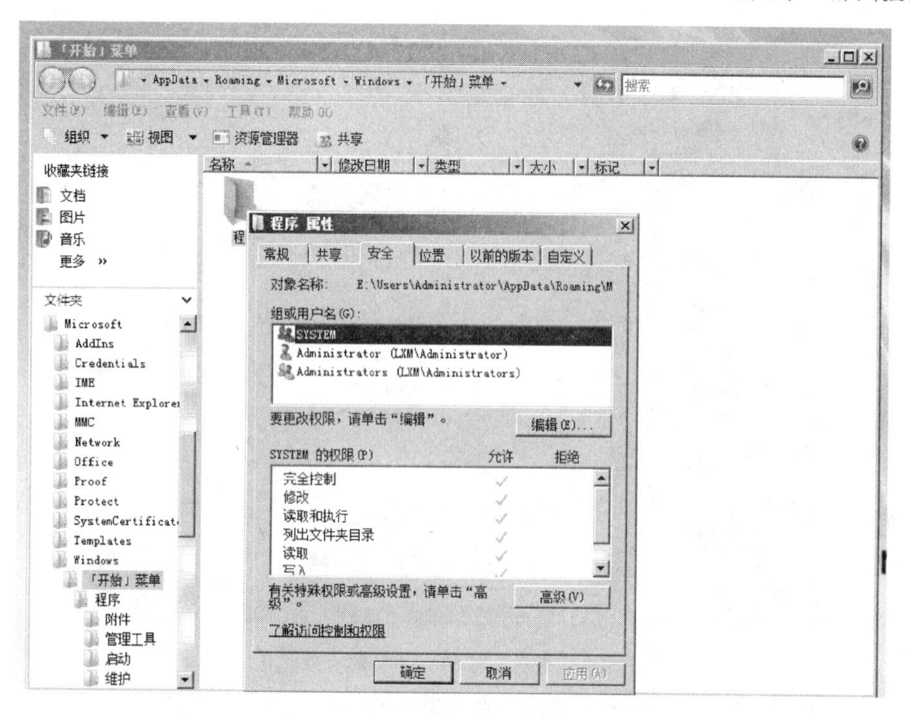

图 9.1　更改文件的权限

9.1.2　查看文件和文件夹上的有效权限

访问控制是授权用户、组和计算机来访问计算机或网络上的对象的过程。可以使用访问控制用户界面完成表 9.1 中的任务。

表 9.1　对象的访问控制类型

任务	参考	任务	参考
查看对象的有效权限和所有权	查看文件和文件夹上的有效权限	取得文件或文件夹的所有权	取得文件或文件夹的所有权
管理对象的权限	管理权限	管理对象的安全审核策略设置	安全管理审核

创建一个文件或文件夹后，Windows 向可以分配特定权限的对象或创建者分配默认权限。

查看文件和文件夹的有效权限，如图 9.2 所示，可按如下步骤操作。打开 Windows 资源管理器，然后找到要查看其有效权限的文件或文件夹。右击文件或文件夹，单击“属性”，然后单击“安全”选项卡。单击“高级”按钮，单击“有效权限”选项卡，然后单击“选择”。在“输入对象名称以进行选择(示例)”中，输入用户或组的名称，然后单击“确定”按钮。选中的复选框表示用户或组对该文件或文件夹的有效权限。

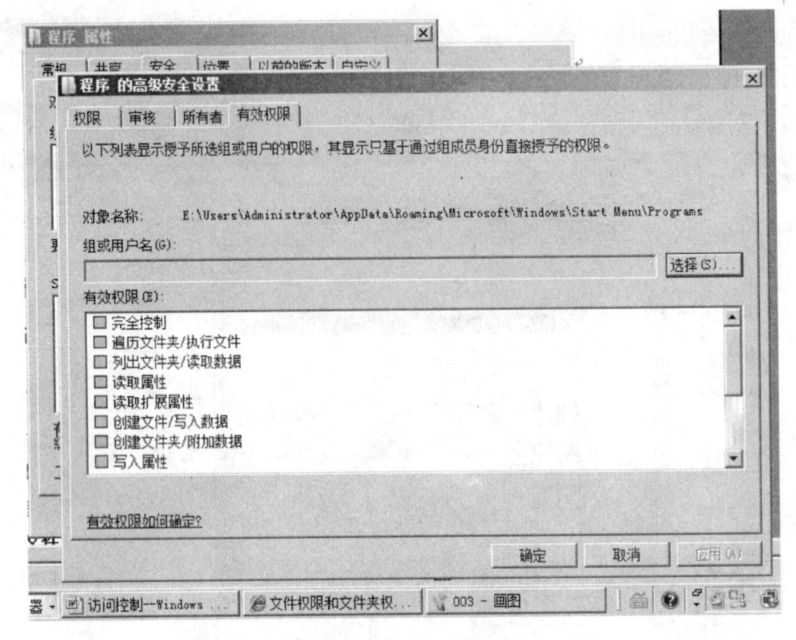

图 9.2　查看文件和文件夹的有效权限

若在打开 Windows 资源管理器后，如果指定的对象为 Everyone 组、Authenticated Users 组或 Local Users 组授予访问权限，则有效权限始终包括这些权限，除非指定用户或组为 Anonymous 组。此版本的 Windows 在 Everyone 组中不包括 Anonymous 用户，其操作如图 9.3 所示。

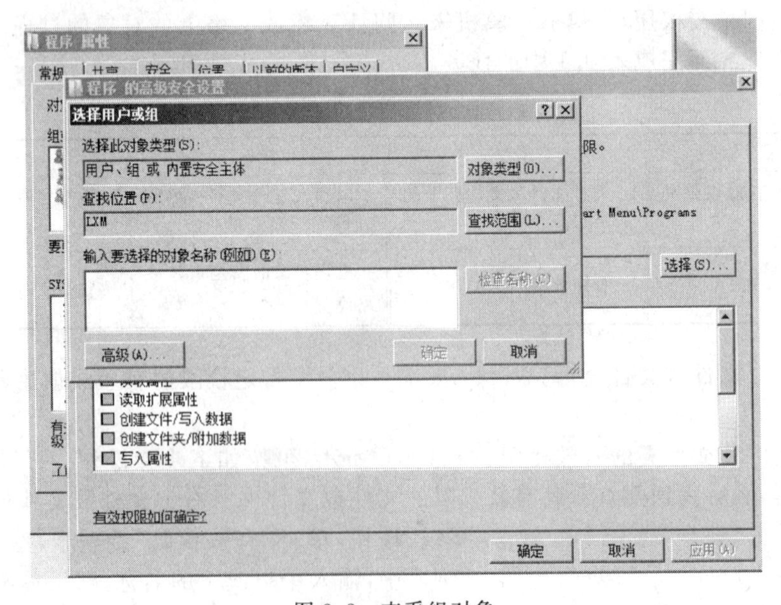

图 9.3　查看组对象

“有效权限”选项卡显示了通过组成员身份授予的身份。因此，该页上所显示的信息是只读的，并且不支持通过选中或者清除权限复选框来更改用户的权限。

使用访问控制用户界面时，只在格式化为 NTFS 的驱动器上设置权限。

共享权限不包括在有效权限范围内。即使允许通过 NTFS 权限访问该文件夹，也可通过共享权限拒绝访问共享文件夹。

9.1.3 管理对象所有权

每个对象都有一个所有者，不论该对象是在 NTFS 卷中还是在 Active Directory 域服务（AD DS：Active Directory Domain Services）中。所有者控制如何设置对象的权限以及将权限授予谁。

需要修改或更改文件权限的管理员必须首先取得文件所有权。

默认情况下，所有者是创建对象的实体。所有者始终可以更改对象的权限，即使已拒绝所有者到对象的所有访问。如下人员可以取得所有权：

- 管理员。默认情况下，管理员组拥有“取得文件或其他对象的所有权”。
- 具有对象的“取得所有权”权限的任何用户或组。
- 具有“存储文件和目录”用户权利的用户。

所有权可以用以下方式转换：

- 当前所有者可向其他用户授予“取得所有权”权限，前提是该用户是当前所有者的访问令牌中定义的组成员。该用户必须实际取得所有权才能完成所有权的转移。
- 管理员可以取得所有权。
- 拥有“存储文件和目录”用户权利的用户可以双击“其他用户和组”并选择任意用户或组来向其分配所有权。

网络的每个容器和对象都有一组附加的访问控制信息。该信息称为安全描述符，它控制用户和组允许使用的访问类型。权限是在对象的安全描述符中定义的。权限与特定的用户和组相关联，或者是指派到特定的用户和组。

如果是与对象相关联的安全组的成员，可以管理该对象上的权限。对于拥有的那些对象，可以完全控制。可以使用 Active Directory 域服务、组策略或访问控制列表等多种方法来管理不同类型的对象。

9.1.4 取得文件或文件夹的所有权

对象的所有者控制如何设置对象权限和对谁授予权限。对象取得所有权权限或还原文件和目录用户权限是完成此步骤的最低要求。

取得文件或文件夹的所有权如图 9.4、图 9.5 所示，操作按如下步骤：打开“Windows 资源管理器”，然后定位要取得所有权的文件或文件夹。右击文件或文件夹，单击“属性”，然后单击“安全”选项卡。单击“高级”按钮，然后单击“所有者”选项卡，单击“编辑”，然后执行下列操作之一：

(1) 若要更改未列出的用户或组的所有者，单击“其他用户和组”，在输入要选择的对象名(示例)中，键入用户或组的名称，然后单击“确定”按钮，如图 9.4 所示。

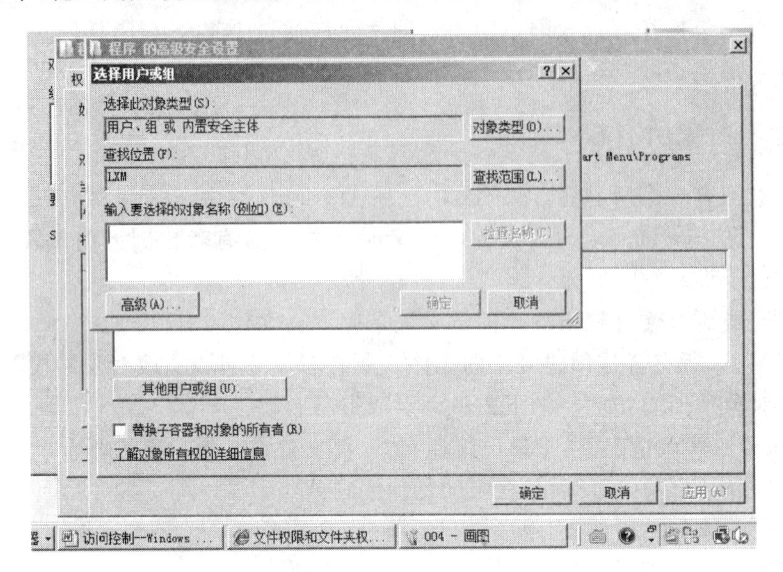

图 9.4　选择用户和组

(2) 若要更改列出的用户或组的所有者，在“将所有者更改为”框中，单击新所有者，如图 9.5 所示。

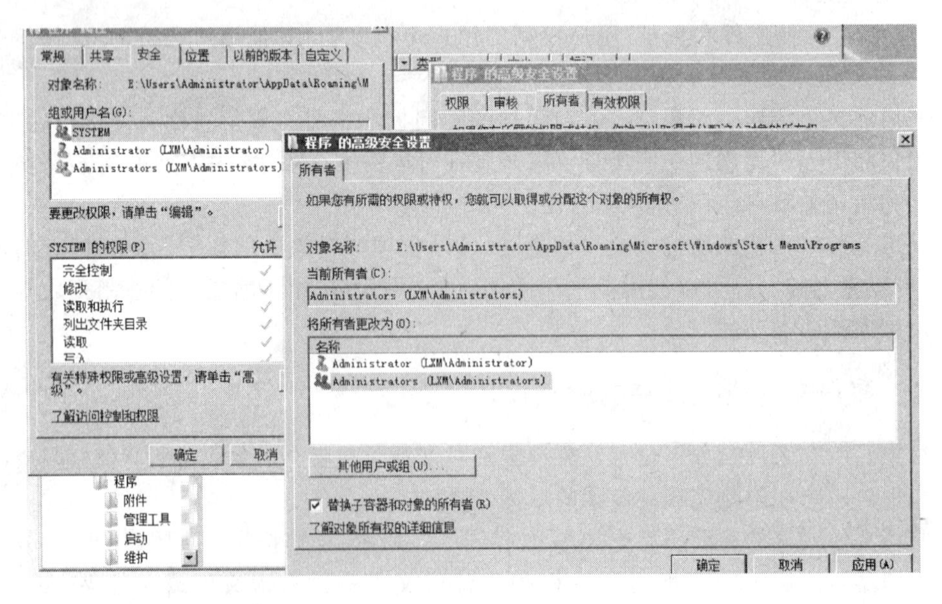

图 9.5　更改用户或组的所有者

(3) 若要更改树中所有子容器和对象的所有者(可选),则选择“替换子容器和对象的所有者”复选框。

管理员可以获得计算机中任何文件的所有权。分配文件或文件夹的所有权可能要求使用“用户访问控制”提升权限。

可以用两种方式转移所有权:

- 当前的所有者可以向其他用户授予“取得所有权”权限,允许这些用户随时取得所有权。被授予“取得所有权”权限的用户可以取得对象的所有权,或向其所在的任何组分配所有权。
- 拥有“存储文件和目录”权限的用户可以双击“其他用户和组”并选择任意用户和组来向其分配所有权。

9.1.5 安全管理审核

监视对象的创建或修改提供了追踪潜在安全问题的方法,确保用户账户的可用性,并在可能出现安全性破坏事件时提供证据。

应该被审核的最常见的事件类型包括:访问对象,例如文件和文件夹;用户账户和组账户的管理;用户登录到系统和从系统注销。

安全管理审核部分包含:审核策略;定义或修改事件类别的审核策略设置;应用或修改本地文件或文件夹的审核策略设置;查看安全日志;了解用户账户控制。

用户账户控制(UAC)是 Windows 中的一项功能,可以防止对计算机进行未经授权的更改。UAC 的做法是,要求用户在执行可能会影响计算机运行的操作或执行影响其他用户的设置更改之前,提供权限或管理员密码。

看到 UAC 消息后,请认真阅读,然后确保将要启动的操作或程序的名称正是用户要启动的操作或程序的名称。通过在执行这些操作前对其进行验证,UAC 可以帮助防止恶意软件在未经许可的情况下在计算机上自行安装或对计算机进行更改。

当需要用户的许可或密码才能完成任务时,UAC 会用下列消息之一警告用户:

- Windows 需要用户的许可才能继续;可能会影响本计算机其他用户的 Windows 功能或程序时需要用户的许可才能启动。请检查操作的名称以确保它正是要运行的功能或程序。
- 程序需要用户的许可才能继续。不属于 Windows 的程序需要用户的许可才能启动,该程序具有指明其名称和发布者的有效数字签名,该数字签名可以确保该程序正是其所声明的程序,确保该程序正是用户要运行的程序。
- 一个未能识别的程序要访问用户的计算机。未能识别的程序是指没有其发布者所提供的用于确保该程序正是其所声明程序的有效数字签名的程序。这未必表示该程序是恶意软件,因为许多早期的合法程序缺少签名。用户应该特别注意,并且仅当其获取自可信任的来源(例如原装 CD 或发布者网站)时才允许此程序运行。

- 此程序已被阻止。这是管理员专门阻止在用户使用的计算机上运行的程序,若要运行此程序,必须与管理员联系并且要求解除阻止此程序。

建议用户在大多数情况下使用标准用户账户登录计算机。用户可以浏览 Internet,发送电子邮件,使用字处理软件,所有这些都不需要管理员账户。当需要执行管理任务(如安装新程序或更改影响其他用户的设置)时,用户不必切换到管理员账户。在执行该任务前,Windows 将会提示用户给予许可或提供管理员密码。

为了保护计算机,可以为共享计算机的所有用户创建标准用户账户。当拥有标准账户的用户试图安装软件时,Windows 会要求输入管理员账户的密码,以便在用户不知情和未经用户许可的情况下无法安装软件。

如果在组策略中配置了管理员批准模式,则使用管理员账户登录的用户可能仍会看到 UAC 提示。管理员批准模式可帮助防止恶意软件在管理员不察觉的情况下无提示地自行安装;它还帮助防止意外的系统范围更改;最后,它可用于强制执行更高级别的相容性,在此情况下,对于每个管理进程,管理员必须主动同意或提供凭据。

如果配置了管理员批准模式,管理员可能会在从命令行完成任务时遇到问题。为了避免出现这些问题,可打开管理命令提示符窗口或使用 Runas 命令行工具完成任务。

9.1.6 授权管理器

授权管理器为将基于角色的访问控制集成到应用程序提供了灵活的框架。它让使用这些应用程序的管理员可提供对那些与作业功能相关的已分配用户角色进行访问的权限。

授权管理器应用程序以授权存储的形式存储授权策略,该授权存储在 Active Directory 域服务、Active Directory 轻型目录服务(AD LDS)、XML 文件或 Microsoft SQL Server 数据库中。然后,在运行时应用这些策略。

使用基于角色的访问控制,可以向角色分配用户,并且可以查看已经授予每个角色的权限。也可以使用名为授权规则的脚本来实现非常具体的控制。授权规则能够让用户控制访问控制和组织结构之间的关系。

在许多情况下,授权管理器都有助于提供对资源的有效控制的访问权限。一般情况下,用户授权角色和计算机配置角色经常从基于角色的管理中获益。

用户授权角色基于用户的工作职能。用户可以使用授权角色授予访问权,以委派管理权限或管理与基于计算机的资源之间的交互。例如,可定义有权授权支出和审核账户事务的“出纳员”角色。

计算机配置角色基于计算机的功能。可使用计算机配置角色来选择要安装的功能,并可启用服务和选择选项。例如,可以为 Web 服务器、域控制器、文件服务器和适合于组织的自定义服务器配置来定义服务器的计算机配置角色。

对于授权管理器,可使用下面两种模式:①开发人员模式。在开发人员模式下,可以

创建、部署和维护应用程序。用户可对所有授权管理器功能进行不受限制的访问。②管理员模式。这是默认模式。在管理员模式下,用户可以部署和维护应用程序。可访问所有授权管理器功能,不过无法创建新的应用程序或定义操作。

通常,授权管理器在用户的环境中由为特定目的编写的自定义应用程序使用。这些应用程序通常通过调用授权管理器应用程序编程接口(API)来创建、管理和使用授权存储。在这种情况下,不需要使用开发人员模式。有关以编程方式使用授权管理器的详细信息,请参阅用于授权管理器的资源。

使用开发人员模式时,建议仅在开发人员模式下运行授权管理器,直到创建并配置授权存储、应用程序和其他必要的对象为止。在最初设置授权管理器后,以管理员模式来运行授权管理器。有关使用开发人员模式或管理员模式的详细信息,请参阅设置授权管理器选项。

使用授权管理器,可以一次实现多个配置和权限更改。也可以使用此版本 Windows 中提供的其他管理工具来配置访问权限,有时其操作方式与授权管理器类似。它们包括:①访问控制列表。访问控制列表(ACL)位于"安全"属性选项卡上,它可用于对存储在 Active Directory 域服务(AD DS)、Active Directory 轻型目录服务(AD LDS)中的对象和 Windows 对象管理访问控制策略。授权管理器不同于"安全"属性选项卡的是,使访问控制基于角色(通常基于特定工作任务),而不只是基于组成员身份,还有就是它跟踪已授予的权限。②控制委派向导。控制委派向导也会自动设置多种权限,但与授权管理器不同的是,它不提供跟踪或删除已授予权限的方法。

9.2 包过滤访问控制的实现

包过滤技术是防火墙中最重要的基本技术之一,下面介绍基于包过滤技术的防火墙访问控制。

9.2.1 包过滤技术简介

1. 规则的确定

包过滤防火墙是最原始的防火墙,现在的绝大多数路由器都具有包过滤功能,因此路由器就可以作为包过滤防火墙。使用包过滤防火墙前,要制定规则,这些规则说明什么样的数据能够通过、什么样的数据禁止通过,多条规则组成一个访问控制列表(ACL)。对所有数据,防火墙都要检查它与 ACL 中的规则是否匹配。在确定过滤规则之前,需要作如下决定:

(1) 打算提供何种网络服务,并以何种方向(从内部网络到外部网络,或者从外部网络到内部网络)提供这些服务。

(2) 是否限制内部主机与因特网进行连接。

(3) 因特网上是否存在某些可信任主机,它们需要以什么形式访问内部网。

2. 包含的信息

包过滤防火墙根据每个包头部的信息来决定是否要将包继续传输,从而增强安全性。对于不同的包过滤防火墙,用来生成规则进行过滤的包头部信息不完全相同,但通常都包括以下信息:

(1) 接口和方向:包是流入还是离开网络,这些包通过哪种接口。

(2) 源和目的 IP 地址:检查包从何而来(源 IP 地址)、发往何处(目的 IP 地址)。

(3) IP 选项:检查所有选项字段,特别是要阻止源路由(Source Routing)选项。

(4) 高层协议:使用 IP 包的上层协议类型,例如 TCP 还是 UDP。

(5) TCP 包的 ACK 位检查:这一字段可帮助确定是否有,及以何种方向建立连接。

(6) ICMP 的报文类型:可以阻止某些刺探网络信息的企图。

(7) TCP 和 UDP 包的源和目的端口:此信息帮助确定正在使用的是哪些服务。

3. 注意事项

创建包过滤防火墙的过滤规则时,要注意以下重要事项:

(1) 在规则中要使用 IP 地址,而不要使用主机名或域名。虽然进行 IP 地址欺骗和域名欺骗都不是非常难的事,但在很多攻击中,IP 地址欺骗常常是不容易做到的,因为黑客想要真正得到响应并非易事。然而只要黑客能够访问 DNS 数据库,进行域名欺骗却是很容易的事。这时,域名看起来是真实的,但它对应的 IP 地址却是另一个虚假的地址。

(2) 不要回应所有从外部网络接口来的 ICMP 数据,因为它们很可能给黑客暴露信息,特别是哪种包可以流入网络,哪种包不可以流入网络的信息。响应对某些 ICMP 数据等于告诉黑客,在某个地方确实有一个包过滤防火墙在工作。在这种情况下,对黑客来说,有信息总比没有好。防火墙的主要功能之一就是隐藏内部网络的信息,黑客通过对信息的筛选处理,可以发现什么服务不在运行,最终发现什么服务在运行。如果不响应 ICMP 数据,就可以限制黑客得到可用的信息。

(3) 要丢弃所有从外部进入而其源 IP 地址是内部网络的包。这很可能是有人试图利用这些包进行 IP 地址欺骗,以达到通过网络安全关口的目的。

(4) 防火墙顺序使用 ACL 中的规则,只要有一条规则匹配,就采取规则中规定的动作,后面的规则不再使用。所以规则的顺序非常重要,错误的顺序可能使网络不能正常工作,或可能导致严重的安全问题。

9.2.2 基于包过滤的 IP 头部信息的访问控制

通常,包过滤防火墙只根据包的头部信息来操作。由于在每个包里有多个不同的协议头,所以需要检查那些对包过滤非常重要的协议头。但大多数包过滤防火墙不使用以太网帧的头部信息,帧里的源物理地址和其他信息没有太大用处,因为源物理地址一般是包通过因特网的最近一个路由器的物理地址。

接下来是IP包的头部信息，主要过滤以下几种头部信息：

1. IP地址

显然源地址和目的地址是最有用的。如果防火墙只允许因特网上某些计算机访问内部网络，就可以采用基于源地址过滤的方法；反之，可以对网络内部产生的包进行过滤，只允许某些特定目的地址的包通过防火墙到达因特网。

假设内部网络的网络地址为172.21.94.0/24，为阻止来自因特网的IP地址欺骗攻击，可以制定如表9.2所示的ACL。来自因特网的IP数据报不可能具有内部网络的IP地址，否则一定就是IP地址欺骗，第1条规则将禁止这样的数据通过。第2条规则将允许所有其他数据通过。但是如果这两条规则交换顺序，所有数据都会通过防火墙，就不能阻止ICMP消息了。

表9.2 阻止IP地址欺骗的ACL

规则	方向	源IP地址	目的IP地址	动作
1	流入	172.21.94.0/24	*	拒绝
2	*	*	*	允许

在建立过滤规则时，一定要尽量用IP地址，而不要用主机名或域名，因为域名欺骗比IP地址欺骗要容易得多。

2. 协议字段

IP包头部中的协议字段用以确定IP包中的数据是哪一个上层协议的数据，如TCP、UDP或ICMP。

通常，承载ICMP数据的包都应丢弃，因为ICMP数据将会告知对方本网内部的信息，这时可以制定如表9.3所示的ACL。当IP数据报装载ICMP消息时，IP数据报头部的协议字段的值为1，所以协议字段值为1的数据要禁止通过，这就是第1条规则规定的内容；若分组与第1条规则不匹配，则继续与第2条规则比较，任何分组都与第2条规则匹配，都能通过防火墙。这两条规则结合在一起，就能阻止ICMP消息通过防火墙，而其他数据都能通过防火墙。

表9.3 阻止ICMP消息通过的ACL

规则	方向	协议字段	动作
1	*	1	拒绝
2	*	*	允许

3. IP包分片与选项字段

IP包过滤要注意的是IP包分片与其他选项字段，它们都有可能导致某些攻击，而且现在IP包分片与选项字段用得越来越少，因此可以拒绝这样的IP包。

9.2.3 基于包过滤的 TCP 头部信息访问控制

TCP 是因特网服务使用最普遍的协议，例如，Telnet，FTP，SMTP 和 HTTP 都是以 TCP 为基础的服务。TCP 提供端点之间可靠的双向连接，进行 TCP 传输就像打电话一样，必须先建立连接，之后才能和被叫的用户建立可靠的连接。主要过滤以下几种 TCP 的头部信息。

1. 端口号

有时仅仅依靠 IP 地址进行数据过滤是不可行的，因为目标主机上往往运行着多种网络服务。如果仅仅基于包的源或目的地址来拒绝和允许该包，就会造成要么允许全部连接要么拒绝全部连接的后果，而端口号可以有选择地拒绝或允许个别服务。例如，不想让用户采用 Telnet 的方式连接到系统，但这不等于同时禁止用户访问同一台计算机上的 WWW 服务。所以说，在 IP 地址之外还要对 TCP 端口进行过滤。

默认的 Telnet 服务连接端口号是 23，假如不允许客户机建立与服务器的 Telnet 连接，那么只需命令防火墙检查发往服务器的数据包，把其中目标端口号是 23 的包过滤掉就行了。这样，把 IP 地址和 TCP 端口号结合起来就可以作为过滤标准来实现可靠的防火墙。

与服务器不同，几乎所有的 TCP 客户程序都使用大于 1023 的随机分配端口号，所以，过滤客户机的端口号非常困难，几乎无法过滤。

一条好的包过滤规则可以同时指定源和目的端口。但是一些老的路由器不允许指定源端口，这可能会使防火墙产生很大的安全漏洞。例如，创建控制 SMTP 连接流入和流出的 ACL，首先假设规则中只允许使用目的端口，如表 9.4 所示。

表 9.4 SMTP 连接 ACL

规则	方向	协议	源地址	目的地址	目的端口	动作
1	流入	TCP	外部地址	内部地址	25	允许
2	流出	TCP	内部地址	外部地址	≥1 024	允许
3	流出	TCP	内部地址	外部地址	25	允许
4	流入	TCP	外部地址	内部地址	≥1 024	允许
5	*	*	*	*	*	禁止

在这个例子中，可以看到规则 1 和规则 3 允许端口 25 的流入和流出连接，该端口是 SMTP 协议的默认端口。规则 1 允许外部计算机向内部网络的服务器端口 25 发送数据，规则 2 允许网络内部的服务器回应外部 SMTP 请求，并且假定它使用大于等于 1 024 的端口号，因为规则只允许端口大于或等于 1 024 的连接。

规则 3 和规则 4 允许反方向的 SMTP 连接，内部网络的计算机可以与外部网络的 SMTP 服务器的端口 25 建立连接。最后的规则 5 不允许其他任何连接。这些过滤规则看起来非常好，允许两个方向的 SMTP 连接，并且保证了内部局域网的安全，但这是错误的。当创建包过滤规则时，需要同时观察所有的规则，而不是一次只观察一条或两条。在这个例子中，规则 2 和规则 4 允许端口大于等于 1 024 的所有服务，不论是流入还是流出方向。黑客可以利用这一个漏洞去做各种事情，包括与特洛伊木马程序通信。要修补这些规则，除了能够指定目的端口之外，还要能够指定源端口，如表 9.5 所示。

表 9.5 改进后的 SMTP 连接 ACL

规则	方向	协议	源地址	目的地址	源端口	目的端口	动作
1	流入	TCP	外部地址	内部地址	≥1 024	25	允许
2	流出	TCP	内部地址	外部地址	25	≥1 024	允许
3	流出	TCP	内部地址	外部地址	≥1 024	25	允许
4	流入	TCP	外部地址	内部地址	25	≥1 024	允许
5	*	*	*	*	*	*	禁止

这时，不再允许通信两端端口都大于或等于 1 024 的连接。相反，在连接的一端，这些连接被绑定到 SMTP 端口 25 上。

2. SYN 位

在 TCP 协议头中，有一个控制比特位：SYN。在 3 次握手建立连接期间，该位要置 1。SYN 洪水是一种拒绝服务攻击，黑客不断发送 SYN 位已经置 1 的包，这样目标主机就要浪费宝贵的 CPU 周期建立连接，并且分配内存。检查 SYN 位虽然不可能过滤所有 SYN 位已经置 1 的包，但是可以监视日志文件，发现不断发送这类包的主机以便让那些主机不能通过防火墙。

这种过滤机制只适用于 TCP 协议，对 UDP 包而言就无效了，因为 UDP 包没有 SYN 位。

3. ACK 位

TCP 是一种可靠的通信协议，采用滑动窗口实现流量控制，每个发送出去的包必须获得一个确认，在响应包中 ACK 位置 1 就表示确认号有效。在包过滤防火墙中，通过检查这一位以及通信的方向，可以只允许建立某个方向的连接。

例如，如果仅允许建立一个从内部计算机到因特网上服务器的 HTTP 会话，但不允许相反方向的连接，那么就要建立和表 9.6 相似的 ACL。

表 9.6 过滤 ACK 位的 ACL

规则	方向	协议	源地址	目的地址	源端口	目的端口	ACK 位	动作
1	流出	TCP	内部	外部	≥1 024	80	均可	允许
2	流入	TCP	外部	内部	80	≥1 024	置 1	允许
3	*	*	*	*	*	*	*	禁止

规则1允许内部网计算机向因特网上WWW服务器发送包,目的端口号是WWW服务器的端口80,并且允许ACK为0或1的包通过防火墙。规则2允许因特网上的WWW服务器向内部主机返回包。

外部计算机无法主动与内部计算机建立一个TCP连接,因为规则2说明进入数据的ACK位必须置1,否则将被丢弃。初始连接请求(第一次握手)的ACK位为0,这足以防止外部计算机主动与内部计算机建立TCP连接。

同样,这种过滤机制只适用于TCP协议,因为UDP包没有ACK位。

9.2.4 基于包过滤的UDP访问控制

现在回过头来看看怎么解决UDP问题。UDP包没有SYN位与ACK位,所以不能据此过滤。UDP是发出去就不管的“不可靠”通信,这种类型的服务通常用于广播、路由、多媒体等广播形式的通信任务。有一个最简单的可行办法,即防火墙设置只转发来自内部接口的UDP包外出,来自外部接口的UDP包则禁止进入内部网络。但这显然不太合理,因为绝大多数应用都是双向通信。

有些新型路由器可以通过“记忆”出站UDP包来解决这个问题:如果入站UDP包匹配最近出站UDP包的目标地址和端口号就让它进来;如果在内存中找不到匹配的出站信息就拒绝它。

与TCP类似,UDP包中的端口号也是很好的过滤依据。

9.2.5 基于包过滤的ICMP访问控制

TCP/IP协议族使用网际控制报文协议(ICMP)在双方之间发送控制和管理信息。例如,有一种ICMP报文称为源抑制报文,计算机发送这种报文告诉连接的发送方停止发送包。这样可以进行数据流控制,从而连接的接收端不会因不堪重负而丢包。数据过滤中很有可能不需要阻止该报文,因为源抑制报文很重要。重定向报文用于告诉主机或路由器使用其他的路径到达目的地,利用这类报文,黑客可以向路由器发送错误数据来搅乱路由表。

ICMP数据很有用,但也很有可能被利用来收集网络的有关信息,所以必须加以区别对待。防火墙的一个重要功能就是让外部得不到网络内部主机的信息。为做到这一点,需要阻止以下几种报文类型:

(1) 流入的echo请求和流出的echo响应——允许内部用户使用ping命令测试外部主机的连通性,但不允许相反方向的类似报文。

(2) 流入的重定向报文——这些信息可以用来重新配置网络的路由表。

(3) 流出的目的不可到达报文和流出的服务不可用报文——不允许任何人刺探网络。通过找出那些不可到达或那些不可提供的服务,黑客就更加容易锁定攻击目标。

9.3 代理服务器的访问控制

随着 Internet 的迅速发展，宽带网络接入量快速增多，Internet 终端用户数迅速膨胀，网络管理员面临的问题越来越多，问题也越来越严重，如 IP 资源匮乏、用户访问计费、内部网络安全等一系列问题。面临如此多的问题，我们迫切需要一个行之有效的方案应对，代理服务器是可选方案之一。

9.3.1 代理服务器概述

代理服务器的英文全称是 Proxy Server，其功能就是代理网络用户 。形象地说，它是网络信息的中转站。在一般情况下，使用网络浏览器直接去连接其他 Internet 站点取得网络信息时，需送出请求信号来得到回答，然后对方再把信息以数据流方式传送回来。代理服务器是介于浏览器和 Web 服务器之间的一台服务器，有了它之后，浏览器不是直接到 Web 服务器去取回网页而是向代理服务器发出请求，请求信号会先送到代理服务器，由代理服务器来取回浏览器所需要的信息并传送给终端用户的浏览器。大部分代理服务器都具有缓冲功能，它有很大的存储空间，不断地将新取得的数据储存到它本机的存储器上，如果浏览器所请求的数据在它本机的存储器上已经存在而且是最新的，那么它就不重新从 Web 服务器请求获取数据，而直接将存储器上缓存的数据传送给终端用户的浏览器，这样就能显著提高浏览速度和效率。代理服务器主要功能有共享网络、访问代理、防止攻击、突破限制、掩藏身份、提高速度、起到防火墙的作用、方便对用户管理。由于代理服务器功能众多，得到了广泛的应用。

通过代理服务器，管理员可以设置用户验证和记账功能，对用户进行记账，没有登记的用户无权通过代理服务器访问 Internet；并对用户的访问时间、访问地点、信息流量进行统计。

9.3.2 访问控制设置

Squid cache(简称为 Squid)是一个流行的自由软件(GNU 通用公共许可证)的代理服务器和 Web 缓存服务器。Squid 有广泛的用途，从作为网页服务器的前置 Cache 服务器缓存相关请求来提高 Web 服务器的速度，到为一组人共享网络资源而缓存万维网、域名系统和其他网络搜索，到通过过滤流量帮助网络安全，到局域网通过代理上网。Squid 主要设计用于在 UNIX 一类系统运行。Squid 的发展历史相当悠久，功能也相当完善。除了 HTTP 外，对于 FTP 与 HTTPS 的支援也相当好，在 3.0 测试版中也支持 IPv6。本节以 Squid 为例进行代理服务器的访问控制设置。

Squid 默认的配置文件拒绝所有客户的请求。为了能够让所有终端客户通过 Squid 代理服务器访问 Internet 资源，在所有终端能使用该代理服务器之前，必须首先在

"squid.conf"文件里加入附加的访问控制规则。附加访问控制规则最简单的实现方法就是定义一个针对终端客户 IP 地址的访问控制列表 ACL 和一系列访问规则,告诉 Squid 服务器允许来自哪些 IP 地址的 HTTP 请求。

ACL 便是 Squid 进行网络控制的有力工具,用来过滤进出代理服务器的数据。学会如何灵活运用 ACL,便是合理应用好 Squid 代理服务器的关键。而构成 ACL 的基本元素就是 ACL 参数定义,用来指定包括 IP 地址、端口号、主机名和 URL 匹配等变量。每个 ACL 参数都有一个名字,在编写访问控制规则时需要引用它们。ACL 参数定义的语法格式如下:

```
acl 列表名称  列表类型[-i]列表值 1  列表值 2…
```

列表名称:用于区分 Squid 的各个 ACL,任何两个 ACL 不能定义相同的列表名称。尽管列表名称可以随意定义,但为了方便进行日后长期的维护管理工作,建议大家在命名列表时尽量使用有意义的、便于理解的列表名称,如 badurl、clientip 和 worktime 等。

列表类型:是可以被 Squid 识别的类型。Squid 支持的列表类型很多,在这里按照重要性的降序来列举它们,Squid 支持的列表类型如下:

[-i]:表示忽略列表值的大小写,否则 Squid 对列表值是大小写敏感的。

1. src

IP 地址在访问控制元素里使用最普遍,大部分站点使用 IP 地址来控制客户允许或不允许访问 Squid。src 类型是指终端客户的源 IP 地址。也就是说,当 src 类型出现在访问控制列表里时,Squid 将它与发布请求的终端客户 IP 地址进行比较,在正常情况下允许来自内网中主机的请求,并阻塞其他的。例如,假如使用 192.168.1.0 子网,则可以这样指定 ACL:

```
acl MyNetwork src 192.168.1.0
```

假如有许多子网,则能在同一个 acl 行里面列举它们:

```
acl MyNetwork src 192.168.1.0 192.168.2.0/24 172.16.0.0/12
```

2. dst

dst 类型指向目标服务器 IP 地址。在某些情况下,能使用该类型来阻止终端用户访问特定 Web 站点。然而,在使用 dst 类型时须谨慎,大部分 Squid 接收到的请求有目标服务器主机名。例如:

```
GET http://www.web-cache.com/ HTTP/1.0
```

这里,www.web-cache.com 是主机名。当访问列表规则包含了 dst 元素时,Squid 必须找到该主机名的 IP 地址。假如 Squid 的 IP 缓存包含了该主机名的有效接口,这条 ACL 被立即检测。否则,在 DNS 查询忙碌时,Squid 会延缓处理该请求。这对某些请求来说会造成延时。为了避免延时,应该尽可能地使用 dstdomain ACL(见后面)类型来代替 dst。

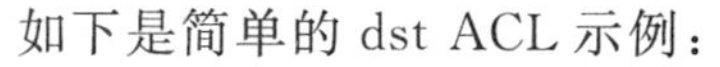

如下是简单的 dst ACL 示例：

```
acl AdServers dst 1.2.3.0/24
```

请注意，dst 参数存在的问题是，试图允许或拒绝访问的目标服务器可能会改变它的 IP 地址。假如不关心这样的改变，那就不必麻烦去升级 squid. conf 了，则可以在 acl 行里放上主机名，但那样会延缓启动速度。假如 ACL 需要许多主机名，则应该预处理配置文件，将主机名转换成 IP 地址。

3. myip

myip 类型是指 Squid 的 IP 地址，它被客户连接。当在 Squid 机上运行 netstat-n 时，则会见到它们位于本地地址列。大部分 Squid 安装不使用该类型。通常所有的客户连接到同一个 IP 地址，所以该 ACL 元素仅仅当系统有多个 IP 地址时才有用。为了理解 myip 为什么有用，考虑某个有两个子网的公司网络。子网 1 的用户是程序员和工程师；子网 2 包括会计、市场和其他管理部门。这种情况下的 Squid 有 3 个网络接口：第一个连接子网 1，第二个连接子网 2，第三个连接到外部 Internet。当正确配置时，所有在子网 1 中的用户连接到 Squid 位于该子网的 IP 地址；类似的，子网 2 的用户连接到 Squid 的第二个 IP 地址。这样就可以给予子网 1 的技术部员工完全的访问权，然而限制管理部门的员工仅仅能访问与工作相关的站点。ACL 定义可能如下：

```
acl Eng myip 192.168.1.101
acl Admin myip 192.168.2.101
```

请注意，使用该机制时必须特别小心，阻止来自某个子网的用户连接 Squid 位于另一个子网的 IP 地址；否则，在会计和市场子网中的聪明用户，能够通过技术部子网进行连接，从而绕过用户的限制。

4. dstdomain

在某些情况下，会发现基于域名的访问控制非常有用，可以使用它们去阻塞对某些站点的访问，去控制 Squid 如何转发请求，以及让某些响应不可缓存。dstdomain 之所以非常有用，是因为它检查请求 URL 里的主机名。请注意如下两行是不同的。

```
acl A dst www.squid-cache.org
acl B dstdomain www.squid-cache.org
```

A 实际上是 IP 地址 ACL。当 Squid 解析配置文件时，它查询 www. squid-cache. org 的 IP 地址，并将它们存在内存里，它不保存名字。假如在 Squid 运行时 IP 地址改变了，Squid 会继续使用旧的地址。

dstdomain ACL 以域名形式存储，并非 IP 地址。当 Squid 检查 ACL B 时，它对 URL 的主机名部分使用字符串比较功能。在该情形下，它并不真正关心 ww. squid-cache. org 的 IP 地址是否改变了。另外，使用 dstdomain ACL 也可能带来一些问题，某些 URL 使用 IP 地址代替主机名。假如目标是使用 dstdomain ACL 来阻塞对某些站点的访问，聪明的用户能手工查询站点的 IP 地址，然后将它们放在 URL 里。例如，下面的两行 URL

带来同样的页面：

```
http://www.squid-cache.org/docs/FAQ/
http://206.168.0.9/docs/FAQ/
```

第1行能被 dstdomain ACL 轻易匹配，但第2行不能。这样，假如依靠 dstdomain ACL，也应该同样阻塞所有使用 IP 地址代替主机名的请求。

5. srcdomain

srcdomain ACL 要求对每个客户 IP 地址进行所谓的反向 DNS 查询。技术上，Squid 请求对该地址的 DNS PTR 记录。DNS 的响应——完整可验证域名(FQDN)是 Squid 用来匹配 ACL 值的。使用 dst ACL，FQDN 查询会导致延时，请求会被延缓处理直到 FQDN 响应返回。FQDN 响应被缓存下来，所以 srcdomain 查询通常仅在客户首次请求时延时。遗憾的是，srcdomain 查询有时不能工作，是因为没有保持他们的反向查询数据库与日更新。假如某地址没有 PTR 记录，则 ACL 检查失败。在该情形下，请求可能会延迟非常长的时间(例如2分钟)，直到 DNS 查询超时。假如使用 srcdomain ACL，请确认自己的 DNS in-addr. arpa 区域配置正确。

6. port

port ACL 允许定义单独的端口或端口范围。使用 port ACL 来限制对某些目标服务器端口号的访问。例如：

```
acl HTTPports port 80 8000-8010 8080
```

7. myport

Squid 也有 myport ACL。port ACL 指向目标服务器的端口号，myport 指向 Squid 自己的端口号，用来接收客户请求。假如在 http_port 命令里指定不止一个端口号，那么 Squid 就可以在不同的端口上侦听。假如将 Squid 作为站点 HTTP 加速器和用户代理服务器，那么 myport ACL 特别有用。可以在80端口上接收加速请求，在3128端口上接收代理请求。如果想让所有人访问加速器，但仅仅使自己的用户能以代理形式访问 Squid。则 ACL 可能如下：

```
acl AccelPort myport 80
acl ProxyPort myport 3128
acl MyNet src 192.168.1.101
http_access allow AccelPort              #anyone
http_access allow ProxyPort MyNet        #only my users
http_access deny ProxyPort               #deny others
```

8. method

method ACL 是指 HTTP 请求方法，包括 GET、POST、PUT 等方法。下例说明如何使用 method ACL：

```
acl Uploads method PUT POST
```

Squid 知道下列标准 HTTP 方法：GET，POST，PUT，HEAD，CONNECT，TRACE，OPTIONS 和 DELETE。另外，Squid 了解下列来自 WEBDAV 规范 RFC2518 的方法：PROPFIND，PROPPATCH，MKCOL，COPY，MOVE，LOCK，UNLOCK。还有某些 Microsoft 产品使用非标准的 WEBDAV 方法：BMOVE，BDELETE，BPROPFIND。最后，可以在 extension_methods 参数里配置 Squid 去理解其他的请求方法。

9．proto

proto 类型指明 URI(统一资源标识符)访问或传输协议。可以是如下的有效值：http，https(就是 HTTP/TLS)，ftp，gopher，urn，whois 和 cache_object。也就是说，这些是被 Squid 支持的协议。例如，假如想拒绝所有的 FTP 请求，则可以使用下列命令：

```
acl FTP proto FTP
http_access deny FTP
```

10．time

time ACL 允许控制基于时间的访问，时间为每天中的具体时间和每周中的每天。日期以单字母来表示，时间以 24 小时制来表示，如表 9.7 所示。开始时间必须小于结束时间，否则在编写跨越 0 点的 time ACL 时可能有点麻烦。

表 9.7　time 参数的日期代码表

Code	Day	Code	Day
S	Sunday	H	Thursday
M	Monday	F	Friday
T	Tuesday	S	Saturday
W	Wednesday	D	All weekdays(M-F)

11．ident

ident ACL 匹配被 ident 协议返回的用户名。它的工作过程如下：

(1) 终端用户(客户端)对 Squid 建立 TCP 连接。

(2) Squid 连接到终端客户系统的 ident 端口(113)。

(3) Squid 发送一个包括两个 TCP 端口号(Squid 端的端口号和终端客户的端口号)的行，其中 Squid 端的端口号可能是 3128(或者是在 squid.conf 里配置的端口号)，而终端客户的端口号是随机的。

(4) 终端客户的 ident 服务器返回打开第一个连接的进程的用户名。

(5) Squid 记录下该用户名用于访问控制目的，并且记录到 access.log 中。

12．poxy_auth

Squid 有一套有力的、但在某种程度上有点混乱的特性，用以支持 HTTP 代理验证功能，这便是使用代理验证终端客户 HTTP 请求头部包含了验证信用的选项。通常，验证的是用户名和密码。Squid 通过解密信用选项，并调用外部验证程序以发现该信用选项是否有效。Squid 当前支持 3 种技术协议以接受用户验证:HTTP 基本协议、数字认证协议和 NTLM(NT LAN Manager)。

13. src_as

src_as 类型检查终端客户的源 IP 地址所属的具体 AS 号。例如,虚构某 ISP 使用 AS 64222 并且通告使用 10.0.0.0/8、172.16.0.0/12、192.168.1.0/24 网络。可以编写这样的 ACL,它允许来自该 ISP 地址空间的任何主机请求:

```
acl TheISP src 10.0.0.0/8
acl TheISP src 172.16.0.0/12
acl TheISP src 192.168.1.0/24
http_access allow TheISP
```

14. dst_as

dst_as ACL 经常与 cache_peer_access 参数一起使用。在该方法中,Squid 使用与 IP 路由一致的方式转发 Cache 丢失。考虑某 ISP,它比其他 ISP 更频繁地更换路由。每个 ISP 处理它们自己的 Cache 代理,这些代理能将请求转发到其他代理。理论上 ISP A 将 ISP B 网络里主机的 Cache 丢失转发到 ISP B 的 Cache 代理。使用 AS ACL 和 cache_peer_access 命令容易做到这一点。

15. maxconn

maxconn ACL 是指来自终端客户 IP 地址同时连接的最大连接数。这是一个有用的参数,可以用来阻止用户滥用代理或者消耗过多资源。maxconn ACL 在请求超过指定的数量时,会匹配这个请求。因为这个原因,应该仅仅在 deny 规则里使用 maxconn。例如,Squid 允许来自每个 IP 地址的同时连接数最大为 4 个。当某个客户发起第 5 个连接时,OverConnLimit ACL 被匹配,http_access 规则拒绝该请求。

```
acl OverConnLimit maxconn 4
http_access deny OverConnLimit
```

16. arp

arp ACL 用于检测 Cache 客户端的 MAC 地址(以太网卡的物理地址)。地址解析协议(ARP)是主机查找对应于 IP 地址的 MAC 地址的方法。

17. srcdom_regex

srcdom_regex ACL 允许使用正则表达式匹配终端客户的域名。这与 srcdomain ACL 相似,它使用改进的子串匹配。相同的限制是:某些客户地址不能反向解析到域名。例如,下面的 ACL 匹配以 dhcp 开头的主机名:

```
acl DHCPUser srcdom_regex -i ^dhcp
```

因为打头的"^"符号,该 ACL 匹配主机名 dhcp12.example.com,但不匹配 host12.dhcp.example.com。

注意:以符号"^"开始,意味限制开始。

18. dstdom_regex

dstdom_regex ACL 允许使用正则表达式匹配目标服务器的域名，也与 dstdomain 相似。例如，匹配以 www 开头的主机名：

```
acl WebSite dstdom_regex -i ^www。
```

19. url_regex

url_regex ACL 用于匹配请求 URL 的任何部分，包括传输协议和目标服务器主机名。例如，如下 ACL 匹配从 FTP 服务器的 mp3 文件请求：

```
acl FTPMP3 url_regex -i ^ftp://.*\.mp3$
```

注意："$"为限制结尾，"*"代表 0 个以上任意字母。

20. urlpath_regex

urlpath_regex 与 url_regex 非常相似，不过传输协议和主机名不包含在匹配条件里，这让某些类型的检测非常容易。比如，假设必须拒绝 URL 里的"sex"，但仍允许在主机名里含有"sex"的请求，可以这样做：

```
acl sex urlpath_regex sex
```

假如想特殊处理 cgi-bin 请求，则可以这样捕获它们：

```
acl CGI1 urlpath_regex ^/cgi-bin
```

21. browser

大部分 HTTP 请求包含了 User-Agent 头部。该头部的典型值如下：

```
Mozilla/4.51 [en] (X11; I; Linux 2.2.5-15 i686)
```

browser ACL 对 user-agent 头执行正则表达式匹配。例如，拒绝不是来自 Mozilla 浏览器的请求，可以这样写：

```
acl Mozilla browser Mozilla
http_access deny ! Mozilla
```

22. req_mime_type

req_mime_type ACL 是指客户 HTTP 请求里的 Content-Type 头部，该类型头部通常仅仅出现在请求消息主体里。POST 和 PUT 请求可能包含该头部，但 GET 从不包含该头部。可以使用该类型 ACL 来检测某些文件上传，和某些类型的 HTTP 隧道请求。eq_mime_type ACL 值是正则表达式。可以这样编写 ACL 去捕获音频文件类型：

```
acl AuidoFileUploads req_mime_type -i ^audio/
```

23. rep_mime_type

rep_mime_type ACL 是指目标服务器的 HTTP 响应里的 Content-Type 头部，它仅在使用 http_reply_access 规则时才有用。所有的其他访问控制形式是基于客户端请求的。该 ACL 基于服务器响应。假如想使用 Squid 阻塞 Java 代码，则可以这样写：

```
acl JavaDownload rep_mime_type application/x-java
http_reply_access deny JavaDownload
```

24. ident_regex

ident_regex 允许使用正则表达式,代替严格的字符串匹配,这些匹配是针对 ident 协议返回的用户名进行的。例如,如下 ACL 匹配包含数字的用户名:

```
acl NumberInName ident_regex [0-9]
```

25. proxy_auth_regex

该 ACL 允许对代理认证用户名使用正则表达式。例如,匹配 admin、administrator 和 administrators:

```
acl Admins proxy_auth_regex -i ^admin
```

列表值:针对不同的类型,列表值的内容是不同的。例如,对于类型 src 或 dst,列表值的内容是某台主机的 IP 地址或子网地址;对于类型 time,列表值的内容是时间;对于类型 srcdomain 和 dstdomain,列表值的内容是主机域名。

9.3.3 访问控制应用实例

通过前面的学习,应该对 Squid 代理服务从理论上有了一定的认识,接下来通过应用实例的学习,希望能够对 Squid 代理服务有一个更为深入的理解。在学习实例之前有必要强调一下,Squid 访问控制列表是顺序读取的,应将配置文件 squid.conf 中的以下两个规则始终放置在 acl 语句的最后,否则这两条规则会覆盖其他的 acl 语句。

```
acl all src 0.0.0.0/0.0.0.0
http_access deny all
```

同样的道理,当配置文件中配置多条访问控制规则时,必须注意其顺序,避免规则相互覆盖或屏蔽。另外,每次修改完配置文件后,若想使修改后的规则生效就必须重新载入配置文件,即运行命令"/etc/rc.d/init.d/squid reload"。

例 9.1 禁止 IP 地址为 192.168.1.102 的客户机上网。

可以定义如下规则实现上述要求:

```
acl badclientip src 192.168.1.102
http_access deny badclientip
```

该规则定义了一条名为 badclientip 的 acl,acl 类型为 src 源 IP 地址方式,列表值为 192.168.1.102,然后使用 http_access 参数禁止 badclientip 规则。也就是在 IP 地址为 192.168.1.102 的客户机通过 Squid 代理服务上网的模式下,由于 Squid 服务器增加了如上规则,该终端客户访问 Internet 资源的请求将会被拦截,终端客户的 Web 浏览器中会显示拒绝访问的错误提示信息。

例 9.2 禁止所有终端用户访问 IP 地址为 64.233.189.99(www.google.com)的网站。

可以定义如下规则实现上述要求:

```
acl badserverip dst 64.233.189.99
http_access deny badserverip
```

该规则定义了一条名为 badserverip 的 acl，acl 类型为 dst 目标 IP 地址方式，列表值为 64.233.189.99，然后使用 http_access 参数禁止 badserverip 规则。也就是在终端用户通过 Squid 代理服务上网的模式下，由于 Squid 服务器增加了如上规则，当前所有终端客户访问 IP 地址为 64.233.189.99 的服务器资源的请求将会被拦截，终端客户的 Web 浏览器中会显示拒绝访问的错误提示信息。

例 9.3　禁止所有终端用户访问域名包含为 google.com 的网站。

可以定义如下规则实现上述要求：

```
acl badurl url_regex -i google.com
http_access deny badurl
```

该规则定义了一条名为 badurl 的 acl，acl 类型为 url_regex URL 规则表达式匹配方式，列表值为 google.com，然后使用 http_access 参数禁止 badurl 规则。也就是在终端用户通过 Squid 代理服务上网的模式下，由于 Squid 服务器增加了如上规则，当前所有终端客户访问服务器的 URL 中含有 google.com 的所有资源的请求将会被拦截，终端客户的 Web 浏览器中会显示拒绝访问的错误提示信息。例如，www.abc.com/google/test.index、www.google.com、mail.google.com 等 URL 均被拦截。

例 9.4　禁止客户机 IP 地址在 192.168.2.0 子网的所有终端客户在星期一到星期五的 9:00 到 18:00 访问 Internet 资源。

可以定义如下几条规则实现上述要求：

```
acl clientnet src 192.168.2.0/24
acl worktime time MTWHF 9:00-18:00
http_access deny clientnet worktime
```

上述规则定义了一条名为 clientnet 的 acl，该 acl 类型为 src 源地址方式，列表值为 192.168.2.0/24；还定义了一条名为 worktime 的 acl，该 acl 类型为 time 时间段方式，列表值为 MTWHF 9:00-18:00，然后使用 http_access 参数禁止 clientnet、worktime 规则。也就是在终端用户通过 Squid 代理服务上网的模式下，由于 Squid 服务器增加了如上规则，终端用户通过 IP 地址属于 192.168.2.0 网段的所有客户机不能在星期一到星期五的 9:00 到 18:00 期间访问 Internet 资源。

例 9.5　禁止终端用户在任何客户机上下载文件扩展名为 mp3、exe、zip 和 rar 类型的文件。

可以定义如下规则实现上述要求：

```
acl badfile urlpath_regex -i \.mp3$ \.exe$ \.zip$ \.rar$
http_access deny badfile
```

该规则定义了一条名为 badfile 的 acl，该 acl 类型为 urlpath_regex 略去协议和主机名的 URL 规则表达式匹配方式，列表值为\.mp3$ \.exe$ \.zip$ \.rar$；同时使用-i

参数是为了忽略列表值大小写的检查，然后使用 http_access 参数禁止 badfile 规则。也就是在终端用户通过 Squid 代理服务上网的模式下，由于 Squid 服务器增加了如上规则，所有终端客户访问服务器的 URL 中以 mp3、exe、zip 和 rar 结尾的所有资源的请求将会被拦截，终端客户的 Web 浏览器中会显示拒绝访问的错误提示信息。例如，http://www.abc.com/google/test.mp3、http://www.cqit.edu.cn/cs/123.zip、http://www.cqit.edu.cn/cs/siyanzhidao.rar 等 URL 均被拦截。

9.4 本章小结

本章主要介绍了 Windows Server 2008 的访问控制、代理服务器的访问控制和防火墙的访问控制。Windows Server 2008 的访问控制设置包括：查看对象的有效权限和所有权、管理对象的权限、取得文件或文件夹的所有权、安全审核策略设置和授权管理器等，这些内容都是保障 Windows Server 安全的重要组成部分。代理服务器和防火墙的访问控制主要使用 ACL 实现，有异曲同工之处。防火墙的访问控制主要是基于包过滤的，根据过滤的信息不同可分为：IP 头部、TCP 头部、UDP 协议和 ICMP 协议。代理服务器的访问控制以 Squid 为例进行访问控制设置，可根据 Squid 支持的列表类型进行设置，不同的列表类型设置时代表不同的含义。本章可作为实验内容。

习题 9

1. Windows Server 2008 的访问控制属于哪种模型？
2. 比较代理服务器与防火墙的访问控制的异同。
3. 为什么标准 ACL 的设置位置要尽可能地靠近网络目的端？
4. 根据图 9.6 配置以下 ACL：

   (1) F1/0 和 F1/1 端口只允许来自于网络 172.16.0.0 的数据报被转发，其余的将被阻止。

   (2) F1/0 端口不允许来自于特定地址 172.16.4.13 的数据流，其他的数据流将被转发。

   (3) F1/0 端口不允许来自于特定子网 172.16.4.0 的数据，而转发其他的数据。

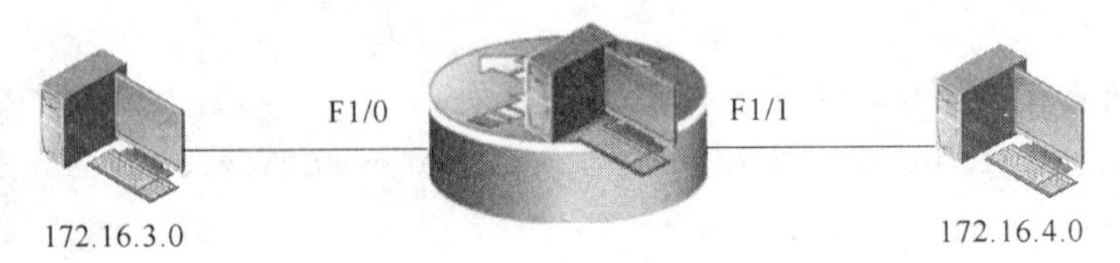

图 9.6　网络结构图

5. 有下列两个访问控制列表,哪一个答案是正确的?

```
acl 1：rule permit 10.110.10.1 0.0.255.255
acl 2：rule permit 10.110.100.100 0.0.255.255
```

A. 1 和 2 的范围没有包含关系　　B. 1 和 2 的范围是相同的

C. 1 包含 2　　D. 2 包含 1

6. 在 Squid 服务器中,禁止 IP 地址属于 192.168.1.0 这个子网的所有客户机上网。

7. 在 Squid 服务器中,禁止所有终端用户访问域名为 www.google.com 的网站。

8. 在 Squid 服务器中,限制 IP 地址为 192.168.1.102 的客户机并发连接的最大连接数为 5。

部分习题参考答案

习 题 2

5. 用户 U 对文件 F 可以进行读和执行操作，用户 U 对文件 F 拥有的权限的二进制和八进制表示分别为 101 和 5。

6. 三类用户对文件 F 的访问权限的二进制表示分别为 111，101，001；相应的八进制表示分别是 7，5，1；相应的字符串表示分别是 rwx，r-x，--x。所以，用户对文件 F 的访问权限的八进制和字符串形式的表示分别是 751 和 rwxr-x--x。

7. 因为"rwx"∧"r－x"＝"r－x"（∧表示"逻辑与"），所以用户 wenchang 可以对文件 F 进行读和执行操作。

在这个例子中，虽然给用户 wenchang 分配了 rwx 权限，但 mask 设置的权限值中没有 w（写）权限，所以，用户 wenchang 不能对文件 F 进行 w（写）操作。在文件的 ACL 表中，并非一定要设置 mask 权限，一般来说，该设置是可选的，如果没有设置 mask 权限，则访问判定时，就不必进行权限过滤了。

8. 定义一个记为 CAP_SYS_BOOT 的特权，使只有拥有该特权的用户才能进行操作系统的重启操作，没有该特权的用户不能进行相应的操作。

9. 定义一个记为 CAP_SYS_MODULE 的特权，使只有拥有该特权的用户才能把动态内核模块装入到操作系统中，或者删除操作系统中的动态内核模块，没有该特权的用户不能进行相应的操作。

10. 定义一个记为 CAP_SYS_ADMIN 的特权，使只有拥有该特权的用户才能进行安装文件系统、卸载文件系统、设置磁盘配额、设置主机名和域名、配置设备端口等方面的操作，没有该特权的用户不能进行相应的操作。

习 题 3

8. 根据域标签确定与进程 P_x 对应的域 D_i 及与进程 P_y 对应的域 D_j，在 DIT 表中找到 D_i 行与 D_j 列交叉点的元素 A_{ij}，如果 A_{ij} 中含有“发信号”(Signal)权限，则允许进程 P_x 向进程 P_y 发信号，否则不允许进程 P_x 向进程 P_y 发信号。

习 题 6

7. L 代表一系列带偏序关系的安全标签

    clearance：S ->L

    classification：O ->L

    ATT(S) = {clearance}

    ATT(O) = {classification}

    allowed(s,o,read) => clearance(s) ≧ classification(o)

    allowed(s,o,write) => clearance(s) ≦ classification(o)

8. N 是一系列标识名称

    id ：S ->N

    ACL ：O ->$2^{N\times R}$

    ATT(S) = {id}

    ATT(o) = {ACL}

    Allowed(s,o,r) =>(id(s),r) ∈ ACL(o)

9. M 代表金额数量

    credit：S ->M

    value：O × R ->M

    ATT(s)：{credit}

    ATT(o,r)：{value}

    Allowed(s,o,r) =>credit(s) ≧ value(o,r)

    preUpdate(credit(s))：credit(s) = credit(s) - value(o,r)

10. M 代表金额数量

    ID 是一系列会员标识名称

    TIME 访问用时

    member：S ->ID

    expense：S -> M

    usageT：S -> TIME

value: O × R -> M (访问客体每分钟应付金额)

ATT(s): { member , expense , usageT }

ATT(o,r): {value}

Allowed(s,o,r) => member(s) $\neq \Phi$

postUpdate(expense(s)): expense(s) = expense(s) + (value(o,r) × usageT(s))

说明：UCONpreA_1 和 UCONpreA_3 类似于 UCONpreA_0，不同的是，它们增加了属性更新过程。UCONpreA_1 和 UCONpreA_3 分别增加了访问前更新和访问后更新。许多 B2B 和 B2C 应用系统都要求系统有一定程度的更新功能，目前的 DRM 领域也涉及更新功能。

11. T 代表访问起始时间

UN 代表同时访问客体的主体个数

N 代表一系列标识名称

id :S -> N

usageNum : O -> UN

start: O -> $2^{N \times T}$

ATT(s): {id}

ATT(o): {start, usageNum}

allowed(s,o,r) => true

stopped(s,o,r) <= (usageNum(o) > 10) $\wedge$ (id(s),t) $\in$ startT(o)

//这里 t = min{t′ | 存在 s′,(id(s′),t′) $\in$ startT(o)}

preUpdate(startT(o)): startT(o) = startT(o) $\cup$ {id(s),t}

preUpdate(usageNum(o)): usageNum(o) = usageNum(o) + 1

postUpdate(startT(o)): startT(o) = startT(o) - {id(s),t}

这里，s 是被终止访问的主体

postUpdate(usageNum(o)): usageNum(o) = usageNum(o) - 1

说明：

对于 UCONonA_0 模型，因为没有预先授权，任何访问请求都是允许的，但在访问过程中，授权决策周期性地进行检测判断，以保证所有要求都得到满足。检测过程可以基于时间或事件周期性地进行。在访问过程中，一旦某属性改变或某条件不被满足，终止程序将被调用执行。我们用 stopped(s,o,r) 表示主体 s 对客体 o 的权利 r 被撤销。

在实际情况中，过程授权经常和预先授权结合在一起。例如，过程授权需周期性地查询某撤销列表，看访问中的主体是否出现在撤销列表之上。而这种过程授权是基于预先授权之上的，必须首先保证在访问请求时，该主体不在证书撤销列表之上。UCONonA_1、UCONonA_2 和 UCONonA_3 类似于 UCONonA_0，但增加了访问前属性更新、过程中属性更新和访问后属性更新。

12. T 代表上一次访问时间

UN 代表同时访问的主体个数

N 代表一系列标识名称

id ：S ->N

usageNum ：O ->UN

lastActiveT：O -> $2^N \times T$

ATT(s)：{id}

ATT(o)：{lastActiveT,usageNum}

allowed(s,o,r) =>true

stopped(s,o,r)<= (usageNum(o)>10) ∧ id(s),t)∈lastActiveT(o)

//这里 t = min{t′|存在 s′,(id(s′),t′) ∈lastActiveT(o)}

preUpdate(usageNum(o))：usageNum(o) = usageNum(o) + 1

onUpdate(lastActiveT(o))：在访问过程中对 lastActiveT(o)进行更新

postUpdate(usageNum(o))：usageNum(o) = usageNum(o) − 1

13. T 代表当前时间

TT 代表总的访问时间

UN 代表同时访问的主体个数

N 代表一系列标识名称

id ：S ->N

usageNum ：O ->UN

totalT：O -> $2^{N \times TT}$ //这是一个功能函数，将客体与一系列主体的访问时间联系在一起

ATT(s)：{id}

ATT(o)：{usageT,totalT,usageNum}

allowed(s,o,r) =>true

stopped(s,o,r)<= (usageNum(o)>10) ∧ (id(s),tt)∈totalT(o)

//这里 tt = max{tt′|存在 s′,(id(s′),tt′) ∈totalT(o)}

preUpdate(usageNum(o))：usageNum(o) = usageNum(o) + 1

postUpdate(usageNum(o))：usageNum(o) = usageNum(o) − 1

postUpdate(totalT(o))：(id(s),tt) = (id(s),tt + t)

//这里，s 是被终止访问的主体，t 为 s 的当前使用时间

14. OBS = S

OBO = {协议}

OB = {同意}

getPreOBL(s,o,r) = {(s,协议,同意)}

allowed(s,o,r) =>preFulfilled(s,协议,同意)

15. OBS = S

    OBO = {高等级协议,低等级协议}

    OB = {同意}

    等级:O ->{高,低}

    ATT(o) = {等级}

    若客体等级为高,getPreOBL(s,o,r) = (s,高等级协议,同意)

    若客体等级为低,getPreOBL(s,o,r) = (s,低等级协议,同意)

    Allowed(s,o,r) =>preFulfilled(getPreOBL(s,o,r))

16. OBS = S

    OBO = {协议}

    OB = {同意}

    registered:S ->{是,否}

    ATT(s) = {registered}

    若 registered 值为否,getPreOBL(s,o,r) = (s,协议,同意)

    若 registered 值为是,getPreOBL(s,o,r) = Φ

    allowed(s,o,r) =>preFulfilled(getPreOBL(s,o,r))

    preUpdate(registered(s)): registered(s) = 是

17. (1)

    OBS = S

    OBO = {广告窗口}

    OB = {保持窗口为打开状态}

    T = {整个访问过程中}

    getOnOBL(s,o,r) = {(s,广告窗口,保持为打开状态,整个访问过程中)}

    allowed(s,o,r) =>true

    stopped(s,o,r)<= onFulfilled(s, 广告窗口,保持为打开状态,整个访问过程中)

18. studentAREA, facultyAREA(分别表示学生和教员所允许的区域码)

    curArea 代表访问者的设备区域码

    ATT(s) = {member}

    preCON = {(curArea∈studentAREA),(curArea∈facultyAREA)}

    若 member(s) = ′student′,则 getPreCON(s,o,r) = (curArea∈studentAREA)

    若 member(s) = ′faculty′,则 getPreCON(s,o,r) = (curArea∈facultyAREA)

    Allowed(s,o,r) =>preConChecked(getPreCON(s,o,r))

19. dayH,nightH 代表规定的访问时间段

    currentT 是系统目前时间

    preCON: {(currentT∈dayH),(currentT∈nightH)}

onCON：{(currentT∈dayH),(currentT∈nightH)}

若现在是白天访问时间，则 getPreCON(s,o,r) = (currentT∈dayH)；

若现在是晚上访问时间，则 getPreCON(s,o,r) = (currentT∈nightH)；

若现在是白天访问时间，则 getOnCON(s,o,r) = (currentT∈dayH)；

若现在是晚上访问时间，则 getOnCON(s,o,r) = (currentT∈nightH)；

Allowed(s,o,r) =>preConChecked(getPreCON(s,o,r))

Stopped(s,o,r)<= onConChecked(getOnCON(s,o,r))

习 题 7

6. 公钥虽然不需要保密，但攻击者却可以利用虚假的公钥进行欺骗。用户从网上得到了张三的公钥，它真的就是张三的吗？这样就需要一个可信任的第三方，它负责验证所有人的身份，包括某些计算机设备的身份。它一定要信誉良好，它验证过的人和设备，我们就可以相信。这个第三方 CA 首先认真检查所有人的身份，然后给他们颁发数字证书。证书包括持有人的信息和他的公钥，还可以有其他更复杂的信息。

7. 数字证书是有可信第三方 CA 签发的，签发时 CA 要用自己的私钥对签发的数字证书签名，这样就能保证数字证书不可被篡改。如果攻击者想篡改或伪造一个数字证书，用他自己的私钥对数字证书签名，是没法用 CA 的公钥进行验证的，这样就击败了攻击者想篡改或伪造一个数字证书企图。

习 题 8

4. 授权到角色的对应关系是：

(1) (SELECT ON EMP) →DEVPS，SALES；

(2) (UPDATE ON SOFTDOC) →DEVPS；

(3) (UPDATE ON ORDERS) → SALES。

角色到授权的对应关系是.

(4) DEVPS→(SELECT ON EMP)，(UPDATE ON SOFTDOC)；

(5) SALES→(SELECT ON EMP)，(UPDATE ON ORDERS)。

在(1)中，一个授权对应两个角色，在(4)和(5)中，一个角色对应两个授权。

5. GRANT UPDATE ON emp TO tom

6. GRANT DELETE ON emp TO tom

7. GRANT UPDATE(姓名)，SELECT ON TABLE readers TO user1；

8. GRANT ALL PRIVILIGES ON TABLE readers，books， borrowinf TO userl，user2；

9. GRANT SELECT ON TABLE books TO PUBLIC；

10. GRANT CREATE TAB ON DATABASE MyDB TO user2；

11. REVOKE UPDATE(姓名)ON TABLE readers FROM userl；

12. GRANT SELECT ON TABLE readers TO user3 WITH GRANT OPTION；

13. GRANT SELECT ON TABLE readers TO user4；

14. REVOKE SELECT ON TABLE readers FROM user3；

说明：在第12题中授予用户user3可以将获得的权限再授予的权限，而在第13题中用户user3将对readers表的查询权限又授予了用户user4，因此，第14题中把用户user3的查询权限收回时，系统将自动地收回用户user4对readers表的查询权限。注意，系统只收回由用户user3授予用户user4的权限，而用户user4仍然具有从其他用户那里获得的权限。

15. GRANT SELECT，INSERT，UPDATE，DELETE ON emp TO tom WITH GRANT OPTION

16. TOM同时拥有在EMP上进行SELECT操作的肯定式授权和否定式授权，根据否定优先原则，系统禁止TOM对EMP进行SELECT操作，授权的先后顺序对此没有影响，所以，TOM不能查询EMP中的记录。

17. ALICE在每月的1～20日拥有在EMP上的SELECT访问权。

18. 更新操作可以成功执行，ALICE的电话号码更新为62511279。

19. 插入操作不能成功执行，因为CAROL试图插入的信息是属于MARY的。

习 题 9

4. (1) access-list 1 permit 172.16.0.0 0.0.255.255

```
interface f1/0
access-grou P1 out
interface f1/1
access-grou P1 out
```

(2) access-list 1 deny host 172.16.4.13

```
access-list 1 permit any
interface f1/0
access-grou P1 out
```

(3) access-list 1 deny 172.16.4.0 0.0.0.255

```
access-list 1 permit any
```

```
interface f1/0
access-grou P1 out
```

5. 答案:B

理由:由于访问控制列表匹配是根据后面的掩码,故发现两个掩码都是255.255.0.0,即两个掩码都是16位,即是精确匹配IP的前两位;再看,两个IP的前两两部分都是10.110,所有结果是一样的。

为了验证以上理论的正确性,可以在IOS为3640的路由器上做以下实验,这足以说明以上理论的正确性:

```
Router(config)#access-list 1 permit 10.110.10.1 0.0.255.255
Router(config)#access-list 2 permit 10.110.100.100 0.0.255.255
Router#sh access-lists
Standard IP access list 1
10 permit 10.110.0.0, wildcard bits 0.0.255.255
Standard IP access list 2
10 permit 10.110.0.0,wildcard bits 0.0.255.255
```

在router上有两个访问控制列表,即1和2,后面用show命令来查看。

由此发现除了访问控制列表号不一样其他都一样,故可以断定它们的效果是一样的。

6. 定义如下规则实现题目的要求:

```
acl badclientsubnet src 192.168.1.0/24
http_access deny badclientsubnet
```

该规则定义了一条名为badclientsubnet的acl,acl类型为src源IP地址方式,列表值为192.168.1.0/24,然后使用http_access参数禁止badclientsubnet规则。也就是在IP地址为192.168.1.0子网的客户机通过Squid代理服务上网的模式下,由于Squid服务器增加了如上规则,当前定义子网的终端客户访问Internet资源的请求将会被拦截,终端客户的Web浏览器中会显示拒绝访问的错误提示信息。

7. 定义如下规则实现题目的要求:

```
acl baddomain dstdomain -i www.google.com
http_access deny dstdomain
```

该规则定义了一条名为baddomain的acl,acl类型为dstdomain目标域名方式,列表值为www.google.com,然后使用http_access参数禁止baddomain规则。也就是在终端用户通过Squid代理服务上网的模式下,由于Squid服务器增加了如上规则,当前所有终端客户访问域名为www.google.com的服务器的Web资源的请求将会被拦截,终端客户的Web浏览器中会显示拒绝访问的错误提示信息。但需要注意的是,这个限制规则仅对 google.com 域的 WWW 服务进行了限制,而对于 Mail 服务等并未限制。

8. 定义如下规则实现题目的要求:

```
acl clientip src 192.168.1.102
acl clientmaxconn maxconn 5
http_access deny clientip clientmaxconn
```

上述规则定义了一条名为 clientip 的 acl,该 acl 类型为 src 源地址方式,列表值为 192.168.1.102;还定义了一条名为 clientmaxconn 的 acl,该 acl 类型为 maxconn 单一 IP 的最大连接数方式,列表值为 5,然后使用 http_access 参数禁止 clientip、clientmaxconn 规则。也就是在终端用户通过 Squid 代理服务上网的模式下,由于 Squid 服务器增加了如上规则,终端用户通过 IP 地址为 192.168.1.102 的客户机同时访问 Internet 资源的线程数不能超过 5。这样可以防止特定客户开太多线程而占用服务器资源和带宽。

关键术语

第1章

PIN(Personal Identification Number:用户标识码)

ACL(Access Control List:访问控制列表)

ACM(Access Control Matrix:访问控制矩阵)

CL(Capability List:能力表)

UID(User Identification:用户标识)

ACSLL(Access Control Security Labels Lists:访问控制标签列表)

SC(Security Class:安全级别)

第2章

DAC(Discretionary Access Control:自主访问控制又称任意访问控制)

RUID (真实用户标识)

RGID (真实用户组标识)

EUID (有效用户标识)

EGID (有效用户组标识)

第3章

MAC(Mandatory Access Control Model,强制访问控制模型)

Lattice 模型

BLP/Bell-LaPadula 模型

Biba 模型

TE (Type Enforcement:按类实施) 模型

DTE (Domain and Type Enforcement:域类实施)模型

DDT(Domain Definition Table:域定义表)

DIT (Domain Interaction Table:域相互作用表)

DTEL (DTE Language:DTE 语言)

AV (Access Vector:访问向量)

第4章

NIST(National Institute of Standards and Technology:美国国家标准技术局)

ACM (Association for Computing Machinery:美国计算机协会)

SIGSAC(Special Interest Group on Security, Audit and Control:安全、审计和控制特别兴趣组)

SoD (Separation of Duty:职责分离)

SSD (Static Separation of Duty:静态职责分离)

DSD(Dynamic Separation of Duty:动态职责分离)

LPT(Least Privilege Theorem:最小特权原则)

第5章

TBAC(Task-Based Access Control:基于任务的访问控制)

R-TBAC(Role and Task-Based Access Control:基于角色和任务的访问控制)

第6章

$UCON_{ABC}$(Usage Control Authorizations, Obligations, Conditions:使用控制核心模型)

DRM(Digital Right Management:数字版权管理)

SRM(Server-side Reference Monitor:服务器端的引用监控器)

CRM(Client-side Reference Monitor:客户端的引用监控器)

AEF(Access Enforcement Facility:访问控制执行单元)

ADF(Access Decision Facility:访问控制决策单元)

第7章

PIN(Personal Identification Number:用户标识码)

Audit(审计)

PMI(Privilege Management Infrastructure:授权管理基础设施)

NISI (National Information Security Infrastructure:国家信息安全基础设施)

AC(Attribute Certificate:属性证书)

AA(Attribute Authority:属性权威)

CA(Certificate Authority:认证中心)

SOA(Source Of Authority:权威源点)
PKI (Public Key Infrastructure:公钥基础设施)
SSL (Secure Socket Layer)
CRL (Certificate Revocation List:证书吊销列表)

第8章

RDBMS (Relational Database Management System:关系数据库管理系统)

第9章

ACE(对象的访问控制项)
UAC(User Account Control:用户账户控制)
AD DS(Active Directory Domain Services:Active Directory 域服务)

参考文献

[1] William Stallings. 密码编码学与网络安全:原理与实践(第 2 版)[M]. 北京:电子工业出版社,2001.

[2] 张世永. 网络安全原理与应用[M]. 北京:科学出版社,2003.

[3] 王凤英,程震. 网络与信息安全[M]. 北京:铁道出版社,2006.

[4] 陆宝华,王楠. 信息系统安全原理与应用[M]. 北京:清华大学出版社,2007.

[5] 石文昌,梁朝辉. 信息系统安全概论[M]. 北京:电子工业出版社,2009.

[6] 宋善德,戴路,郭翔. Web 环境下基于角色的透明访问控制[J]. 计算机工程与科学,2004,26(11):1-4.

[7] 潘爱民,龙勤,刘鹏. 基于角色的扩展可管理访问控制模型研究与实现[J]. 计算机研究与发展,2005,42 (5):868-876.

[8] 徐震, 李斓, 冯登国. 基于角色的受限委托模型[J]. 软件学报,2005,16(5):970-978.

[9] 王斐. 基于 UCON 和可信度的资源分发研究与实现[D]. 山东理工大学计算机学院,2008.

[10] 陈迪. 基于 Web 的信息系统安全访问控制模型研究 [D]. 山东理工大学计算机学院,2007.

[11] 王凤英,等. 模糊综合控制的 UCONF 模型研究[J]. 武汉大学学报(理学版),2009,55(1):7-10.

[12] S. Sandhu, E. Coyne, H. Feinstein. Role-Based Access Control Models [J]. IEEE Computer, 1996, 29(2): 38-47.

[13] D. Ferraiolo, R. Sandhu, S. Gavrila, R. Kuhn, R. Chandramouli. The NIST Model for Role-Based Access Control: Towards a Unified Standard[J]. ACM Transactions on Information and System Security,2001,4(4):47-63.

[14] J. B. D. Joshi, W. G. Aref, A. Ghafoor, E. H. Spafford. Security Models for Web-based Applications[J]. Communications of the ACM,2001,44(2):38-44.

[15] N. Dimmock, A. Belokosztolszki, D. Eyers, J. Bacon, K. Moody. Using trust and risk in role-based access control policies[C]. in Proceedings of 9th ACM Symposium on Access Control Models and Technologies, New York,2004.

[16] Rafae Bhatti,Elisa Bertino,Arif Chafoor. A Trust-Based Context-Aware Access Control Model for Web-Services[J]. Distributed and Parallel Databases,2005,18(1):83-105.

[17] Wang Fengying, Li Caihong,Wang Zhenyou,Cheng Zhen. Security scheme researches of digital products online transactions[C]. International Conference on Automation and Logistics,September,2008.

[18] Wang Fengying, Zhao Lei, Li Caihong,Cheng, Zhen. Usage Control Resource Dissemination Model Based on Fuzzy logic[C]. 5th International Conference on Fuzzy Systems and Knowledge Discovery,October,2008.

[19] Wang Fengying, Zhou Lili . UCONDFNND-an Effective Delegation Model [C] . The 2009 International Conference on Web Information System and mining,November,2009.

[20] Wang Fengying, Li Caihong, Zhao Lei. A Comprehensive Security Policy Research on Web Information System[C] . International Conference on Automation and Logistics 2009,August,2009.

[21] Xinwen Zhang, Jaehong Park, Francesco Parisi-Presicce. A Logical Specification for Usage Control[C]. In Proceedings of the ninth ACM symposium on Access Control models and technologies. 2004.

[22] David Hollingsworth. The Workflow Reference Model[J]. Workflow Management Coalition. [2010-5-7]. http://www.wfmc.org.

[23] 微软. Windows Sever 2008 的访问控制[DB/OL]. [2010-5-22]. http://technet.microsoft.com/zh-cn/library/cc753976(WS.10).aspx.